煤矿生产安全管理

李宗国　著

北京工业大学出版社

图书在版编目（CIP）数据

煤矿生产安全管理 / 李宗国著 . — 北京：北京工
业大学出版社，2021.10重印
ISBN 978-7-5639-6170-2

Ⅰ . ①煤… Ⅱ . ①李… Ⅲ . ①煤矿－安全生产－生产
管理 Ⅳ . ① TD7

中国版本图书馆 CIP 数据核字（2018）第 074074 号

煤矿生产安全管理

著　　者：李宗国
责任编辑：张慧蓉
封面设计：卞嘉迪
出版发行：北京工业大学出版社
　　　　　（北京市朝阳区平乐园 100 号　邮编：100124）
　　　　　010-67391722（传真）bgdcbs@sina.com
经销单位：全国各地新华书店
承印单位：三河市元兴印务有限公司
开　　本：787 毫米 × 1092 毫米　1/16
印　　张：23.25
字　　数：377 千字
版　　次：2021 年 10 月第 1 版
印　　次：2021 年 10 月第 2 次印刷
标准书号：ISBN 978-7-5639-6170-2
定　　价：46.00 元

前言

PREFACE

众所周知，煤炭工业是重要的基础工业，在我国一次能源构成中，煤炭占76%以上，在国民经济的发展中处于举足轻重的地位。为了保证国民经济的发展和人们生活的迫切需要，煤炭工业必须持续、稳定、健康、和谐发展。但是近年来煤矿事故频繁发生，煤炭工业的安全形势十分严峻。

加强技术创新、加快技术进步，是新形势下实施"科教兴煤"战略的重要内容，是改善煤炭行业面貌的系统工程。煤炭生产企业安全为天，加强技术管理则是实现煤矿安全生产的前提。煤矿事故，特别是重大恶性事故的发生，有相当一部分是由于技术管理不到位或出现漏洞造成的。因为技术管理具有超前性、规划性和指导性的特点，因此，加强技术管理，提高技术管理水平是实现安全生产的前提。

当前我国安全生产工作紧紧围绕经济建设这个中心来开展，通过各级各部门的共同努力，安全生产呈现良好的局面，有效地减少了各类事故的发生，建立了良好的安全生产环境和秩序，可以说安全生产是建立并发展社会主义市场经济不可忽视的条件。因此，抓好安全生产工作意义重大，在开展这项工作时不仅需要坚持安全第一的方针，而且在安全生产的实践中还必须处理好其内在的各种关系。

煤炭行业既是我国的支柱型产业，同时也是高危行业。受人为因素、环境因素等多方面的影响，煤矿安全生产事故频发，这不仅给煤矿企业带来了巨大的经济损失，而且社会影响也极其严重。

　　本书主要介绍了煤矿安全生产的现状，对煤矿安全生产管理进行了详细分析，希望能为实现煤矿安全生产提供参考和帮助。由于作者水平与经验有限，书中难免有不足之处，欢迎广大读者批评指正。

目 录

CONTENTS

第一章 煤矿安全生产概述

第一节　我国煤矿安全生产现状

一、我国煤矿安全生产政策的必要性分析

（一）我国煤矿安全生产基本政策

1. 我国煤矿安全生产基本政策的含义

我国煤矿安全生产基本政策是为了合理开发利用和保护煤炭资源，严格规范煤矿安全生产条件，进一步加强煤矿安全生产监督管理，防止和减少煤矿生产事故，保障人民群众生命和财产安全，促进经济发展，在"安全第一，预防为主，综合治理"这一基本方针的指导下，依据民本原则、发展原则等制定的一系列有关煤炭资源管理、开采、监管、奖惩等方面的法律、法规、部门规章、措施、办法、条例、政府首脑的书面或口头声明和指示等的总称。我国煤矿安全生产基本政策属于专项的社会政策，从其本质上来说是服务于社会经济的发展和调节各种利益关系的，这是由政策的基本属性决定的。首先，政策服务于社会经济发展，政策的这种本质是由国家职能的两重性所决定的。国家职能包括政治职能及经济职能，体现国家意志与利益的政策当然也带有这样的特性。而且国家的各种职能必然通过国家政策的执行来实现。其次，政策的核心就是要解决社会利益的分配问题，所有政策都表现为对社会利益关系的处理。煤炭资源是一种不可再生的耗竭性资源，经济效益巨大，对处在发展中的我国来说是不可或缺的，制定好有关方面政策既是一项巨大的经济任务，同时也是保障劳动者权益、稳定社会的政治武器。

2. 我国煤矿安全生产基本政策的功能

我国的煤矿安全生产基本政策从宏观上来看具有如下基本功能：

第一，导向功能。我国煤矿安全生产基本政策就是要引领社会实现合理开发利用煤炭资源、防止和减少煤矿生产事故发生、保障劳动者权益、促进经济发

展的良好局面。

第二，控制功能。我国煤矿安全生产基本政策就是要让煤炭开采者、监管者都有章可循，以便减少资源浪费和有损人民生命财产的事件发生。

第三，协调功能。我国煤矿安全生产基本政策的相关规定有效地协调了党与人民、地方政府与中央政府权力、经营者与劳工、经营者与国家等的关系。

3. 我国煤矿安全生产基本政策的地位

我国的煤矿安全生产基本政策在完善社会主义市场经济体制、加快小康社会建设步伐的历史条件下具有重要的地位和作用，即保障安全生产是全面建成小康社会、统筹经济社会发展的重要内容，是实施可持续发展战略的组成部分，是政府履行社会管理和市场监管职能的基本任务，是企业生存发展的基本要求。我国的煤矿安全生产要走出矿难→治理→矿难频发的怪圈，就要从其源头上找出路，政策就是落脚点。如果煤矿生产的各个环节都能做到有法可依、有法必依、执法必严、违法必究，那么煤矿生产状况就会有根本好转。

（二）我国制定煤矿安全生产政策的必要性

1. 政策问题严重

煤炭是不可再生资源，是我国一次能源的主体，而煤炭行业却是高危行业。据最新数据统计，全国现有煤矿2.8万处，平均年生产规模只有五万吨左右。其中，小型煤矿2.59万处，占全国煤矿总数的92.5%。

煤炭行业是我国的支柱产业，对其安全生产的治理关系到劳动者的生命安全，关系到经济发展和社会稳定。如何遏制频发的事故成为人们关心的话题、政府的责任，从源头上治理煤矿生产事故，即制定、完善我国的煤矿安全生产政策在当前显得尤为重要。

2. 问题成因错综复杂

以上种种数据显示，近年来，我国煤矿开采中事故频发，而其中的原因需要我们进行深入的思考。有人说煤矿开采本身就是个高危行业，有伤亡是难免的，但同样是发展中国家的印度，其百万吨死亡率只有我国的十分之一，与美国等发达国家相比我国更是相差甚远。同样的工作，迥然的结果，排除地理因素、技术因素、经济发展水平的差异，我国的矿难频发更多的像是人祸，而非单纯的天灾。实际上矿难是我国经济体制转轨过程中，由于存在体制上的缺陷而带来的一种阵痛的结果，究其原因主要由以下几个方面构成。

（1）行业管理严重弱化，对煤矿安全生产影响深远

我国煤矿行业从本质上还是一个国有垄断性行业，而非充分竞争性行业。煤矿行业在参与市场竞争及退出市场过程中都存在明显的非市场化痕迹。国家对煤矿企业的管理，主要通过国家机关发放的十个法律文件"九证一照"，以及发放后定期或不定期的检查和监督来实现。由于行业管理的弱化，煤矿安全生产问题严重。

（2）企业技术条件落后，技术管理薄弱

目前中国矿井的原有安全设施严重老化，不少设备超期服役；煤炭企业管理人员、技术人员和一线有经验的工人流失严重，大专院校的毕业生又不愿到一线工作，企业人才严重缺乏，技术管理薄弱。

（3）违法违规组织生产现象严重

一些煤矿矿主为追求高额利润，无视国家法律法规，铤而走险，抗拒执法。尽管不少事故过后也有被罚款的、撤职的、依法办理的，但人情大于法、权大于法、利益大于法的现象还是屡禁不绝。

（4）煤矿安全生产监管不力

在一些重点产煤区，原来负责煤矿安全管理的煤炭主管部门，因机构改革或被撤销，或职能被弱化。旧的管理体制被打破，新的管理体制又满足不了当前煤矿安全生产的要求，使煤矿安全检察工作在基层尤其在县级出现了真空地带，最终导致煤矿安全管理在"加强"中不断弱化。力量的不足必然造成监控力度不够，只能是民不举，官不究。

（5）安全培训工作不到位，职工安全意识和自我保护能力差

我国的安全教育培训机构中有不少是多头管理，对安全专业教育及培训不利。目前煤矿采掘工人多数是农民协议工，工人素质不高且乡镇煤矿的工人流动性较大，培训困难。

3."以人为本"的科学发展观的需要

科学发展观是党的十六届三中全会提出的"坚持以人为本，树立全面、协

调、可持续发展观、促进经济社会和人的全面发展"，按照"统筹城乡发展、统筹区域发展、统筹社会经济发展、统筹人与自然和谐发展、统筹国内发展和对外开放"的要求推进各项事业的改革和发展。其中"以人为本"是作为科学发展观的重要内容提出的，在我国经济持续快速发展的同时，存在着某种对发展问题的片面认识，认为发展就等于国内生产总值（gross domestic product，GDP）的高速增长。这种认识上的片面性如不克服，就会造成严重后果，会导致经济、社会发展的失衡，国内发展与对外开放的不协调。从实际情况看，某些后果已经出现了，如近年来我国煤矿安全生产形势严峻，矿难频发已经对我国的经济社会发展造成严重损害。这都是片面追求发展导致的恶果，所以科学发展观的提出有很强的针对性和指导性。坚持"以人为本"的科学发展观，就是要把人民群众的利益作为一切工作的出发点和落脚点，在经济社会发展的基础上不断为人民群众谋取切实的经济、政治、文化利益，为人民群众素质的提高和潜能的发挥提供必需的物质基础和制度保障，促进人的全面发展。我国煤矿安全生产基本政策也应以"以人为本"作为根本价值取向，真正把"人"作为经济建设和社会发展的出发点和归宿，强调劳动人民权益的保障。这同时也是"三个代表重要思想"在实践中的体现。

4. 依法治国的重要体现

法制管理是一个国家行业管理水平的体现，更是依法治国的基本要求。当前，煤矿安全生产已成为国际国内关注的重大政治问题，党和国家对安全生产越来越重视。我国煤炭行业法制观念、法制管理水平落后，这也是造成煤矿事故多发的原因之一，因此必须强化法制管理。若没有一套健全的法律法规体系，煤矿安全执法工作就缺乏应有的权威，各项煤矿安全的法律制度就难以落实。为此要建立健全法律法规体系，补充煤矿安全生产过程中存在的政策盲区。在煤矿安全生产的各个环节做到"有法可依、有法必依、执法必严、违法必究"，实现"依法治矿"。由此可见，我国煤矿安全生产的形势严峻，然而"矿难是社会本体论上的市场经济、政府、人、道德、法律等要素组合的非合理性所致"，因此合理化的社会治理不能仅从解决某一问题本身入手，而是要找到其根源，"规避和扬弃市场经济的负向性和人的私利性"，实现煤矿生产这一领域的安全化目标，从根源上完善其政策即是必要之举。

（三）研究我国煤矿安全生产政策的意义

1.有效解决政策问题，减少煤矿安全生产事故

我国煤矿安全生产状况近年来虽有较大好转，但形势仍不容乐观，对矿难的治理需要多方合力，煤矿安全生产政策是有效解决政策问题的关键所在。通过对我国煤矿安全生产政策进行系统分析，可以有针对性地解决我国煤矿行业管理混乱、煤矿安全生产监管不力、违法违规生产等问题，使煤矿生产事故降低，确保人民生命、财产安全。

2.减少政策失误，提高政策执行效率

我国煤矿安全生产政策由于决策所需要的信息不可能全面被获得，而煤矿安全生产本身不确定因素众多，所以出现无效的政策也是不可避免的。但是煤矿安全生产政策是关乎人民生命、财产安全的重要政策，稍有不当则可能造成巨大的经济和政治损失。众所周知，人力资本的产权权力一旦受损，其资产就会立即贬值或荡然无存，对被破坏的人力资本进行体力或脑力修复或对损坏的人力资本进行再生都需要再次投入巨大的物资资本。对煤矿开采这种高危行业来说更是如此。况且一旦某一领域的问题矛盾被深层次激化，就有可能衍生成为敏感的政治问题。因此对煤矿安全生产政策进行系统分析有利于发现政策弊端，及时进行纠正、完善，减少政策失误带来的危害。

3.有助于未来政策合理化

美国著名经济学家和政治学家查尔斯·林德布洛姆把政策形成过程看作对以往政策行为不断修正的过程，即政策决定是根据过去的经验，在现行政策的基础上实现渐进变迁，依据现有的政策方案，经过小范围的调适、修订与完善获得新政策。只要社会条件和环境没有发生巨大变化，需要对以往的政策进行彻底改变时，渐进决策所主张的修正与缓和是有利于社会稳定的。在我国国内外政治、经济、文化条件都比较稳定的情况下，煤矿安全生产政策不会发生颠覆性的改变，只是针对新出现的情况进行查缺补漏或是对以往不合时宜的政策进行更新或终结，因此对我国煤矿安全生产政策进行系统分析会极大地促进合理的新的煤矿安全生产政策形成。

二、我国现行煤矿安全生产政策及问题分析

（一）我国现行煤矿安全生产政策简介

1993年5月1日实施的《矿山安全法》是我国各类矿山安全生产的第一部法律。在这部法律出台之前，国务院先后于1982年颁布了《矿山安全条例》《矿山安全监察条例》，1989年颁布了《特别重大事故调查程序暂行规定》，1991年颁布了《企业职工伤亡事故报告和处理规定》等各种有关矿山安全生产的行政法规；各省、自治区、直辖市"人大"相应颁布了一些有关矿山安全的地方性法规；长期以来，国务院劳动行政主管部委和矿山企业的主管部委以及各省、自治区、直辖市政府的主管部门也发布了大量的有关安全生产的行政规章，诸如规程、规定、规范、标准、细则、办法、决定、指令、通知等，它们是安全生产政策体系中数量最多、内容最具体的法规性文件。《矿山安全法》的颁布，使矿山安全相关法律法规形成了完整的体系。1996年公布的《煤炭法》、2001年颁布的《煤矿安全规程》、2002年颁布的《安全生产法》成为我国煤矿安全生产各项政策制定实施的指导性文件。我国煤矿安全生产政策级别各异、种类繁多，包含了煤炭从开采到销售管理的各个方面，具体来说，我国的现行煤矿安全生产政策可以分为煤矿安全生产综合管理政策、煤矿安全生产技术政策、煤矿安全生产卫生政策。

1. 煤矿安全生产综合管理政策

煤矿安全生产综合管理政策以安全管理的规定为主，包括煤矿安全生产监察、安全培训、事故统计、安全责任制、安全检查等安全管理具体内容的规定。截至目前，国家还未颁布过专门的煤矿安全管理法规，其规定只是散见于《安全生产法》《煤炭法》等法律文件之中。同时作为法律的细化和补充的行政法规、部门规章和地方立法也在不断颁布和更新。其中国家煤矿安全监察局（现为应急管理部）于2001年9月发布了《煤矿安全规程》，它是我国煤矿安全工作最全面、最具体的规程。在这些基本法律法规的指导下，煤矿安全管理各方面的政策也相继出台。

（1）办矿资格方面的主要政策

煤炭资源属国家所有，煤矿生产又是高危行业，国家对煤炭开发实行统一

规划，是为了保护不可再生的煤炭资源，也是为了保护开发者、投资者、劳动者的合法权益。严格开矿资格是做好防止事故发生的第一步，《煤炭生产许可证管理办法》便起到了这种作用。此外还有多种具体政策。这些政策的贯彻落实，严格了开矿标准，淘汰一部分安全条件差的矿井，从源头上制止不具备安全生产条件的企业进入市场，从而达到提升安全生产水平，遏制重特大事故发生的目的。

（2）煤矿安全生产监管方面的主要政策

煤矿安全生产不能仅靠事后的惩处、事故处理等手段，预防为主才是最重要的，在监察中发现问题、排除隐患则正是起到了防患于未然的作用。我国现行煤矿安全生产监察方面的主要政策有《煤矿安全监察条例》等。这类政策法规构架起了我国煤矿安全生产的监察体系，使监察作用充分发挥。

（3）安全教育培训方面的主要政策

安全生产的主体是生产一线的职工，矿工是煤矿安全措施和安全生产的具体操作者和最终执行者，煤矿企业领导人更是安全生产重任的肩负者。因此必须加强安全教育培训，不断提高矿工和领导人的安全意识。我国的《煤矿职工安全手册》涵盖了煤矿工人安全的各个方面，包括职工的权力、义务，工人生产作业安全，煤矿安全生产隐患和预防及事故应急措施等，对一线矿工起到基本的教育作用。而在教育培训方面除了《矿山安全法》《煤炭法》《煤矿安全规程》等上位法律有关章节的规定外，我国有关部门还出台了一些专项政策，完善了对煤矿工人安全技术的教育培训。

（4）乡镇煤矿管理方面的主要政策

乡镇煤矿包括在我国乡村、城镇开办的除国有煤矿企业和外商投资煤矿企业以外的集体煤矿企业、私营煤矿企业、联营煤矿企业、股份制煤矿企业以及其他经济类型的煤矿企业。乡镇煤矿生产条件差，安全投入不足，管理人员整体素质偏低。统计数字显示，2001～2005年，乡镇煤矿事故起数和死亡人数均占全国的70%以上，百万吨死亡率是国有重点煤矿的5.746倍。因此对乡镇煤矿的治理是我国煤矿安全生产管理的重中之重。乡镇煤矿治理政策规定除了《乡镇煤矿管理条例》及其《实施办法》外，有关法律法规中也有所涉及，如《乡镇煤矿安全规程》是对乡镇煤矿治理最全面的法规。

（5）事故统计及基层管理方面的主要政策

对煤矿安全生产进行事故统计可以总结出煤矿安全生产中的缺陷，对事后的生产进行警示，以期改进。1994年煤炭工业部颁布《关于搞好煤矿伤亡事故处理结案工作的通知》规定了伤亡事故报告；自2000年以来国家煤矿安全监察局每年发布《全国煤矿安全生产状况简要分析及对策措施》，主要对煤矿事故特点、规律、存在的主要问题进行分析，研究提出事故防范措施，遏制煤矿重特大事故的发生；2003年出台《伤亡事故报告和调查处理条件》，规范了事故统计报告；此外还有早期发布的《煤炭工业企业职工伤亡事故报告和统计规定（试行）》等。煤炭工业企业的基层管理是煤矿安全生产顺利进行的基本保障，把好煤矿安全生产第一关的重任就在基层，基层安全管理主要包括责任制度、基层领导管理、安全检查奖罚等。这方面的政策主要有1988年1月煤炭工业部做出的《关于严格安全管理制度和劳动纪律的指令》等。在上述几类煤矿安全生产综合管理政策之外，机构设置、调整的政策以及费用管理政策等也同属于此类。

2. 煤矿安全生产技术政策

安全生产技术政策以安全技术上的规定为主。这类政策往往也有安全管理上的内容，但不占主要地位。其中《煤矿安全规程》是我国煤矿安全工作最全面、最具体的规程，是对煤矿安全生产最为详尽的部门规章，是煤矿安全生产技术政策的基本政策规定。煤矿安全生产技术政策具体包括下列几类：

（1）"一通三防"方面的主要政策

"一通三防"指通风、防灭火、防治粉尘、防治瓦斯，这些都是易引起煤矿生产事故的不稳定因素。对"一通三防"的治理一直是煤矿安全管理的重中之重，也是煤矿安全技术投入的核心。1994年2月，煤炭工业部发布《关于强化"一通三防"工作控制瓦斯煤尘事故的通知》；同年9月又发出《国有地方煤矿防治重大瓦斯煤尘事故的规定》《乡镇集体煤矿防治发生重大瓦斯煤尘事故的规定》。为了提高全国煤矿的安全装备水平，防止重大瓦斯事故发生，各种专项整治政策相继出台。

（2）矿山救护方面的主要政策

矿难发生如果能得到及时、有效的救护，将会减少事故带来的人民生命、财产的损失。煤炭系统矿山救护工作在煤矿安全生产中处于十分重要的地位。《煤矿救护规程》是矿山救护最完整、权威的政策法规，在救护人员管理、救护程序、事后处理等方面都有详细规定。《国家安全生产事故灾难应急预案》是安全生产事故灾难处理最详实的应急预案，规范了安全生产事故灾难应急管理和应急响应程序，按此预案可以及时、有效地实施救援工作，维护人民群众的生命安全和社会稳定。

（3）预防职业危害方面的主要政策

矿井中的粉尘及有害气体是矿工健康的杀手。据不完全统计，全国煤矿尘肺病患者达30万人，占全国尘肺病患者的一半左右，每年因尘肺病造成的直接经济损失达数十亿元。此外，风湿、腰肌劳损等职业疾病在煤炭行业普遍存在。为解决这一问题，《加强煤矿防尘工作、消除粉尘危害》等政策出台，维护了职工的合法权益，使其健康得到保障。

除上述三种主要煤矿安全生产技术方面的政策外，有关运输、掘进、爆破、安全用品等方面的政策也属于煤矿安全生产技术政策类别。

3.煤矿安全生产卫生政策

煤矿安全生产卫生政策以卫生保健、劳动保护及环境保护上的规定为主。煤炭是我国一次能源的主体，在我国能源产业中占据重要地位，但它为经济发展做出突出贡献的同时也带来了一些负面社会效应，即经济过热，过分注重生产而忽视了安全，导致劳动人民的生命受到威胁，不利于社会稳定；片面追求经济增长，不注重环境保护，粉尘污染使大量农田成为废墟；噪声污染以及矿工过度劳累现象严重。随着社会的发展，国内领导人、学者已经认识到这些负面社会效应的严重性，提出并制定了一系列相关政策。近年来，陆续实施了《煤矿矿用安全产品检验管理办法》《危险化学品登记管理办法》《危险化学品经营许可证管理办法》《危险化学品包装物、容器定点生产管理办法》等对危险化学品的治理政策，从源头上对卫生环境进行保护。《全国煤矿卫生工作条例》在煤矿卫生工作的各个方面作了详尽说明，这是我国目前最全面、最完整的煤矿安全生产卫生政策。

（二）我国现行煤矿安全生产政策问题分析

我国现行各方面煤矿安全生产政策有效地解决了大部分的煤矿安全管理、安全技术、安全卫生等方面的问题，从形式上看，我国煤矿安全生产政策体系已较为完善，但由于多种原因，在政策体系内，还存在着政策指导内容落后、政策空白、政策之间相互矛盾等许多问题，这些问题有待于改进和完善，在具体政策中也有不少不合理政策需要进一步修订。

1. 主要政策法律层次低、过于粗浅，缺乏权威性和可操作性

由于我国政策法制化起步较晚，在提出"有法可依"的初期，立法技术还较为落后，法学、政策学理论基础都很薄弱，法律政策大都以"立法宜粗不宜细、原则化、概括化"为指导思想，这在当时便于迅速立法，符合当时的实际情况。但是随着知识化、信息化的到来以及我国经济、政治、文化的快速发展，这种立法指导思想显然是不合时宜、不科学的。现在的情况是一部法律政策出台后，国务院或其他有关职能部门或地方立法机关便要制定一系列的条例、细则、办法，随之而产生了行政立法替代人大立法的倾向，不符合法治精神。煤矿安全牵涉到人人之间、人机之间、人与环境之间的关系，是个非常复杂的系统工程。而《矿山安全法》却只有50条，都只是一些原则性的规定，操作性极差。政府部门和煤矿企业真正的执法和守法依据往往是劳动部或国家煤矿安全监察局（现为应急管理部）的《实施条例》以及地方制定的《实施办法》《实施细则》之类的政策规定，这些下位法不仅难以弥补上位法律政策的不足，甚至出现下位法与上位法互相矛盾之处，使执法和守法难以适从。例如，《矿山安全法》第三十二条规定："矿山企业必须从矿产品销售额中按照国家规定提取安全技术措施专项费用。安全技术措施专项费用必须全部用于改善矿山安全生产条件，不得挪作他用。"而《矿山安全法实施条例》第四十二条规定："安排一部分资金，用于改善矿山安全生产条件。"可见《矿山安全法实施条例》与其母法有不对应之处，那么煤矿企业就有空可钻，政府监管部门对企业安全技术投入的监管便无所适从。而对煤矿安全生产有全面指导意义的《煤矿安全规程》法律地位却很低，只属于一般规章，没有最高的权威，自然没有最大的约束力。

2. 政策更新不及时，内容落后，相关政策衔接不当甚至相互矛盾

我国的《矿山安全法》颁布于1992年11月，而"建立社会主义市场经济体制"改革目标正式提出于1992年10月12日党的十四大报告，因此，在该法的制定过程中，我国仍然处于计划经济时代。在这个大背景下，政府直接管理企业，主要依靠和使用较多的是行政手段，监管对象主要为国有企业，而多年后的今天，政府对企业的直接管理已转变为间接管理，由主要依靠行政手段转变为主要依靠法律手段，单一的国有企业占据煤炭行业的现象已被乡镇、私营矿山占矿山总数的80%以上的局面所代替。在这种情况下，多年前颁布的《矿山安全法》及《矿山安全法实施条例》的内容已经严重落后；1996年的《煤炭法》，自然很多条款也已不适应新的形式，如缺失煤炭行业准入制度及环境保护方面政策规定。现行《煤炭法》对有关煤矿开办条件、煤炭生产许可证发放条件规定过于原则化，要求不高，造成煤炭市场准入门槛过低。《煤炭法》第十八条所规定的六条准入政策全部都是原则性、概括性的，没有进行具体要求；再如第十九条规定："开办煤矿企业，必须依法向煤炭管理部门提出申请；依照本法规定的条件和国务院规定的分级管理的权限审查批准。经批准开办的煤矿企业，凭批准文件由地质矿产主管部门颁发采矿许可证。"可见，开办条件是否符合的最终审定权在国家或地方的煤炭管理部门，但煤炭法中却没有对煤炭管理部门的约束形成制度性规定，这样便给管理部门留下了较大的自由裁定空间，导致煤炭管理部门和有关部门在审批发证时自由裁量权过大，随意性强，使许多资金不足、技术设备和工艺落后、安全生产条件差、缺乏环保能力的单位和个人进入煤炭开采行业，导致资金浪费和破坏严重。我国现行的煤矿安全生产政策有许多都是20世纪80年代制定实施的，如《建立健全安全监察机构强化安全监察工作》颁布于1980年9月，《煤炭工业部关于矿井区队、班组长安全职责的指令》《关于严格安全管理制度和劳动纪律的指令》均颁布实施于1988年，甚至在科技高速发展的今天，我国煤矿安全生产政策仍实行着20世纪80年代的指令、命令，如1986年的《关于加强矿井轨道运输安全工作的指令》。

国外在煤炭开采环境优越于我国的条件下使用先进的生产技术，安全事故还时有发生。由于我国政策制定技术较为落后，负责政策起草的部门较多而又缺

乏全局观念、科学观念，导致煤矿安全生产政策体系内政策法规之间的不协调甚至相互矛盾。政策的漏洞使有些煤矿企业发生安全事故后，矿主瞒报。针对这一违法现象，国务院于1989年颁布的《特别重大事故调查程序暂行规定》和1991年颁布的《企业职工伤亡事故报告和处理规定》中都规定对瞒报行为构成犯罪的，依照刑法追究刑事责任。但1992年颁布的《矿山安全法》，作为调整矿山安全的一部基本法，却没有规定瞒报应追究的刑事责任，只在第四十条规定：未按照规定及时、如实报告矿山事故的，由劳动行政主管部门责令改正，可以并处罚款；情节严重的，提请县级以上人民政府决定责令停产整顿；对主管人员和直接责任人员由其所在单位或者上级主管机关给予行政处分。《矿山安全法》作为后颁布的上位法，使国务院的两部法规陷入尴尬的境地。而按照这一规定，瞒报事故最多受行政处分，而且这还只是针对国有或者集体所有的矿山，如果是私人投资开采的矿山，对责任人员连行政处分也没法实施，更别提其他刑事追究。对瞒报这种本身初衷很恶劣的行为没有办法有效制止。《安全生产法》规定在事故中构成犯罪的，依照刑法有关规定追究刑事责任，但追究刑事责任的最终依据是《刑法》，而我国的《刑法》却没有这方面的条款。

（三）监管政策不健全

1.对监察人员要求松懈

监管人员是监督管理职能的主要承担者和负责人，我国各项政策中尚未明确其具体从业条件，尤其是产生方法和与各矿区的关系未做明确规定，不利于监察工作的开展。我国《矿山安全法》第五章"矿山安全的监督和管理"只规定了监管职责，而《矿山安全法实施条例》第四十三条的规定也过于宽泛。作为煤矿安全监察最权威政策的《煤矿安全监察条例》中也没有对监察人员的条件进行提及，只在第十条规定："煤矿安全监察员应当公道、正派，熟悉煤矿安全法律、法规和规章，具有相应的专业知识和相关的工作经验，并经考试录用。"这种宽松的规定使煤矿安全生产监察从源头上看起来严肃性就不够，对煤矿安全监察员的职业素质、技术素质要求甚至微乎其微，以至于使得有些煤矿安全监察机构成为上级管理机构的"养老院""收容所"，安监人员年龄偏大，素质偏低，甚至用兼职的巡查员，知识面的狭窄造成隐患不能及时排查。最为严重的一点是，各项政策都没能对安全监督员与所监督的矿区关系做出明确规定，甚至只字未提。如果监督人员与矿区负责人有私人亲属关系、经济利益关系，或者有一些不正当的政务关联，都会影响监察人员工作的依法有效开展，极易在监察工作中出现收贿受贿、徇私舞弊、发现问题不处理等侵害国家人民利益的违法行为。

2. 缺少对监察程序的政策规定

程序合法是一个法治国家各项工作开展的保证，而关乎人民生死的煤矿安全监察却没有这方面的专门规定。美国1995年就制定了《煤矿安全监察程序》，随后，1996年和1997年进行了修订，甚至细节规定到了安监人员在法庭上的礼仪与回答问话方式，我国与之相比差距甚远，不但没有专门的监察程序规定，主要法律、法规如《矿山安全法》《矿山安全法实施条例》《安全生产法》《煤炭法》等相关政策中都无此项规定，甚至专门的监察政策《煤矿安全监察条例》对此都未提及，这对一个法治进程快速发展的国家来说，是不应该有的漏洞。

3. 监管主体狭隘，忽视群众组织、工会组织及其他社会力量的作用

我国煤矿安全监察主体只是国家、地方的煤炭管理部门及下设的一些监察机构，但面对随时都有可能出现事故的隐患，一线职工是最有发言权的，周围群众也是力量强大的监察主体，可是我们的政策不健全让这一巨大的资源流失了。1997年出台《关于加强煤矿群众安全工作的规定》，说明我们已经认识到群众的力量，将群众安全组织纳入安全管理体系。看来群众可以起到应有的作用了，实际却不然，规定只是对群监会、协管会及其人员职责权力做出若干规定，却未提及如何保障这些权力的实现，这些很"强大"的弱势群体握着手中巨大的监管权力却不知从何监管，及时发现隐患也投诉无门，因为政策规定中一个举报电话都没有公开，更别提举报以后的安全保障了。我国作为社会主义国家，依靠工人阶级走向了发展的历程，如今经济发展的今天却忽视了工会组织的管理作用，这似乎于情于理都不应该。目前国内还没有煤矿工会组织方面的专门管理政策，《矿山安全法》虽然在第二十一条提及："矿长应当定期向职工代表大会或者职工大会报告安全生产工作，发挥职工代表大会的监督作用。"但也是"点到为止"，没有继续对职工代表大会的监督内容、怎样监督，如何保障权力实现进一步明确，使工会作用流于形式。

4.监管手段、方法不具体，监管有名无实

我国煤矿安全监管往往只停留在会议、文件以及没有具体内容的安全检查上，《煤矿安全监察条例》虽对监察内容做出细致规定，却未对监察形式进行说明，如监察时间、频率、具体操作、罚则等，规定的不明致使监察工作变成检查证照，甚至只是走过场；监察设备不足使得监管人员无法定期下井，连基本检查都做不到。这样的监察体制不能有效制约钻制度漏洞的违法行为，给生产安全造成威胁。我国煤矿安全生产监管政策体系还缺乏相应的技术政策、培训政策和奖惩政策等辅助政策，没有高水平的技术援助和完善的培训体系以及有效的激励政策，监管也不可能真正落实到位。

（四）乡镇小煤矿管理政策缺失

乡镇小煤矿的治理一直以来都是我国煤矿安全整治的重点和难点，数量多、分布广的特点为其违法、违规构筑天然屏障，我国历来重视对乡镇煤矿的整顿，取得了很大的成效，政策法规体系也已基本成型，但仍存在不少漏洞。

1.乡镇煤矿治理中缺失事故隐患排查制度

"安全第一、预防为主、综合治理"是我国安全生产的总方针，煤矿生产欲搞好预防工作，必须具备相应的隐患排查制度。我国的《国有重点煤矿事故隐患排查制度（试行）》，规定"不安全不生产"的原则，针对隐患进行排除，借此防范事故发生。即使有了制度保障，国有重点煤矿事故亦经常发生，生产条件、技术水平、人员素质相对较差的乡镇小煤矿如不建立事故隐患排查制度，危险系数更大。

2.缺乏技术支持政策

乡镇煤矿由于自身规模限制，无法利用自身的力量进行技术改造、设备引进，而大部分小煤矿矿主则只关心个人经济利益，利用廉价的劳动力资源代替技术投入、安全装备投入来达到高额产出的目的。我国的乡镇煤矿政策多是治理、整顿形式的，如《乡镇煤矿管理条例》《乡镇煤矿安全规程》等，缺少对可以发展的小煤矿安全技术、安全设备投入支持的政策。"乡镇煤矿氧气检测仪、CO检测仪配备每处矿井均不到一台；相当比例的乡镇煤矿自救器不足或没有配备自救器；多数小煤矿仍使用落后的电气设备，电气安全防爆性能差，失爆率高"

（《煤矿安全生产十一五规划》草案）。我国的一些乡镇煤矿是地方的支柱产业，国家、地方有关部门应从技术扶持的角度加以考虑，既振兴地方产业，又使生产相对安全。

3. 没有明确合理定点小煤矿标准

小煤矿的危害不仅在于自身安全难以保障，更大的危害还在于它的不合理开采直接影响其他矿井安全生产，致使重大伤亡事故频繁发生。如山西潞安矿务局五阳煤矿20世纪90年代就是一个年产量200多万吨的现代化矿井，因小井导水二次被淹，造成1.7亿元经济损失。

为了避免危害依法开办的大中型煤矿，对小煤矿进行合理定点是当务之急。国务院批转劳动部等部门《关于制止小煤矿乱挖滥采确保煤矿安全生产意见的通知》等政策中认识到了这一问题，但相关政策以及煤矿安全相关规程中都没有对合理定点的标准进行阐述，致使原则性规定成为空谈。

4. 对地方保护治理力度不够

"官煤勾结"成了最近几年人们熟知的字眼，这种现象的成因主要是地方煤矿、私人煤矿为了缩小安全成本而转让股份给地方官员，这部分"隐形"的"灰色支出"成为地方煤矿、私营煤矿的保护伞。近两年，我国下大力气对这一问题进行治理，但效果并不显著，致使中央的最后撤股期限一再延期，这也是长期以来对地方保护违法、违规、违章小煤矿治理不利带来的"重疾"。对地方保护的"三违"小煤矿治理力度不够的原因是对地方保护惩处措施不到位，没有相关的政策法规所遵循。缺少专门治理"官煤勾结"的政策，即使查出也无法可依，没有办法进行有效治理。国外一些国家对严禁政务人员入股煤矿开采的规定是很严格的，一经发现不但会丢官丢职，甚至是倾家荡产，还逃脱不了刑事处分，相比之下我国在这方面政策力度明显不足。

（五）安全技术政策欠缺，安全卫生政策空白

1. 安全技术政策欠缺

第一，安全技术投入及落实缺乏政策支持，技术是安全生产顺利进行的必要保证，而我国目前安全技术投入缺乏政策支持，安全技术落实缺少政策保障。第二，"一通三防"政策缺少相关实施细则，一些原则性政策流于形式，我国已

经认识到瓦斯是安全事故的主因，而防火、防煤尘、通风、防治瓦斯是减少事故发生的重要武器。但是"一通三防"若干规定都没有深入到具体操作、具体技术要求这些重点上，如《国有地方煤矿防治重大瓦斯煤尘事故的规定》《乡镇集体煤矿防治发生重大瓦斯煤尘事故的规定》《关于加强"一通三防"管理工作的通知》等只规定要狠抓瓦斯治理，抓好"一通三防"却没有具体施行办法及技术指导，让工作人员和基层管理人员无所适从。第三，对瓦斯利用不到位，据有关资料显示，在我国国有重点煤矿中，高瓦斯矿井152处、煤与瓦斯突出矿井154处，两者约占矿井总数的49.8%，煤炭产量占煤炭总产量的42%。煤矿的高瓦斯含量导致我国煤矿安全生产困难重重。另外，瓦斯的主要成分甲烷是一种具有强烈温室效应的气体，其温室效应为二氧化碳的22倍。据测算，所有人类活动造成的温室效应中，20%是由甲烷引起的，而我国煤矿排放的甲烷占全球的35%以上，相当于荷兰全国所有温室气体的总排放量。随着国民经济的快速发展，我国对能源的需求越来越大。在这样的能源背景下，需对瓦斯进行充分利用。然而对瓦斯利用目前还存在政策、技术、资金等方面的多重障碍。第四，职业危害预防政策缺乏操作性，《矿山安全法》等上位法律政策对这方面的规定较少，而一些诸如《加强煤矿防尘工作、消除粉尘危害》的指令之类的政策也只是在领导层如何加大管理方面进行规定，缺乏实际操作性。

2. 安全卫生政策空白

良好的安全卫生是安全生产的辅助条件。与同水平的发展中国家相比，我国煤矿行业卫生条件较差，与发达国家相比更是相差甚远，随着经济的发展，我国煤矿安全卫生状况有了很大改善，安全卫生政策也逐步完善，但由于社会发展与经济发展的断层，很多必需的安全卫生政策仍是空白。第一，工伤保险政策欠缺，与交通事故等非煤矿事故伤亡赔偿比较，煤矿事故赔偿标准太低，美国《联邦矿山安全与健康法》规定矿工进行医疗检查的费用由经营者支付；在德国，矿工因事故死亡每人赔付100万马克（1马克=3.8元），由煤矿和保险公司支付。我国只是在近两年由国家安全生产监督管理总局（现为应急管理部）呼吁将煤矿事故死亡赔偿金提升到每人20万元。但是相关的保险政策仍不够健全，如对因事故而伤的矿工的补助、福利、保险，对职业病的防治与保障等仍有很大空白，给矿主留下巨大的可伸展空间，不利于维护矿工这一弱势群体的基本权益。第二，煤矿生产卫生保健政策操作性差，我国煤矿生产卫生保健政策基本上是概括性规定，例如，"各级人民政府及其有关部门和煤矿企业必须采取措施加强劳动保护，保障煤矿职工的安全和健康"（《煤炭法》第八条）这种类型的法律条文，而没有类似于应该如何加强劳动保护这类具体规定或是上面这类法律政策的实施细则。

国外很多有关法律这方面的规定都很详细，仍以美国的《联邦矿山安全与健康法》为例，该法规定，任何法定健康或安全标准必须规定使用标记或其他合适的警告形式，以确保矿工知道他们所在工作环境中的所有危害、正确的急救方法、合适的条件和安全使用、接触有害物质时应采取的措施。而且规定了应付危害的合适的保护装备和控制办法，或应采取的技术步骤。第三，劳动保护和环境保护政策空白。我国有《劳动保护法》对儿童和妇女进行合理保护，但应该认识到这样一个事实，如今我国煤矿工人平均工作时间严重超出法定工作时间8小时，这主要是因为我国劳动力资源过剩，尤其是农村剩余劳动力；其次是我国缺少专门的煤矿生产方面的劳动保护政策。作为一种珍贵的不可再生能源，煤炭本身就该受到法律保护，加之煤炭开采行业又是重污染行业，不合理开采、排污会给生态环境造成极大的破坏。日本早在20世纪60年代就开始关闭煤矿，采取了一整套政策措施，矿井数量由1960年的622个减少到2000年的13个，2002年1月关闭了最后一座煤矿。我国是产煤大国，在整顿不合理小煤矿的同时应该注重环保政策的作用，而至今仍未建立健全相应的资源保护政策和环境保护政策，这在全球环保呼声高唱的今天是不合时宜的，既跟不上国际形势，也不利于我国资源合理开发和环境保护，无法达到人与自然的和谐，无法实现社会与自然的统筹。

（六）安全教育培训政策不完善

"培训"是实现煤矿安全生产的重要环节，也是被许多人忽视的环节。一些对中国煤矿有所了解的美国技术人员认为，中国煤矿灾难频发的一个关键原因是对工人和矿主的培训不充分，导致他们对安全生产标准和技术设备掌握不够。对这种局面的形成，煤矿安全生产教育培训政策不完善有着不可推卸的责任。

1. 安全技术教育培训对象相对狭窄

《煤矿职工安全技术培训规定》第七条指明了各级安全技术培训单位的任务和培训对象，其中包含了各级管理人员和特种工作人员，却忽视了最基本要素——矿工，对于矿工的教育培训只停留在基本政策宣讲及基本知识的了解。《矿山安全法实施条例》第三十五条规定了对矿工的基本培训，培训时间仅两三天的时间，根本无法掌握全部基础知识和技能。而且我国一线煤矿工人多是农民工，文化素质普遍偏低，培训工作更是难以展开，政策上却没有针对这一难题提出具体建议，这就使日常培训流于形式，甚至被"生产"取而代之。随着我国行政体制改革的发展，行政机构也在不断变化，原来的煤矿企业负责人已由矿长、局长发展到更多的诸如董事长、经理、矿区长之类，而在培训对象上这些却是空白，导致很多私营煤矿负责人在这方面有空可钻。

2. 安全教育培训内容不明、教学手段单一

《煤矿职工安全技术培训规定》第三章"教学工作"所有条款都用概括性的语言指出对安全技术培训的要求，没有深入到具体教学内容，如应该规定向培训对象讲授安全管理、技术操作等。而教学手段则仍以讲述、说教为主，规定教材、规定计划，没有有效措施激励学习积极性；教学设备自行购置、自制或借用的规定更是使培训无法实施，先进的设备一般煤矿根本没有资金进行购置，更提不上自制，而借用的成本也许要高出培训成本数倍。美国的安全培训是强制的也是免费的，而在中小煤矿居多的我国用自筹经费的方式进行重大培训工程显然行不通。

3. 培训考核标准不健全

我国目前培训的唯一标准是"安全工作资格证"的获得，证书发放因培训对象不同由不同部门签发，在发证标准的规定上遵从《煤矿局、矿长安全培训考核发证的规定》，其中对特种人员的考核发证相对规范，用7条内容规定了考核条件与证照管理，而矿局、矿长的发证规定却只是原则上的标准，没有对达到取得证书资格的标准进行限定，似乎只要参加培训均有证书，初衷良好的安全培训变相成了"公费旅游"、借机休假。在各项规定中没有对矿工的取证资格做出规定，领取"安全工作资格证"似乎退化成一种行政手续，需要的是"办理"而非

培训学习取得，没有经过正规培训矿工"持证"上岗，甚至"无证"下井，后果可想而知。

（七）我国现行煤矿安全生产政策问题成因探讨

造成我国现行煤矿安全生产政策问题的原因是多方面的，其中既有计划经济体制的遗留问题，也有时代的局限性，有些是不可避免的，但是有些却是人为造成的，具体来讲主要原因有以下几个方面。

1. 政策价值取向偏离

公正、公平价值取向，是判定政策性质、方向、合法性、有效性和社会公正程度的根据，它直接影响社会资源的流向与分配形式。因此，当公共政策的价值取向失之公正与公平的时候，这项公共政策必然偏离"公共"原则。我国煤炭资源迄今为止虽是国家所有，但是部分地区政府在其准入制度、资源保护上存在着政策缺失现象，在能源极度短缺的今天，这是对公众不负责任的表现。因为在更高层次上来讲，这些资源在所有权上是属于人民的。加之这些政府角色错位现象严重，造成了"部门权力化""权力利益化""利益法制化"的局面。在政策制定之初目的是防止不合条件的煤矿危害人民生命、财产安全，可是一些地方政府或部门却利用审批程序乱收费、罚款，这都是价值取向违背"公共"原则的结果。更有甚者，一些地方政府以地方保护主义为价值取向，对本地区的煤炭行业人为设置保护屏障，这极易引发煤炭开采者采用非法手段获得煤炭开采权，在取得权力之后用相关利益作为回报，造成了"官煤勾结"这一丑恶现象。

2. 政策形成与实施缺少公民参与

在政策形成与实施中，公民参与的意义在于贯彻公共行政的民主化原则，弥补政府自身的缺陷，以制定出科学、合理、公正的政策，体现广大人民群众意愿的政策。我国的煤矿安全生产政策制定与实施完全都是在立法部门与政府及其各部门的主导下进行的，在政策形成初期没有举行听证听取最基层工作者的意见，致使有些政策只是限于表面文章，不够深入，无法解决实际问题；在政策实施的过程中也没有及时听取人民的意见，对其加以改进或者终结。对此，我们在今后相关政策的制定及执行过程中应广泛听取群众的呼声，采用立法听证、行政听证、人民举荐政策等形式，完善我国煤矿安全生产政策，使其真正成为为人民服务的政策。

3."内输入"制定模式使政策更多地呈现"单方案决策"

"内输入"是指在社会没有利益多元化的条件下，由政府精英代替人民进行利益的综合与表达，其特征表现为权力精英之间的政治折中，而不是多元决策下的社会互动。这一特征使我国的煤矿安全生产政策问题的提出更多地使用内在提出模型和动员模型，而较少使用外在提出模型，也使我国煤矿安全生产政策在形成的过程中更多地呈现出"单方案决策"的特征，而不是多方案的择优。这样我国煤矿安全生产政策在制定之前的考证与检验工作就显得单薄，政策适合与否只能看在实行中的效果如何，这样就加大了政策带来的潜在威胁。

4.信息不完整导致政策失误

真实、准确的信息是形成政策问题的基本要素，也是政策制定的基本条件。如果信息不完整，那么根据这个"失真"的信息制定出来的政策也不可能是完全正确的。在"官本位"以及"数字政绩"这种错误政绩观的左右下，某些干部便靠弄虚作假的"数字"蒙骗上级。煤矿安全生产中"瞒报"就由此而生。目前在法制还不十分健全的情况下，对某些官员来讲，"瞒报"的危险系数可能要远远小于真实情况的上报，于是便出现了政府官员与矿主一起"瞒报"的现象，并不是每一起瞒报都会被揭穿，带着这种虚假的信息来继续制定相关政策，后果可想而知。

三、完善我国煤矿安全生产政策的几点思考

（一）完善我国煤矿安全生产政策的原则

我国人民代表大会及其人民政府根据各个历史时期的不同任务和不同情况，制定了许多正确可行的煤矿安全生产政策，这些政策对我国煤炭事业的发展起到了重要的指导和推动作用。虽然由于历史或者人为因素难免存在局限性，但是长期的实践使我国形成了一些政策的制定原则，它们构成了具有中国特色政策形成过程的重要组成部分。这些原则同样也适用于我国的煤矿安全生产政策的完善，具体来说如下：

1.坚持实事求是

实事求是意味着在政策制定中要去研究客观存在事物的规律性，坚持一切

从我国煤矿安全生产的实际情况出发，理论联系实际，将马克思列宁主义、毛泽东思想、邓小平理论、江泽民"三个代表"的重要思想与具体实践相结合，制定出符合我国国情的正确政策。

2. 坚持调查研究

在政策制定过程中，坚持调查研究的优良作风，是具有中国特色的政策制定的原则要求。在煤矿安全生产政策制定之前，应该进行广泛深入的实地调查，全面了解客观情况，如实地把握客观规律，在实际调查的基础上制定出正确的政策。

3. 坚持从人民群众的根本利益出发

坚持从人民的利益出发，是中国制定任何一项政策的根本宗旨，也是我国煤矿安全生产政策制定的一个基本特点。煤炭资源是我国一次能源的主体，关系人民生活水平，煤矿安全生产又是关乎人民生死的重要问题，因此各项煤矿安全生产政策都必须坚持从人民的根本利益出发。是否符合广大人民群众的根本利益是判断政策正确与否的一个根本标准，也是"三个代表"重要思想的具体体现。

4. 坚持民主集中制

民主集中制是中国共产党和各级政府基本的组织原则，它是民主制和集中制的高度统一。中国共产党和人民政府的领导机关及重要部门，在煤矿安全生产政策的制定过程中坚持民主集中制，是制定出正确政策的组织保证。为此要广泛地引入公民参与机制，形成政策过程的民主化。

（二）提高政策权威性、严密性、先进性和可操作性

1. 提升相应政策的法律地位，确立立法、执法权威

我国的《矿山安全法》《煤炭法》等上位法律对煤矿安全生产的相关规定过于宽泛，而专门政策《煤矿安全规程》等法律地位低下，没有权威，不利于执法。美国、俄罗斯、南非、韩国等国家对煤矿（矿山）的立法非常重视，煤矿（矿山）的安全法都是由国会审议通过，并由总统颁布。美国各种立法机构和政府各部门都有权参与立法活动，但各种法律必须经过议会批准，并由总统颁布后生效。现在我们要解决煤矿生产的安全问题，不仅要下大力气提升相关政策的法律地位，而且应该把一些关键条款的权威提升上来，如在《矿山安全法》中增加

矿山安全生产许可制度的条款，以法律的形式对这一制度加以确定，弥补《安全生产许可证条例》和《煤矿企业安全生产许可证实施办法》的地位局限。

2. 严密法律体系、增强政策体系完整性

《安全生产法》出台相对较晚，与较早出台的《矿山安全法》相比进步很大，但仍然是比较粗线条的，而一些专门的煤矿安全生产政策不可能面面俱到，只能是哪里出现事故，哪里进行补救，这种事后治理型的政策非常不适合以"预防为主"为原则的煤炭行业，为此我们应完善《煤矿安全规程》《矿山安全法》《安全生产法》等政策。对此我国相关政策完善可借鉴其他国家的有效经验。美国矿山安全与健康局制定的矿山安全与健康标准，包括了煤矿和非煤矿的详细标准：从设计到施工、从开工到报废、从地面到地下、地质测量、采煤、掘进、通风、瓦斯、煤尘、防火、治水、环保、复田、提升、运输、机电设备、仪表器具、检验程序、取样方法、授权单位、收费标准、人员资格、培训考试、事故登记、调查处理、起诉、奖惩赔偿等无所不包。此外，各州政府还根据情况制定本州的法规，作为补充。由于有了全面严格的政策体系，美国的煤矿安全工作走上了正规化、法制化的轨道，煤矿安全状况明显改善。印度颁布的《矿山法附属法规》（1952年）和《煤矿规程》（1957年），规定也很详尽。目前我国相关政策的完善可以针对自身实际情况，借鉴他国有效的政策经验，查缺补漏，健全相应的安全生产保障政策、事故防治与应急处理政策、职业危害的防治政策，还要有安全权力、义务、安全监督管理政策，更要完善培训、安全责任追究及法律责任追究政策，以实现政策体系的严密性、完整性。

3. 与时俱进更新政策，保障煤矿安全生产政策先进性

我国《矿山安全法》出台较早，尽管近年来出台的一些与煤矿安全有关的法律法规在一定程度上弥补了《矿山安全法》的不足，但作为煤矿安全的基本法，《矿山安全法》应适应市场经济要求和时代发展需要，尽快对不合时宜的条款进行修订，以符合新形式的要求。首先，对"矿山"的概念进行合理的界定，把所有从事矿产资源和勘探活动的安全问题均纳入本法的调整范畴，使从事非法探矿和采矿的行为有所畏惧，而且一旦出现安全生产问题，也可以有法可依，依法对其进行制裁，不至于使犯罪者逃脱应有的处分。其次，明确行政执法主体，

理顺相关部门的职能关系。明确国家煤矿安全监察系统、国家安全生产监督管理系统和地方各级安全生产监督管理部门对煤矿安全的执法主体地位，使目前的安全执法"名正言顺"。同时也要对其他相关部门在煤矿安全方面所应承担的职责，如劳动行政部门、国土资源部门、卫生部门、公安、工商、技术监督以及工会组织的职责进行合理界定，并且明确其法律责任。再次，增加矿山安全事故民事责任条款。发生矿山生产安全事故后，矿山企业理应对事故伤亡职工进行民事赔偿，《安全生产法》对此已有相关规定，作为行业安全法，《矿山安全法》也应该增加相应条款，明确规定矿山企业的民事赔偿责任。最后，将煤矿安全生产风险抵押金制度写入《矿山安全法》。有些小煤矿发生事故后，矿主逃逸，或者缺乏重大事故的赔偿能力，使遇难职工家属得不到应有的赔偿。为保障煤矿从业人员的合法权益，所有的煤矿都应该缴纳煤矿安全生产风险抵押金，由政府统一管理。《矿山安全法》作为上位法律政策应该将这一有效的政策用法律的形式加以固定，并根据不同情况制定不同标准，使这一制度得以保存并逐步完善。

4. 明确煤矿安全生产条款，增加可操作性

我国煤矿安全生产政策多是概括性的，如《安全生产法》。对于这样的上位法律政策就急需制定和颁布《安全生产法实施条例》，以完善其可操作性。否则仅凭各地方有关部门依照《安全生产法》有关规定制定的规章、条例是无法体现总政策的指导精神的。美国《联邦矿山安全与健康法》操作性就很强，其规定一个矿工若在矿山工作环境中工作造成健康或工作能力上受到损害，则该矿工必须从这种环境中调走，并重新分配工作。任何由于该情况被调走的矿工必须领取原工作工资，其工资数不得低于在调走时其他同种矿工的正常工资。对于按上述条文调走的矿工，必须基于新工种进行加薪。政策已经细腻到可以想象的最后一道工序，这是美国的煤炭行业基本法。而我国现行行业基本法《矿山安全法》与《矿山安全法实施条例》都还欠缺一定的操作性，未能充分体现"以人为本"。南非的《矿山健康与安全法》有关规定操作性也很强，也有很大的借鉴意义。如其规定，雇主必须进行职业卫生测定，必须建立医疗检测系统，必须要有危险工作的记录、医疗检测的记录和年度医疗报告等，而且要有具体实施细则规定。

（三）加大政府对煤炭工业的扶持政策

一个国家的煤矿安全与经营状况密切相关。如果煤矿长期亏损，无法更新改造或关闭，安全状况必然会恶化，如乌克兰，2000年百万吨死亡率高达4.4，2001年进一步恶化。因此加大对煤炭工业的政策扶持可以一定程度地促进煤矿生产安全。

1. 加大煤矿安全生产基础投入

与世界上其他主要产煤国相比，我国煤炭资源赋存的地址开采条件相对较差，埋藏深，煤层稳定性差，地质构造复杂，水、火、瓦斯、煤尘、顶板等灾害因素比其他国家煤矿多，我国复杂的煤田地质条件需要相对高的安全生产成本。但是，过去我国煤矿的安全生产投入标准低，目前我国国有煤矿仍在执行1991年原国家能源部制定的煤矿成本核算框架政策，导致煤矿安全生产投入不足。到2004年底，我国煤矿中不具备基本安全生产条件的煤矿能力替代、需要使煤矿生产条件达到标准和需要技术改造这三类煤矿的安全欠账合计至少1 500亿元。针对这种状况，一方面要高标准、严要求，使企业自身认识到进行基础设备投入的安全重要性，另一方面国家应该制定相应政策对其进行支持。　。

2. 加大煤矿安全技术投入

在这样恶劣的客观煤炭资源条件下，我国煤矿自然灾害治理的成本理应比国外高，然而我国在宏观上还存在着事故预防的科技投入不足、对灾害发生机理和预防的基础理论研究及科技攻关不足、基础研究薄弱、专业技术人员严重匮乏、自然灾害治理研究深度不够等问题。我国对科技投入已有原则性政策倡导，《安全生产法》第四条、《矿山安全法》第五条、《煤炭法》第九条都有所提及，这些法律条款规定了政府对先进科技的鼓励。改革开放以来，煤矿安全生产科技工作得到了较大的发展，但我国煤矿安全科技水平仍然较低，尚不能为煤矿安全生产提供强有力的支撑和保障。针对这种情况，原则性政策就显得缺少实际应用价值。目前，应针对我国技术软肋进行政策扶持，对某一科技进行专项拨款、组织研究人员进行课题攻关、试点实验，使先进的科技得以应用到煤矿生产中，促进生产安全。当前我们应对以下方面进行科技攻关：以煤矿瓦斯、水害、火灾、煤尘、顶板等事故因素为重点研究对象，重点围绕煤矿安全生产宏观规律、煤矿重大灾害事故致因机理、安全经济及管理理论等方面开展研究,加大安全生产基础理论研究的力度,构建煤矿安全生产理论支撑体系;针对煤炭行业生产作业环境和开采过程中的灾害危险因素,开展煤矿事故隐患诊断评价、监测预警、跟踪治理等先进技术的研究,遏制煤矿重特大事故;开展事故现场救援信息探测、事故期间通信信息技术、事故灾害应急运行保障、应急抢险、救援指挥平台等应急救援技术与装备的研究开发,增强事故应急处置能力;实施煤矿安全生产技术示范工程,建立一批安全技术示范工程,以点带面,促进我国煤矿安全生产整体科技水平的提高。以此加强科技成果转化工作,推动煤矿安全生产科技产业化。

3. 强化人才战略、利用政策引导

我国煤矿专业人才匮乏,从业人员整体素质偏低。近些年,煤炭企业专业技术人才流失严重,有关院校地矿专业在校生比例大幅下降,"招不进""分不来""留不住"的现象普遍存在,煤矿专业技术人才出现严重匮乏的现象。多数小煤矿没有技术人员。近几年,煤矿从业人员流动性加快,而安全培训教育又相对滞后,从业人员安全意识和技能不能满足煤矿安全生产工作的需要,煤矿安全管理难度进一步加大。对此要实施人才战略,加强煤矿安全科技队伍建设。加大对学科带头人的培养力度,积极推进创新团队建设,培养和造就高水平的煤矿安全生产科技创新人才,建立各级安全生产专家队伍;推动有关部门对从事煤矿安全专业人才培养方面给予政策支持,吸纳高素质人员进入煤矿安全生产科技领域;引导企业通过提高待遇,创造人尽其才、人尽其用的环境,留住人才,从而推动煤矿安全科技队伍的不断壮大。

4. 对进行改革、重组的企业进行财政支持

20世纪90年代以来,全球环境浪潮和天然气等洁净能源的竞争,使煤炭需求减少,同时由于煤矿安全事故频发,国家已制定"关小扶大,扶优汰劣"的产业发展政策,对于煤炭企业而言,就是要发展规模企业,整顿关闭小煤矿。但是由于煤矿在我国政治和社会生活中都占有很大分量,因此无论是国有煤矿的改革还是私营煤矿的结构重组、关闭亏损矿井难度和风险都很大,处理不当会影响政局稳定,导致社会动荡,如俄罗斯严重拖欠矿工工资引发多次大规模罢工。所以,

我国在改革、重组、关闭这一系列整顿过程中应做好对失业矿工、企业，以及相关机构人员的补贴工作，这样才能实现平稳改革。我国幅员辽阔，矿井数量多、分布广，改革、重组、关闭本身就困难重重，再加之地方保护、人员安置、事后建设等困难使得这一系列工程更是难上加难。国家政策可以根据自身实际情况对相关者进行合理补贴以实现煤炭产业政策有效、合理的实施。

（四）健全各项监管政策

1. 监管机构独立化，监管人员管理严格化

"执法必严"的必要条件是煤矿安全生产监督机构的独立性，并在机制上防止检查人员与矿主、地方政府形成利益同盟。我国的安全生产监督管理局于2005年升格为安全生产监督管理总局，并专设国家煤矿安全监察局，在中央形成了煤矿安全生产监督机构独立化。但目前有些地方监察机构仍与煤矿企业有着不可分割的联系，甚至在经济上受制于当地煤矿企业，这样监察工作只能是"走过场"，为此必须建立独立的监管机构。在加强煤矿安全监督机构独立化的同时，要加强对监管人员的要求。我国目前这方面尚未有具体的政策规定。对于此，应该在监察员资格上做出具体限制，如监察员的文凭、经验、证书、基层人员认可等。同时任何与矿山采矿权人有直接或间接关系的人，不得任命为矿山安全监察员。在监察人员文化素质、身体素质、道德品质、资格认证、与矿区企业关系等多方面对监管人员进行严格要求，严把监管"入口"，放宽"出口"，对不合格的监察人员进行适当处理，理顺监察体制。

2. 制定《煤矿安全监察程序》

没有法定的监察程序，监察工作便缺乏法律保障，无法有效开展，应立即根据《矿山安全法》尽快制定煤矿安全监察程序，使监察员工作"理直气壮"。美国根据《联邦矿山安全与健康法》于1995年9月制定《煤矿安全监察程序》，其内容详尽具体，包括监察与调查准备工作、监察与调查预备会议、监察与调查过程、监察违规行为的判别及处罚、监察重点部位、诉讼程序。

各项都有详尽具体的规定细则，我国的煤矿安全程序制定可参照其有效部分。

（五）填补乡镇煤矿治理政策缺失

1. 建立乡镇煤矿事故隐患排查制度

乡镇煤矿一直是我国煤矿安全生产事故多发之地，为贯彻"安全第一，预防为主，综合治理"的方针，及时消除矿井事故隐患，防止事故发生，应尽快建立乡镇小煤矿的事故隐患排查制度。首先确立组织机构及负责人，应由煤矿企业、煤炭管理部门负责组织事故隐患排查，国家煤炭管理部门对其进行监督；其次落实层级职责；再次规定具体排查对象，如煤矿生产现场、技术管理、装备设施等所存在可能导致事故的隐患，尤其要加强易发生事故的瓦斯、通风、煤尘、顶板、运输、火、水等事项排查；最后制定详细的事故隐患确认与上报程序、整改意见措施、处罚等，做好乡镇煤矿的事故隐患排查。

2. 严格乡镇煤矿安全生产许可证颁证条件

第一，我国乡镇煤矿生产现状与颁证标准有很大差距，加之颁证工作要求中介机构对矿井进行安全评价，而评价机构在评价过程中怕承担风险，不出评价报告或影响评价进度，有些煤矿企业受利益驱动，重视生产效益，整改和办证不积极。对此有关部门首先应严格颁证期限。所有停产整改的矿井必须取得安全生产许可证后方可生产。第二，严格颁证标准。各颁证机关应按照《安全生产许可证条例》和《煤矿企业安全生产许可证实施办法》规定的条件进行颁证，从源头上坚决制止不合标准的矿井进入市场。第三，确保颁证质量。目前全国颁证工作进展情况差距较大，各颁证机关在坚持标准、严格颁证的工作程序，确保颁证质量的前提下，要采取有力措施，突出对重点矿井颁发安全生产许可证工作。第四，加强颁证矿井的监管力度。取得安全生产许可证的企业不得降低安全生产条件，并应加强日常安全生产管理。煤矿监察部门应加大监管力度，发现安全条件降低的煤矿企业，应当按照《安全生产许可证》条例的有关规定严格进行处罚，严重的吊销证照。

3. 制定技术支持政策及合理定点小煤矿标准

随着我国煤炭开采深度的增加和开采强度的加大，煤矿灾害治理的难度和复杂性增加，应大力开展安全科技创新，推广先进煤矿灾害防治技术，如瓦斯抽放、安全监测监控、事故预警等方面的新技术、新装备，并为保证设施设备的安全可靠运行建立高层次、全方位的技术基础。积极推动企业间的技术经验交流，促进煤矿企业生产力水平的提高，尤其对那些可以通过技术改造成为具有生产能力，带动经济发展的合法乡镇煤矿进行技术扶持，如加强对瓦斯灾害的治理及事故处理等。同时勘测合理定点小煤矿标准，那些对正规矿业有侵害、威胁甚至偷盗大型煤矿的非法煤矿要坚决进行取缔。

（六）建立符合煤矿安全生产的培训体系

1.制定对象多元的强制性培训政策，加强对一线工人的培训

培训被忽视，尤其是对一线工人培训的忽视，往往是安全生产最大的隐患。目前我国应制定强制性的培训政策，尤其对矿工更要进行强制性培训。有些矿工文化水平较低，很难适应枯燥的理论培训，而矿主也图节约成本，故而培训这一环节被省却，对这种现象应该有强制性的培训政策来对其进行约束。"强制性"是指政府按照《矿山安全法》和《煤矿安全规程》等政策法规，强迫企业对员工进行安全生产培训的刚性措施，特别要强调的是对井下一线工人的强制性安全培训。美国在1997年《联邦矿山安全与健康法》第104条中规定，如果发现矿工没有按要求得到安全培训，则要求该矿工立即从该矿撤出并禁止进入该矿，直到矿工已受到法律规定的培训为止。德国政府规定，所有矿工都必须经过3年矿业学校和矿山实际工作培训，正式成为矿工之前，还要集中培训2个月。我国煤矿资源开采条件本身较之国外就恶劣，开采难度大，工人操作危险系数大，如不进行长期培训很难应付多变的生产隐患，对此应尽快制定强制性培训政策，让培训这一环节受到重视。

2.翔实培训内容，多种培训方法并用，严格考核标准

培训不只是简单的开会、讲义，而是要真正落到实处，向员工讲授安全生产必备知识、设备操作、自身救护、危机预案演习、矿工自身权力维护、具体工作流程、防病等具体内容；培训方式也不能只停留在文件传达、简单说教上面，应制定政策用奖励与处罚相结合的办法促使企业主动建立培训制度，保证培训时间、培训内容和培训效果。定期培训与不定期培训相结合，使农民工成为名副其实的煤炭产业工人、专业工人，从而提高煤炭行业职工整体素质，促使煤炭安全长效；严格考核标准，不能只凭一个"安全生产资格证"就可以抵挡一切，严格

上岗资格考试，不具备资格不能上岗。决不允许培训时间不足、考试不合格的员工上岗，否则将追究企业与矿工的法律责任，尤其对企业要从重处罚。除了集中培训，还应举办巡回性质的安全课程，主要向矿业工人讲授安全生产标准、技术设备操作等，煤矿工人参加课程应该是免费的，经费从劳工部的培训费中出。此外，可以充分利用网络，在网上提供免费的交互式培训课程，开放网上图书馆，将矿难调查报告、安全分析等资料和档案及时在网上公布。

（七）弥补煤矿生产企业市场准入政策的不足

市场经济国家，任何人要开办煤矿，首先要取得采矿权。采矿权是通过按法定程序进行的公开招标拍卖的。投标者必须详细说明开采、环境、安全等计划。按照法律规定，公众参与从项目申请到营业许可证审批的全过程。这种公开、公平、公正的竞争机制，加上安全法规对矿主应尽义务的明确规定，从开始开办煤矿之日起就为保证生产安全创造了条件。我国煤炭管理部门在审批煤矿建设项目时要按照集约化、规模化经营的原则进行审批，适当限制小型煤矿企业以提高煤炭开采行业的市场准入门槛；此外还要改革煤炭资源配置方式和煤矿投资体制，消除国有煤矿以行政手段获得煤炭资源矿业权的特权，而用市场手段公平地配置煤炭资源，政策中应明确规定资源有偿使用原则，并制定有利于促进煤炭业发展的财税政策，鼓励非国有资本经营有安全生产保障能力的大中型煤矿，以减少没有安全生产保障能力的小煤矿数量；调整北方煤炭资源条件好的地方如山西、陕西、内蒙古、宁夏等省（自治区）的煤炭开采规划，防止大块煤炭资源被落后生产方式开采，不容许本来可以建设大中型煤矿的资源被用来建设小煤矿，鼓励有资源开采条件的北方地区建立大中型矿井和高产、高效矿井，用准入制度严格控制小煤矿出生，从源头上减少不安全因素。

第二节　国外产煤国家安全生产概况

煤炭是世界上储量最多、分布最广的一次能源（常规能源），目前占世界一次能源消费比重的29%。近年来，世界煤炭产量总体呈上升趋势，煤炭开采过程中产生的安全问题受到普遍重视。目前，世界主要产煤国家煤矿安全生产状况都有很大改善。

一、国外产煤国家安全生产

（一）国外煤炭产量

近年来，随着世界经济的发展，各国在能源的生产、消费和贸易方面都存在不同程度的增长。在石油、天然气等相关能源资源价格长期居高不下的形势下，世界对原已逐步疏远淡忘的煤炭资源又给予高度关注和重新认识。特别是随着洁净煤技术，煤炭液化、气化技术的成熟以及节能技术和燃煤热能转换效率的提高，世界对储量大、分布广、成本低的煤炭资源给予了更多的厚望。中国、美国、印度等许多能源大国都在不同程度地逐步将能源重心向煤炭倾斜，使得近年来世界煤炭产量呈明显增长态势。据英国石油公司统计，1998～2000年世界煤炭产量略有下降，2001年以来逐年有所增加。1999～2008年，世界煤炭产量由45.44亿吨增加到67.81亿吨，年均增长达4.9%；发达国家煤炭产量增速减缓甚至下降，经济合作与发展组织（Organization for Economic Co-operation and Development，OECD）成员国煤炭产量年均增长仅为0.53%；而发展中国家和地区的煤炭产量增幅较大，中南美洲年均增长达7.91%，亚洲太平洋地区年均增长9.8%。当然，世界煤炭产量的地区分布情况与煤炭资源储量的分布情况相同，主要集中在亚太、北美、欧洲和欧亚大陆地区。

2008年全球煤炭产量达67.81亿吨，较2007年增长5.3%。其中，居世界前10位的国家依次为中国、美国、印度、澳大利亚、俄罗斯、南非、印度尼西亚、德国、波兰和哈萨克斯坦，十大产煤国家的产量占到了世界煤总产量的88.7%。

（二）国外主要产煤国家煤矿安全生产现状

1. 美国

美国作为世界主要产煤国家之一，经历了从煤矿事故多发到加强立法和管理、最终进入"高产量、低伤亡"时期的漫长过程。在19世纪后期和20世纪初期，美国每年有数千人死于煤矿事故。仅1907年全年，美国就有3 242人死于煤矿事故，为美国采煤史上事故死亡人数最多的年份，而1909年则是美国矿难最多的年份，共计发生20起，死亡2 642人。1907年，西弗吉尼亚州的一起煤矿事故，死亡人数为362人，创美国历史之最，美国开始重视煤矿安全生产问题。1968年希肯马煤矿发生一起煤尘爆炸事故，死亡57人。同年11月20日，康苏尔煤矿又发生一起瓦斯爆炸事故，死亡78人，引起美国煤矿工人大罢工。这些矿难使国会认识到采矿业的特殊性及其安全工作的重要性，于1969年通过了《联邦煤矿健康与安全法》。1977年10月，美国国会又通过《矿山安全健康法》，依据该法美国于1978年成立了联邦矿山安全健康局，全面加强了对矿山的管理。多年来，美国矿山安全健康状况有了显著的改善，矿山事故死亡人数大幅度下降，已经杜绝了煤矿重大伤亡事故的发生。20世纪30年代以来，美国煤矿安全生产状况明显改善。1930年，美国煤矿事故死亡2 063人，受伤71 217人，1970年死亡和受伤人数分别下降到260人和11 552人。1983年，煤矿事故死亡人数首次降到100人以内。1993年，煤矿事故受伤人数降到10 000人以内。1993年以来，每年煤矿事故死亡人数控制在50人以内，百万吨死亡率低于0.05。2005年，美国煤矿事故仅死亡23人，百万吨死亡率为0.02，创历史最好水平。2008年，美国煤矿事故共死亡30人，受伤4 230人，同比分别下降11.7%和5.4%。20万工时死亡率为0.02，百万吨死亡率为0.028。

2. 印度

印度是世界第三大产煤国，印度煤矿在20世纪60年代初期每年都发生3 500多起伤亡事故。以1961年为例，产煤0.56亿吨，事故死亡268人，百万吨死亡率高达4.81，全员效率只有0.45 t/工。1973年煤矿实行国有化后，印度煤炭产量迅速增长，1975年煤炭产量突破亿吨大关，安全状况也大为好转。1981年煤矿事故死亡184人，百万吨死亡率降至1.45。进入20世纪90年代，印度煤矿百万吨死亡率逐年下降，2000年为0.42，2008年降至0.154。2008年，印度煤矿共发生死亡事故67起，死亡82人；严重事故774起，重伤782人，百万吨死亡率为0.154。

3. 俄罗斯

20世纪90年代初期，俄罗斯每年煤矿事故死亡人数在300人左右，1993～2002年煤矿事故的死亡人数由1993年的328人下降到2002年的85人，其中井工矿由197人下降到68人。在这一期间，煤炭工业的百万吨死亡率也由1.09下降到0.35。而井工矿的百万吨死亡率由1.5下降到0.76。但是，整个煤炭行业的千人死亡率指标下降得却不明显，由0.57下降到0.34。井工矿由0.65下降到0.6。2002年以后，俄罗斯煤炭产量快速增长，煤矿事故随之也大幅增加，2004年死亡人数达到148人，2005年为107人。2006年俄罗斯煤矿总体安全状况有所好转，死亡85人，再次降低到百人以下，百万吨死亡率也降到历史新低0.27。但2007年连续发生了两起特大瓦斯爆炸事故，煤矿事故死亡人数达243人，百万吨死亡率又猛升至0.77。2008年，俄罗斯煤矿安全状况明显好转，全国煤矿共发生12起重大事故，死亡人数降至62人，百万吨死亡率为0.19，死亡人数和百万吨死亡率都降至历史新低，达到历史最好水平。

4. 南非

南非的煤矿安全生产水平堪比世界先进产煤大国，但也曾经历过事故频发、伤亡惨重的阶段。在采取了一系列有效措施后，南非煤矿事故得到了有效的控制。1961年以前南非隶属于英联邦，煤矿工人主要由黑人和外国雇工组成，开采秩序混乱，机械化程度低，安全无保障，伤亡率高。1960年1月21日，南非煤矿发生一起瓦斯爆炸事故，造成437名矿工死亡，该事故是南非历史上最严重的一次煤矿事故。1961年，南非脱离了英联邦，成立南非共和国，随着机械化程度的提高，安全状况开始好转。1994年，黑人接管政权，废除了种族隔离制度，成为南非安全状况的转折点，制定了新的矿山安全法律，确立了矿主和员工的平等权力，强化了安全培训，煤矿安全状况得到大幅提升。进入21世纪以来，南非煤矿事故得到有效控制，死亡人数大幅下降，百万吨死亡率达到先进国家水平。特别是煤矿的瓦斯事故得到有效控制，安全水平已达到发达矿业大国的水准。

2008年，南非矿山事故共死亡171人，比2007年下降了23%，创历史新低。其中，煤矿死亡20人，百万工时死亡率为0.15，百万吨死亡率为0.079 8；受伤332人，百万工时受伤率为2.42。目前，南非各煤矿企业将通过严格依法治理煤矿安全隐患和大量采用高科技手段提高矿山安全水平，力争到2013年实现煤矿生产事故零死亡的目标。

5. 波兰

历史上，波兰矿山事故也较为严重，1928～1937年百万吨死亡率平均为5。第二次世界大战前和战后初期，波兰硬煤矿井事故严重。1946年矿井事故死亡人数为430人，百万吨死亡率高达9.09；1946～1950年，波兰硬煤矿井百万吨死亡率平均为5.95；1951年，全国硬煤矿井总产量为9 160万吨，事故死亡人数592人，百万吨死亡率6.46；1954年是事故最严重的一年，死亡人数达592人，百万吨死亡率高达7.0，千人死亡率为2.1。事故高发促使波兰变革矿山监察体制，1954年10月21日，波兰部长会议决定，将波兰国家最高矿山局由矿业部下属机构升格为部长会议直属机构，提高了波兰国家最高矿山局的权威性。1988年4月，波兰国家最高矿山局着手起草制定《地质与采矿法》，并于1994年2月获得波兰议会批准，该法的执法主体是波兰国家最高矿山局，使矿山安全监察涵盖从矿产资源管理、矿山项目建设、生产到矿山报废关闭整个过程。从此，波兰矿山安全状况进一步迅速好转，其矿山安全指标尤其是煤矿安全指标已达到先进产煤国家水平，矿井事故率显著下降，百万吨死亡率从1955年的5.5降到1960年的2.3，1970年为1.13，1980年为0.66，20世纪80年代一直保持在0.5～0.7，90年代降低到0.5左右。2008年，波兰硬煤矿井死亡24人，百万吨死亡率为0.29，硬煤矿井和褐煤矿井合计百万吨死亡率为0.17。

6. 乌克兰

在世界主要产煤国家中，乌克兰煤炭产量居世界第12位（2008年），但乌克兰也是世界煤矿事故高发、死亡率最高的国家之一。独立近20年来，乌克兰煤矿每年都因各种事故死亡300多人，患各种职业病人数为1.2万人。乌克兰煤炭工业的死亡人数占所有工业部门死亡总数的20%以上。2007年，乌克兰煤矿事故共死亡318人，百万吨死亡率为4.14。2008年1～8月，死亡400人，百万吨死亡率高达7.63。

（三）国外主要产煤国家煤矿安全生产状况变化趋势

1. 几个主要产煤国家煤矿死亡人数变化趋势

1990～2000年，美国死亡人数变化趋势。美国的煤矿事故死亡人数由66人减少至38人，南非由51人减少至31人，波兰由75人减少到28人，俄罗斯由279人减少到170人，均下降一半左右；印度和乌克兰变化不大。2000年以来，尽管有的国家在某些年份的死亡人数有所上升，但总体呈下降趋势。各国煤矿事故死亡人数基本保持稳定，并略有下降。以2007年为例，国家煤矿事故死亡人数由少到多依次排列为南非13人、波兰16人、美国22人、印度75人、俄罗斯243人和乌克兰318人。波兰和南非的煤矿事故死亡人数已降至20人以下,俄罗斯和乌克兰超过100人。

2. 煤炭百万吨死亡率的变化

1990～2008年,除乌克兰外,其他主要产煤国家的煤炭百万吨死亡率均呈现下降趋势:美国从1990年的0.07下降到2008年的0.028,印度从1990年0.78下降到2008年的0.154,南非从1990年的0.29下降到2008年的0.08,俄罗斯从1990年的0.72下降到2008年的0.19,波兰从1990年的0.51下降到2008年的0.18。乌克兰的煤炭百万吨死亡率呈上升趋势,1990年为1.86,2000年为3.9,2007年为4.14。2007年这6个国家的煤炭百万吨死亡率由低到高依次为美国0.033、南非0.05、波兰0.11、印度0.156、俄罗斯0.77和乌克兰4.14。

二、国外煤炭工业发展趋势与煤矿安全战略

(一)煤炭在世界一次能源消费构成中的地位

煤炭在世界一次能源消费构成中所占比例由1999年的25%增长到2008年的29.25%,呈缓慢增长趋势。2008年世界煤炭消费总量达65亿吨,同比增长3.1%,连续6年成为增幅最快的燃料。预计2030年前,世界煤炭需求量年均增长率为2.2%,95%以上需求增长将来自电力用煤。2008年,中国、美国、印度、俄罗斯和日本5国煤炭消费量占世界煤炭总消费量的73%。中国连续17年为全球最大的煤炭消费国,2008年煤炭消费量占世界煤炭消费总量的43%。经济合作与发展组织国家煤炭消费量下降,煤炭前景很大程度上依赖于先进洁净煤技术的推广应用和气候变化政策,发展中国家更重视经济的高增长和能源供应安全。

(二)主要产煤国家煤炭生产与消费

美国、澳大利亚等国煤炭资源条件好,煤炭工业稳定发展,2008年美国煤炭产量为10.6亿吨,93%的煤炭用于发电,燃煤发电比重占美国总发电量的50%。近10年来,美国煤炭年产量维持在10亿吨左右,煤矿数量1 450余座,生产集中度高,生产效率高,煤矿安全状况好。澳大利亚2008年实现煤炭产量4.3亿吨,占世界煤炭总产量的6.6%。澳大利亚煤炭生产主要用于出口,3/4以上的煤炭销

往日本、欧盟、中国台北等国际市场，硬煤贸易量占世界硬煤贸易总量的1/3。南非2008年煤炭产量2.48亿吨，排在中国、美国、印度、澳大利亚和俄罗斯之后，居世界第6位。南非煤炭工业高度集中，前5家大型矿业公司的煤炭产量占南非总产量的90%以上。

西欧国家煤炭开采困难，煤炭工业萎缩，德国能源资源紧缺，能源需求60%需要进口。褐煤是其唯一不需要进口的矿产品，2008年褐煤产量1.8亿吨，主要用于发电；国内硬煤生产成本高于国际市场煤价，主要依靠政府补贴，产量逐年递减，2008年硬煤进口量超过国内产量（0.247亿吨）。煤炭开采业是英国最古老的工业行业之一，18世纪初就已经开始采煤，19世纪50年代初步形成近现代煤炭工业，产量和技术居世界领先地位。1952年煤炭产量曾达2.3亿吨，之后随着资源和环境等条件的限制，产量逐年下降。2008年煤炭产量0.179亿吨，有35个露天矿和6个井工矿。2000年以来，英国每年的煤炭需求基本在0.6～0.7亿吨，煤炭消耗主要用于发电，占耗煤总量的80%以上，30%～35%的电能来自燃煤。煤炭在英国一次能源消费总量中的比重为18.1%。

印度、俄罗斯、波兰等国煤矿处于转型期，效益较差，印度2008年煤炭产量4.8亿吨，煤矿主要是国有公司经营，印度煤炭有限公司（Coal India Limited, CIL）是印度最大的煤炭生产公司，产量占全国总产量的84%；第二大煤炭生产公司辛格雷尼煤矿公司煤炭产量占全国煤炭总产量的9%，钢铁公司和其他企业经营的私营煤矿产量仅占7%。印度经济的增长拉动国内煤炭消费呈不断增长的态势，2007～2008年度国内煤炭消费4.92亿吨，2012年，煤炭需求量达到7.31亿吨；2017年煤炭需求量达到11.25亿吨。1993年俄罗斯进行煤炭工业私有化改革，1996～2001年与世界银行合作，重组煤炭工业。近几年经济形势逐渐好转，煤炭需求增加、产量增长，2008年产煤3.26亿吨，井工矿110个，露天矿129个，9大煤炭公司占全国产量60%以上。俄罗斯国内煤炭需求的主要用户是电厂和冶金企业，2007年国内煤炭消费2.1亿吨，出口约1亿吨。煤炭占俄罗斯一次能源消费的16%左右。波兰2003～2006年进行"硬煤开采业重组方案"，进行煤矿私有化；2006年新政府暂停私有化进程。经过一系列经济转型重组，生产矿井从80座减至30座，主要在俄斯特拉发-卡尔维纳矿区，煤炭企业逐渐扭亏为盈。2008年煤炭产量1.4亿吨，同比下降3.30%，煤炭占一次能源消费构成的60.1%。

（三）世界煤炭市场价格变化

1.世界煤炭价格从长期看将稳定上涨

世界煤炭贸易中煤炭价格从根本上讲是由其价值所决定的。但从现实的角度看，它直接取决于国际市场上的煤炭供需状况。供求规律告诉我们，需求量增加，价格上升，需求量减小，价格下降；供给量增加，价格下降，供给减少，价格上升。近年来，全世界对煤炭需求的趋势明显增强。经济合作与发展组织国家中，煤炭需求的增长主要由电力生产引起。中国、印度和亚洲其他发展中国家煤炭需求的增长，是世界煤炭需求增长和价格不断上涨的最大原动力。

2.世界煤炭价格从短期看将会出现周期性波动

1980年以来，国际市场的煤炭价格变化与石油价格涨落大致相同，但幅度略小。总体趋势是20世纪80年代初上涨，80年代中期下跌，80年代末90年代初价格回升。随后因世界经济不景气，油价下调，有些用煤炭的电厂改为燃油，使国际煤炭贸易供大于求，市场疲软，煤价下滑。1995～1996年略见回升，1997～2002年又出现下降趋势。

3.国际煤炭价格对我国煤炭价格的影响

目前，我国国内煤炭市场价格已高于或接近世界煤炭价格水平。2009年上半年，受全球金融危机影响，在国内进出口额下滑较快的形势下，中国进口煤炭逆势大幅增长，创出历史新高，全国煤炭净进口量达3 660万吨。由于国内外煤价倒挂、国际运费低廉以及与电煤谈判陷入僵局等3大因素助推，国外煤炭企业大量向中国低价出口。同时受国际原油价格影响，2008年9月以来国际煤炭价格有所回落。

（四）跨国矿业集团经营理念和发展战略

1.资本运作是跨国集团并购的主要方式

近年来，国外前10家主要煤炭生产企业的构成不断变化，主要是资本运作和跨国并购的结果。必和必拓集团和埃克斯卓达集团公司就是通过摩根大通银行资本运作成了国际上两家大型矿山企业，在为国际煤炭市场提供了大量优质动力煤和炼焦煤产品的同时，也使这两家企业获得了良好的经济效益。从分析上看，跨国集团的经济效益增长远大于生产规模的增长，皮博迪能源公司和力拓矿业集团公司煤炭销售收入的增加幅度明显大于生产规模和销售量的增加幅度。

2. 不断占有优质资源是资源型企业可持续发展的前提

必和必拓集团公司、力拓矿业集团公司从成立之日起就不断扩充各种矿产品的储量，其拥有的储量遍布美国、澳大利亚、南非等国，皮博迪能源公司从主要开采本土资源逐渐走向国外，近年来不断收购其他企业的资源储量，其拥有煤炭资源的范围扩大到了澳大利亚等地，保证了公司煤炭开采的可持续性。

3. 跨国集团公司普遍建立SHE体系

安全健康与环境（safety health environment，SHE）管理体系是保障跨国企业发展和经济效益的基础。世界前10家跨国集团都是世界煤炭协会的会员，在煤炭可持续发展方面成绩显著。承诺将开采活动对生态环境、员工的安全与健康，以及当地社会造成不良影响减小到最低限度；大幅降低煤炭开采和使用中的"单位"排放；促进新型、先进的"洁净煤"技术的开发和转让，以促进这些技术在全球的推广和应用。据美国劳工部统计，美国最大的煤炭公司皮博迪能源公司已经成为美国最安全的生产企业，年生产煤炭2亿吨，实现了零死亡，20万工时事故率仅为1.8，大大低于美国其他行业企业。美国最大的产煤州怀俄明州年产量4.5亿吨，全年实现零死亡。

4. 执行严格的环保政策与排放标准，推进煤炭的清洁利用

美国1970年颁布《清洁空气法》，对新建电厂提出了最高排放限度，1979年进行了第2次修正，1990年进行了第3次修正，对每一种气体污染物的排放限额进行了规定，限制高硫煤开采，并建立二氧化硫排放权交易制度，使全国二氧化硫排放量比1980年减少了一半。同时，导致煤炭开发由东部向西部转移，西部煤炭产量占全国产量的比例由1970年的5%提高到1997年的41.2%、2008年的58.3%。英国曾是环境污染较严重的国家，从20世纪50年代开始整治，制定并出台了一系列能源环保法律和法规，提出了明确的环境发展目标。在能源环保法律法规和环境发展目标的约束下，传统的燃煤电厂减少，以煤为燃料的、系统效率更高的热电联产技术（combined heat and power，CHP）增加；以煤气化为基础的燃气–蒸气联合循环发电技术增加；高效率、低燃煤技术逐渐成熟。

德国环境法规非常严格，煤炭企业环保责任意识很强。德国矿区生态环境恢复和房地产开发的做法值得借鉴。澳大利亚制定法规，依法激励和约束企业进行矿区环境治理，煤炭价格的10%为环境治理成本。

（五）主要产煤国家煤矿安全状况

1970年，美国有煤矿7 000余座，年产量18万吨以下小煤矿的煤炭产量所占比例接近33%。1968年，美国发生煤矿重大瓦斯爆炸事故，死亡78人，全国哗然。国会制定了更为严格的《煤矿安全健康法》，严格安全标准和粉尘控制标准（井下工作面空气中粉尘含量小于2 mg/m³），迫使近3 000多个不符合安全健康标准的矿井被关闭，与此同时现代化大型煤矿加快发展，提高了煤炭工业现代化生产技术水平，提高了生产率。此后美国煤矿安全状况迅速好转，煤矿事故死亡人数由1970年的260人迅速下降到了1990年的66人。2008年，美国共有煤矿数量1 450个，煤炭产量10.6亿吨，事故死亡30人，百万吨死亡率仅为0.028。南非煤矿安全状况较好，2001年以后每年死亡20人左右；2007年降至15人，百万吨死亡率0.061。1994年以来，未发生过瓦斯、煤尘爆炸和透水事故，矿山火灾事故也大为减少。英国和澳大利亚煤矿已连续几年实现零死亡。2002～2008年英国连续6年实现煤矿零死亡，这在世界煤炭安全开采史上开了先河。2001年以来，印度煤矿事故死亡人数逐年下降，2007年煤矿事故死亡仅有69人，重伤人数904人，百万吨死亡率和百万吨重伤率分别为0.15和1.7，推进露天开采，提高集中度以及2006年在印度全国推行的十大安全措施对煤矿安全的改善有很大的促进作用。

三、国外发达产煤国家安全管理值得借鉴的要点

世界发达产煤国家开采条件与我国多数矿井较为近似，水、火、瓦斯、煤尘等自然灾害也是国外煤矿的主要危险、有害因素，但世界发达产煤国家的事故率远远低于中国。以下几个方面值得我国煤炭企业借鉴和参考。

（一）"生命价值高于一切"的安全意识和理念

世界发达产煤国家非常重视安全意识和理念的培养。日本煤矿强调"安全第一，生产第二"，明确把安全与生产列为主次关系；美国、澳大利亚、欧盟坚持把煤矿职业健康管理和安全生产融为一体，把职业健康管理列入国家法律体

系，防尘口罩、小腿护膝、带钢板的工作鞋、防风沙眼镜、防噪声耳塞等细小的安全保护设施，井下从业人员形成自觉携带的良好行为。由于政府官员、煤矿管理人员和从业人员树立了牢固的安全意识和理念，因此，煤矿企业都能自觉地遵守国家的法律法规及企业的规章制度，做到安全生产。

（二）安全风险评估制度

欧盟、澳大利亚、美国等将"安全风险评估"制度列入安全管理重要内容。英国已将其列为国家法律，要求全体煤矿的员工、雇主及有关政府部门必须执行。风险评估的实质就是在煤矿生产过程中，动态地对不安全因素、可能危及人身安全的隐患提出减少危害、避免事故的措施进行评估，达到全体员工预知危险，保护自身安全和健康的目的。风险评估的特点和作用有以下两点。一是由于安全评估方法是自下而上进行的，实现了"要我安全"到"我要安全"的转变，有利于人人了解（煤炭生产）存在的风险，及时实施降低或消除风险的措施，限制、控制及清除危险，避免或减少违章事件，从源头上解决安全隐患。二是由于安全风险评估方法是在生产过程中动态地不间断进行的，因此有利于煤矿管理层掌握整个煤矿现场安全管理的新情况和新变化，有利于将安全隐患消除在萌芽阶段，同时，也为管理层制定安全规划和措施提供可靠的依据。

（三）"手指口述"安全管理法

"手指口述"在安全管理上的作用是预防员工生产过程中发生事故，使用范围主要包括岗位工种的操作程序、质量标准及对各环节的操作流程。日本煤矿已将其作为一种简单、有效的安全管理方法，普遍运用。我国兖矿集团通过学习日本的"手指口述"，对其实质进行了很好地归纳，即运用心想、眼看、手指、口述等一系列行为，对工作过程中每一道程序进行确认，使人的"注意力"和"物"的可靠性达到高度一致，避免违章，达到消除隐患、杜绝事故的目的。

（四）三角形安全管理体系

欧盟各国煤矿普遍设立安全委员会，负责全矿安全生产监督管理工作。委员会由煤矿管理层（如总经理、总工程师）和工会委托的工人监察员组成，需要时，政府派监察员参加，常称之为"三角形安全管理体系"。"三角形"中的煤矿、工会、政府三方互相独立、互相制约、互相促进。重大安全决策，如制订安全规划（计划）、事故处理等均由三个独立部门各自提出具体意见，三方共同研究决定，必要时可邀请其他相关部门参加。重大事故处理由三方提出事故原因、事故责任和改进措施，意见不一致时，任何一方有权上诉到法院，由法院仲裁。三角形安全管理体系充分发挥工会及煤矿企业管理上的积极性，既有利于安全管理工作的深化、细化，减少决策上的片面性和主观性，同时起到了相互促进、相互制约的作用，决策做到公平、公正，员工的合法权益容易得到保护。

（五）学习国外安全管理经验的建议

世界发达产煤国家在工业化进程中都经历了生产事故多发期的过程，美国多达60年，英国从有记录开始长达100年，日本在大量关闭开采条件差的煤矿基础上也有26年。我国全面开展工业化建设也仅仅60多年。因此，在现阶段安全形势明显好转的条件下，进一步加大对国外发达产煤国家安全管理经验的吸收、消化，有利于促进我国煤矿安全生产形势根本好转。

1. 形成"生命至上"的安全意识和理念氛围

进一步在全社会强化安全发展的理念，真正在煤炭企业形成"生命至上"的安全意识和理念氛围。在坚持科学发展观，建立以人为本和谐社会的进程中，从政府到企业，从企业管理层到全体员工，必须事事、处处强调"生命至上""生命价值高于一切"的安全意识，自觉地实现由"要我安全"到"我要安全"的转变，把生产中遵章守纪作为员工的自觉行为。通过教育与培训，真正把安全发展理念注入每个员工的思想意识中，在全社会、全行业形成"人人懂安全，人人搞安全，人人保安全"的安全氛围。

2. 推广适合我国煤炭企业的国外安全管理经验

进一步总结国外发达产煤国家安全管理的经验和做法，结合我国国情，有的放矢地进行推广。"安全风险评估""手指口述""三角形安全管理体系"等安全管理办法，宜通过建立示范矿井进一步推广，或者对已在国内得到推广应用的方法进一步总结、完善、巩固，开展由点到面的推广。对一些走出去、请进来的培训方式要注重培训目的，真正做到"洋为中用"。

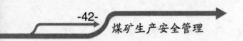

3. 重视煤矿职业安全健康工作

我国煤炭企业要进一步重视煤矿职业安全健康工作，提升煤矿职业健康管理水平，从法律法规上给予定位。要结合我国煤矿的实际情况，借鉴国外一些职业健康方面好的经验和做法，在煤矿安全规程和设计规范上给予规定，从制度上保证实施。

第二章 煤矿安全生产法律法规

第一节　我国煤矿安全生产问题原因剖析

一、现行经济增长模式落后

（一）落后的经济增长方式

经济增长方式是指推动了经济增长的各种要素的组合方式和各种要素组合起来的推动经济实现经济增长的途径、手段、方式和形式的总和。而粗放型增长方式，具体来说即依靠增加要素投入如劳动、资本等而推动经济增长。与靠技术进步、人力资本积累、结构调整和制度变迁等来推动经济增长的集约型经济增长方式相比，粗放型呈现的经济增长水平处于初级阶段的状态。而从宏观调控的角度看，由于资源配置不合理、社会投资高，因而尽管能使社会经济规模迅速扩大、增长速度加快，但易导致投入产出率低、通货膨胀攀升、国际市场竞争力低。从微观经营的角度来看，粗放型经营由于生产技术落后、劳动力素质偏低、劳动投入量大、能源及原材料消耗高，生产要素配置不均衡、成本高、市场竞争力弱、劳动生产率与经济效益低；尽管如此，经济增长方式的选择却不是人的主观意愿，而是我国经济增长水平的客观反映，是我国经济发展的必经之路。

中华人民共和国成立初期，全国经济处于瘫痪状态。为尽快恢复生产、满足人们生存需要，进行经济建设和物质生产很自然地处于兴国战略的首位，"争取比某某年翻几番""争取在某某年达到年产值多少"是工业生产规划中最常用的词语，甚至在尽量短的时间内生产出最多的产品也成为经济效率的主要衡量标准，而诸如生产的安全、环境的保护等都被作为"副产品"摆在了一边。我国在短时间内大体解决了占世界四分之一人口的温饱问题，建立了相对全面的工、农产业体系，为我国进一步发展打下了必要的物质基础。然而这种高消耗、低效益的增长模式同时也带来了诸多问题。煤矿事故高发生率、伤亡率及特重大事故的频繁爆发就是一个最好的例证。

由于能源结构的单一，我国工业发展过多地依赖煤炭、石油等这些不可再生资源，可以说50多年的工业化进程是建立在自然资源的大量投入的基础之上的。而其中，煤的消费占了能源总量的74%，自2003年以来，中国经济持续保持9%以上的增长速度，每年煤炭消费量增长7%～9%。消费需求增长导致煤炭产量增长，从2001～2003年，全国原煤产量的累计增长量高达7.38亿吨，累计增幅接近74%；2004年原煤产量达到19.5亿吨，与2003年相比，又增产了2.5亿吨。而据有关国际权威机构预测，虽然在世界某些地区煤炭将会被天然气所取代，但在2025年之前，煤炭在发展中的亚洲国家将仍然是主要燃料。毋庸置疑，高需求带来的必定是高投入，而高投入将拉动经济的增长，这固然是好事。但是如果这种高投入伴随的不是高效率、高质量的话，那么高投入带来的只能是更多的浪费。据统计，我国煤炭行业的资源回采率平均仅为30%左右，不到国际先进水平的一半，占全国煤炭产量30%以上的乡镇煤矿平均更是只有10%～15%，资源浪费非常严重。中国在1980～2000年的20年间，煤炭资源就估计浪费了280亿吨。

（二）失衡的价值观念

正如效率与公平这对矛盾体一样，经济增长与生产安全在人们心中也一直是一对矛盾体，似乎要经济增长就要牺牲安全投入，而要实现安全就必须控制经济增长。但是我们却经常忘记的是，安全生产需要的大量投入有赖于经济实力的支撑，而经济的增长也需依靠安全生产的保驾护航，经济的科学增长与安全生产目的的实现都是经济发展的基本内容。然而，在这种重产量轻质量，重收益轻效益的粗放型经济增长模式的推动下，市场约束机制让位于高涨的投资热潮，宏观调控手段也只是一味地偏向于国民生产总值的增长。这导致的直接后果即是盲目的利益追求使得我们在煤炭市场建设过程中忽略了生产安全的重要意义。受巨大经济利润的驱使及经济政策的鼓励，越来越多的人投入到这对个人高收益但对资源却是高浪费、低效能的行业。一方面作为市场主体的企业，有开采资格的超限开采，没有开采资格的更是想尽办法非法开采。为在短期内获得最大的利益，他们尽可能地压低生产成本，在安全投入上偷工减料，全然不顾井下矿工们的生命财产安全。而另一方面，作为经济调控的执行者、安全生产的监管者——各地方政府，在进行生产组织中为追求经济利益对生产安全总是抱着一种侥幸心理，对煤炭市场的建立、企业行为的引导、煤炭生产的监管等都偏向于对经济利益的追求。在遇到安全问题时，承担监管监察职责的行政部门也只是一贯利用手中权力以"惩"代"管"，而缺乏对生产安全的综合治理，安全作为一种经济指标仅限于生产过程中的技术、设备需求。同时，为了追求地方经济利益甚至是某些人的个别利益，只顾吸引投资却不看投资效率，只看财政税收的上涨却不看安全隐患与事故带来的更大付出。整个经济市场都过度偏向对经济利益的追求，而忽视对环境保护、安全利益的协调。

（三）失缺的安全生产保障体系

从对目前的煤矿事故的现状分析，引发我国煤矿事故多发最直接的原因，从客观上来说是煤矿条件复杂、安全投入不足、安全基础薄弱所致；从主观上而言，则是因为煤炭生产者受利益驱使，违法生产作业。尽管如今煤炭生产技术已经发展到足够的高度，但在现在的煤炭生产过程中，人为因素才是引发煤炭事故的直接原因。市场经济条件下，每个"理性经济人"都在追求自身利益的最大化，然而煤炭生产者的这种个人逐利行为却严重侵害了社会公众的利益，影响了我国整体经济的健康发展。因此要构建我国安全生产保障体系就必须以规制煤矿企业生产行为为核心。长期以来，我国法律的制定都是围绕着促进经济增长这一中心而展开的，尤其在进行市场经济体制改革以来，法律更是着重于建立市场经济体制、协调市场经济与计划经济的关系、保障竞争市场的稳定等方面。许多法律制定的目的都是为了保障我国社会主义市场经济的稳定发展。而本应具有与经济增长同等重要地位的，关乎人们整体、长远利益的安全问题却往往被人遗忘。一个最浅显的表现在于，至今我国都没有一部以协调经济发展与环境保护、公共安全关系的法律出台，有关安全生产的法规规章也总是落后于煤炭行业经济制度的建立，对事故的治理模式也是重事后处理而轻事前预防。我国规制生产安全法律制度的建设远落后于煤炭行业市场经济制度的建设，对煤矿事故的治理也仍然是停留在"头痛医头、脚痛医脚"的层次，对煤矿企业经济行为的规制也多是从促进市场交易、促使企业提高资源生产效率、维护资源市场稳定等方面入手，而对其生产行为所产生的安全隐患却缺乏一个综合有效的治理机制。

二、煤炭生产宏观调控机制不健全

（一）产权界定不够清晰

目前我国法学上通用的产权是人与人之间由于稀缺物品的存在而引起的与其使用相关的关系，是寓于资源之中或赋予资源之上的不同使用并能为资源的各种使用提供合理预期的权力束。对产权的界定和保护是市场形成的必要条件，是解决外部性内化的基础。因此在现代社会中法律的第一经济作用即是界定和保护产权。波斯纳就曾指出对财产权的法律保护就在于"创造了有效率地使用资源的激励"。

煤矿资源是可耗尽的稀缺资源，这决定了必须赋予其一定的财产权属性，才不会被当作可无限供应的公共资源任人予取予求。在市场经济中，一种先进的产权制度能使更多不确定的外在因素内在化而变得确定起来，从而有利于降低交易费用、节约成本，增加社会的总产出。而安全投入作为煤炭生产的成本之一，同样需要一个科学的产权制度以激励所有者、管理者和经营者都来重视安全生产。然而我国目前矿产资源产权制度并不完善。

第一，产权不清诱发短期行为。

中华人民共和国成立以来，我国就确定矿产资源属于国家所有，以保证这关乎国民经济之根本的稀缺资源能在国家的调配、规划之下。1996年修订的《矿产资源法》更是明确了国家作为所有者享有对矿产资源的占有、使用、收益、处分的具体权项，以法律的形式明确了国家对矿产资源的绝对所有权。然而众所周知，国家只是一个虚拟的主体，无法真正通过实际行使自己的产权而获得收益。在我国计划经济时代，国家对矿产资源所有权下的具体权力实行一把抓，煤炭生产完全由国有企业垄断，不仅资源直接通过行政方式无偿划拨给企业，而且除了上缴国家之外的盈利都统归企业所有，亏损、造成的环境污染、矿难损失却都由国家承担。这种绝对的国家所有导致的直接后果就是企业在市场中根本就不是一个真正独立的经济主体，企业只管产量指标的达标，而很少主动关注资源浪费、生产安全、环境污染等问题，因此仅靠国家对生产安全的外部规制无异于隔靴搔痒。而进入市场经济体制改革后，资源市场逐渐放开，资源配置也逐渐走上市场化的道路。煤炭资源依然属于国有，但经营管理已不再由国家统一规划。我国将矿产资源的管理权下放到地方，地方政府作为国家的代理人通过一定手续将矿产资源的经营权赋予企业。随着市场体制改革的逐渐推进，煤炭资源的取得也已不再实行无偿配给制度，而是建立起了矿业权有偿取得制度；同时作为市场主体的煤矿企业也不再仅限于国有，集体、私人资本也被允许进入该行业，并明确了建立"政企分开、权责分明"的现代企业制度改革目标，以使企业作为一个独立的经济体进行市场交易。

然而，产权的分割虽然取得了一定的效果，却同时也带来了新的问题。一方面作为代理人的地方政府虽然行使矿产资源的管理权，但由于权责规定不明，且对监管者缺乏监督的现象普遍，使得管理者实际上对矿产资源享有的是所有者的权限。而在面对社会整体利益与公共利益时，尽管地方政府与国家的整体方向一致，但作为一个个的利益集团，两者的利益取向却并不完全相同。地方经济的发展、财政税收的分立常常使得监管者在协调经济增长和生产安全关系时出于地方经济利益的考虑而偏向前者；而另一方面，经营权虽然下放，国家将矿产资源的使用权出让给企业，但与土地资源利用不同的是，土地使用权出让后可以重新收回，煤产品作为可耗竭资源的载体却完全不可能再回收，企业获得的实际上是那部分煤炭资源的所有权收益。尽管近年来我国已经建立起了矿产资源有偿使用制度，企业要行使矿业权必须交纳一定的资源补偿费，国家对资源所有者权力获得一定的体现，但是获得矿业权之后，资源的产权情况却仍然停留在过去，所有者、监管人、经营者的产权关系在进一步的市场交易中一片混乱，其造成的直接后果之一即是资源被当成了"公共用地"。在安全、环境等成本缺少内化机制的情况下，企业只要通过少量的付出就可获得煤炭资源的使用权。由于产权不清，他们的开采权随时可能被收回，长远利益的不可预期性使得他们也就不可能进行巨大的安全投入。而且为了获得尽可能多的利益，大多数企业一方面尽可能地多产，另一方面为取得竞争优势又尽量压低安全成本，安全风险被转嫁给了矿工，产生大量的安全隐患。

第二，产权不清诱发非法小矿泛滥。

产权不清不仅导致煤矿企业的短期行为，而且因为造成煤炭行业的利益虚高，作为矿产国家所有权代表的各级政府监管不力，导致煤炭市场管理无序。各种非法小煤矿在高额利润的刺激下趁乱而起。这些小煤矿本身就是非法的，时刻面临着国家整顿、取缔的危险，他们只有拼命超产，想尽各种办法与官员结盟，以获得非法暴利，而根本不会关注生产的安全。

第三，产权模糊引发寻租现象大量发生。

寻租即利用行政法律手段来阻碍生产要素在不同产业之间的自由流动、自由竞争以维护和攫取既得利益。现代产权理论认为，产权关系的模糊性是产生租金的深层根源。租金产生于公共领域，而产权的清晰程度决定了公共领域的大小。在产权清晰的情况下，任何人要想获得别人所有的物品，都必须遵循等价交换原则，支付相应对价。由于产权的模糊，所有者不能充分享有对财产收益权，因此相对交易人就可通过其他途径而获得其物品，而不必向其所有者支付相应对价或可以支付较少的货币量。当通过其他途径付出的成本小于市场交易时，寻租便容易发生。

而由于我国矿产资源的"准公共用地"性质，煤炭市场化不完全及监管体制的漏洞，政府监管不仅未使各部门起到相互制约、合力监管的作用，反而为我国资源的管理者——政府在干预或管制过程中留下了许多可自由行使权力的空间，给政府创租、企业寻租提供了诸多机会。探矿权与采矿权如今虽然实行有偿取得制度，所有权属于国家，但代表国家行使这种所有权的是各级政府，由于法律严格限制流转，我国企业仍需通过行政机关的审批才可被授予探矿、采矿的资格或权力。然而市场准入程序之烦琐、周期之长、部门跨度之大使进入该行业市场的成本非常高，催生企业寻租的动机。同时行政权力本身的易滥用性、权力制约机制的不完善为企业寻租创造了契机，使得煤商勾结，产生腐败。最常见的即通过各种手段贿赂发放许可证和实施监管的官员，使其在不具备安全生产条件的情况下获得安全许可证。久而久之，合法企业要花上比非法企业多得多的成本才能进入该行业，反而回收利益的周期要长，产品价格也相对较高。而非法企业通过规避法律化比合法企业少得多的成本即可获利，更加刺激了企业纷纷采用这一手段而达到利益追求的目的。长此以往，交易成本的增高使得企业纷纷将其转嫁到生产中可缩减成本的领域，如安全设备、通风条件等，更加不注重生产安全，煤矿事故发生的概率自然也就随之增加。

（二）产权流通体制不够畅通

矿业权市场是市场体系的重要组成部分。我国没有采用单一矿业权概念，而是将其分为探矿权和采矿权两种。符合法律规定的条件的企业经有权机关的审查批准，交纳一定的费用即可获得一定资源的探矿权或采矿权。我国矿业权市场从1998年开始至今，从交易品种、交易数量、交易金额及交易发生的地区等都有了较大变化。但与矿业权出让总量相比，通过市场交易出让的比例却相对较低。

究其原因，我国法律对矿业权的流通设置的障碍是一个重要方面。《民法通则》第八条规定："国有矿藏不得买卖、出租、抵押或以任何其他形式非法转让。"《矿产资源法》第六条也同样规定："除了法律明确规定的情形以外，采矿权不得转让，禁止将采矿权倒卖牟利。"上述法律已明确，矿业权转让的前提条件只限于已经取得采矿权的企业，且限于因合并、分立、与他人合资、合作经营或因企业资产出售以及有其他变更企业资产产权的情形而需要变更采矿权主体的几种情形，同时禁止将盈利作为矿业权转让的目的。这一带有计划经济色彩的规定造成的直接后果就是"限制市场主体的进入，人为割裂了矿业权转让的利益驱动"。而"权力的可转让性受到限制或禁止，就会导致产权的残缺"。矿产持有人只能通过开采来实现价值，而很少考虑到矿业权的保值、增值，因此对于中小企业主来说眼前利益成了唯一值得关心的事，而不愿做长远的安全投入，安全生产也变成一句口号。除此之外，限制性流转的另一严重后果就是促使各种形式的地下流转的滋生。无论是否具备采矿条件，是否取得了矿业权，为了分享矿产资源这块廉价的"蛋糕"，非法企业也纷纷通过规避法律的方式进入该市场，产权的不稳定和非法性使得企业随时面临被取缔、整顿的危险，一旦进入就拼命采取急功近利的短期行为，不仅不能有效地配置资源，更会导致社会管理的失控。而显然，大多数非法企业都不具备也不关心开矿生产的条件，更是引起矿难频发和环境严重污染等难以补救的后果，给社会背上了沉重的包袱。

（三）矿产资源税费体制不够健全

我国对矿产资源的财政手段调整主要包括税收与收费两种。税收作为国家财政收入的主要来源是公共部门对进行资源配置所运用的非市场方式的一种，体现了国家作为公共部门对资源总供给予总需求的一种调控职能。而收费制度即矿产资源有偿使用制度，体现了国家作为矿产资源所有者的经济权益。这两种体制本应作为两种不同的职能目标而存在。然而现实中却并非如此，两种不同意义的经济手段不仅没有很好地达到各自的目的，反而因为制度的缺陷而引起更大的混乱，无法衡量矿产资源的真正价值。

第一，税收功能无法突显。税收是国家宏观经济调控的一个重要杠杆，它有利于完善经济运行机制，引导社会资金流向，调整产业结构，协调生产发展。通过对税种、税目和税率的设置和调整以及减免税的规定与运用，达到鼓励或限制生产经营，调节分配差距，促进社会公平。随着对《个人所得税法》的完善和《企业所得税法》的制定，我国目前已经充分认识到了税收对调节分配差距、引导资金流向、完善经济运行机制等方面的重要意义，然而对企业生产经营行为的微观引导作用却还没受到足够重视。目前我国矿山企主们主要需向政府交纳增值税、营业税、所得税，作为一般企业的应税税种，此外政府再从优等煤炭资源权益占用者的级差收益中抽取一定的资源税，以平衡因资源客观的级差状况所造成的不公。赋税不可谓不轻，设计思想也不可谓不理想，但是现实情况是前者既无法反映煤炭作为主要能源和不可再生资源区别于一般商品的稀缺性，也无法充分表达国家对保护资源和限制开采的意图。后者由于我国煤炭资源生产与经营国有垄断的现状，也无法达到公平分配的效果。而从税种方面来说，我国目前没有独立的矿产资源税种，矿产品税被并入资源税中，而单靠级差性质的资源税显然也不能正确反映矿产资源的市场价值，无法将资源开采的社会成本内在化。税收征收依据也是国务院1993年12月25日发布的《资源税暂行条例》，既不利于我国建立科学的矿产资源成本核算机制，也无法有效调整我国逐渐开放后的煤炭资源市场。

第二，计税依据不科学。矿产资源税还有一个重要问题就是从量计征，此处的"量"指的是煤产品销售量。不管卖价多少，每一吨或每一立方米征收固定的税额。既反映不出煤矿质量的优劣，更是促使企业唯"产量"是从，从而很少关注资源的利用率与回采率，弃瘦捡肥、超量开采造成资源的大量浪费，同时也引发了诸多安全隐患。而对于煤炭市场的监管者——地方各级政府，为追求地方经济利益，增加自己的财政收入，从量计征的税法制度也无法促使其积极关注煤矿企业开采的质量，等于变相鼓励企业过量开采，安全隐患大大增加。

(四) 煤炭资源价格体制仍不科学

市场是竞争的市场，价格是竞争的价格。我国煤炭行业长期以来被看作关系国计民生的命脉部门而受到政府的严格管制，而价格就是国家管制的一个重要领域。"价格信号的正常显现和传递作用是市场机制得以健康运转的基本条件"。

实践证明，价格水平是否合理，形成机制是否完善，不仅直接影响煤炭开发利用水平、产业结构合理化程度和煤炭工业的可持续发展，而且还关系到国民经济能否全面协调健康发展。然而，我国目前煤炭资源的价格体制却并不能全面反映资源的价值，安全投入没有纳入资源价格的评估要素范围，矿产品定价规则落后于市场的要求，导致很多煤矿企业利用价格的机制大肆赚取暴利，成功转移安全成本。这主要表现在以下方面：

第一，合理的煤炭价格应以真实、完整的企业成本核算为基础。然而，我国现状是大量的煤炭成本外部化，成本核算不完整，市场中的资源价格既无法真实反映资源市场价值，更是因煤炭需求量大造成企业利润的虚高，市场不能按照自身规律、准确调节资源的生产和消费行为。同时，成本核算的不完全使得我国煤炭市场缺乏有序竞争的基础，企业依靠压低安全成本反而能获得更大的利益，市场本身无法发挥其优胜劣汰的作用机制，光靠政府对市场的外部监管自然事倍功半。

第二，合理的价格应该在正常的市场秩序、规范的交易市场中形成的。我国价格法规定，国家实行并完善宏观经济调控下主要由市场形成价格的机制。改革开放40多年来，我国经济生活中市场形成价格的因素日益增强，大部分商品和服务都实行了价格的市场调节，煤产品也不例外。然而，尽管因其特殊属性，煤炭资源的价格不可能完全市场化，却也不能因为这样就认为国家可以利用行政手段进行过多干预。而我国虽然已经开始实行资源有偿使用制度，但矿产资源使用费的制定却是国家根据矿藏现有储量来制定，使煤炭资源的真实价值得不到科学衡量，导致煤价过低或虚高，煤炭价格的运行无章可循。煤价过低，企业亏损严重，无钱进行安全投入；价格持续攀升，随之而来的即是良莠不齐、大大小小的企业争纷涌入，导致我国生产现状的无序，引发更多的安全隐患。

第三，合理的煤炭价格必须反映国家对煤炭行业的调控职能，起到对生产者与消费者的生产消费行为的指引作用。煤炭作为关系国计民生的重要战略商品，在流通环节既具有一般商品的特点，又具有大宗能源物资稀缺的独特之处。然而市场仅能通过一定时期内的供求来反映资源反映短时间内的价值，而无法解决稀缺资源长期可持续利用的问题，因此以市场为基础的价格受到以整体利益为目标的宏观调控就十分必要。但是我国目前政府对煤炭资源的价格调整还大多停留在对交易价格进行限制的作用上，由于缺乏一个长期有效的煤炭产业规划体制，我国煤炭价格形成机制无法通盘考虑煤炭资源的稀缺程度、市场的供求关系以及整个行业和国民经济发展走势，导致很多矿山企业利用价格机制的缺陷大肆牟取暴利，将环境与生态资本、资源枯竭成本、矿工的生命安全成本等外部性为社会成本，导致国家对煤炭行业的调控缺乏基本的市场信息，更谈不上对煤矿企业市场行为的引导作用。

三、煤炭市场监管体制不完善

（一）煤炭市场准入制度不合理

经济法意义上的市场准入制度是有关国家和政府准许公民与法人进入市场，从事商品经济生产经营活动的条件和程序的各种制度或规范的总称，是国家对市场进行干预的基本制度，其实质是"通过对市场主体及其生产的商品进入市场的资格和条件的认定，以此来保障市场交易的安全与效率的一种制度安排"。一直以来，煤炭行业是国家严格管制的重要领域，主要体现为市场主体资格的建立。

当代各国流行的市场准入立法原则主要有两种：准则主义与核准主义。而大多数国家设立煤矿企业多是采取核准主义，即除了需要符合法律规定的条件外，还需另报请主管行政机关审核批准，方能申请登记成立。我国也不例外，通过对煤矿企业进入市场资格条件的限制，一方面可控制煤炭资源经济主体的数量，从而控制煤炭资源的开采总量；另一方面也可从源头上对企业的各方条件进行规划，以达到引导或强制只有符合安全条件的矿山企业才可进入的目的。而显然，从极易发生矿难的非法煤矿充斥着我国煤炭市场的现状看，我国这一制度的设置并不科学。

第一，煤矿市场准入制度过于依赖行政审批。

我国现行的煤炭市场准入制度源于计划经济时期的审批体制。根据我国法律规定，矿产资源属于国家所有，任何公民和组织未经国家授权的主管部门批准都不得从事勘探、开采矿产资源的活动。为了对煤炭开采进行全面管制，也为对煤矿企业条件进行严格监管，我国法律规定，一个合法的矿山企业就意味着必须持有"工商营业执照""矿长合格证""采矿许可证""煤炭生产许可证""安全生产许可证"等证件，而且"四证一照"的发放必须由各相关行政部门分别审批，程序之烦琐涉及工商行政、煤炭管理、安全监察和国土资源等多个部门。

虽然这对煤矿市场竞争秩序规制起到了一定的作用，但是造成了开矿手续办理时间长、审批程序多、煤炭市场管理"政出多门"、主次不分的局面。任何一个部门都具有否定企业资格条件的话语权，同时部门之间在权力配置上又互有纠缠，在实践中往往造成监督管理权限的冲突，形成煤炭资源管理的混乱状态。而更重要的是，作为煤炭市场监管人的政府部门，同时也是有着自身利益诉求的"理性经济人"，他们会本能地采取扩充部门利益、使自身利益最大化的行动。而部门之间利益博弈，结果往往是利益均沾，受害的只能是那些投资者们。审批程序的烦琐、部门监管的重叠不仅仅带来了行政效率的低下，还无形中提高了煤矿企业的设立成本，且这种成本明显脱离了生产目的。造成的结果是，一方面部分投资者规避合法途径，与权力勾结，私开煤矿进行"地下"生产，利益的不稳定促使企业根本不愿长期投资，安全生产无从谈起；另一方面促使企业在成立后的生产经营中，为了尽快回收成本（包括设立时与生产目的无关的投入），且在市场竞争中尽早取得优势地位，只能尽可能地压低生产成本，而安全投入这种不会直接带来经济利润的成本首当其冲，埋下安全隐患。

总而言之，准入制度与审批程序直接联系，不仅易形成对煤炭市场经济活动构成直接干预，阻碍有效竞争的局面，不利于活跃市场经济，而且程序的烦琐更是无形中提高了企业的设立成本，扭曲了市场进入激励，形成大量寻租空间，更加促使非法开矿、违法采矿的大量发生。

第二，我国煤炭市场准入制度规定缺乏可操作性。

虽然《矿产资源法》第15条对设立矿产企业规定："设立矿产企业，必须符合国家规定的资质条件，并依法律和国家有关规定，由审批机关对其矿区范围、矿山设计或开采方案、生产技术条件、安全措施和环境保护措施进行审查，审查合格的方予批准。"然而对于"符合国家规定的资质条件"这一前提条件却无具体规定，也未授权由哪个国家机关予以制定，且依据对"矿区范围、矿山设计或开采方案等进行审查"的内容来看，似乎是将矿业经营权的审批同矿产资源财产权的出让一并进行了处理，事前的市场准入变成了事后的条件审查，准入制度失去了其本来意义。而尽管2002年颁布的《矿山安全法》对国有、集体和个体市场主体进入矿业市场受让矿业权、开办矿山设置了条件，但这些条件过于原则，缺乏可操作性。市场准入变成了可以由政府弹性控制的另一道"伸缩门"，不仅无法控制好第一道"安全闸"，而且因巨大的利益空间促使企业与地方政府用增产增收策略代替适度规模条件下的安全生产策略，为企业政府寻租、创租提供了另一个"温床"，为矿难埋下了大量的隐患。

（二）政府安全监管效能低下

1. 监管、监察权责混淆，安全机构缺乏独立性

所谓监管就是事先预防，通过地方监管部门用行政手段配合其他手段，对煤矿业安全问题进行跟踪、管理，督促企业改进安全。而监察就是事后惩治，通过煤矿安全监察机构，以严厉的法律和经济手段作后盾，让煤矿企业自主地改进安全生产情况。虽一字之差，但两者却有着职能目标、权限大小等方面的区别。然而由于法律没有对煤炭生产监管、监察机构的职能做出明确区分，又缺乏必要的协调机制，致使两个职能部门经常出现职责交叉重叠的现象。甚至出于自身利益的考虑，两个职能部门展开权力的"拉锯战"。监察部门以"罚"代"监"，行"监管"之实；监管部门又往往对生产单位进行检查、参与事故调查等，履监察之职。煤矿安全监察局与煤炭工业管理局各行其是，让煤矿企业无所适从。

此外，我国监察工作主要是对矿产企业的生产条件、活动是否符合法律法规对生产安全的要求进行监督管理，而监督首先要求监督者立处中立。我国虽于1999年12月底进行了一系列的机构改革，将煤炭安全生产监督管理工作独立出来，专门成立了国家煤矿安全监察局。但是具体执行法律法规的监察机关却仍隶

属于地方行政系统，受地方财政管辖。而如前所述，恰恰是地方政府与煤矿企业之间的利益纠葛阻碍了安全生产工作的展开，监察机关受地方政府领导无法使监督管理权力保持中立地位，起不到应有作用。

2. 监察模式重治理轻预防，监察手段过于单一

煤炭安全生产是一个复杂的系统工程，安全寓于每一环的生产管理和技术之中。从采煤、生产到运输无一不影响着煤矿生产的安全，因此安全管理必须渗透到每一环节，形成一个环环相扣的链条才能事半功倍。然而我国如今的做法是每当矿难发生后，就是从国家到地方的紧急动员、对伤员进行抢救、对受难家属进行安抚补偿，继而就是组织力量进行调查、追究责任及处理相关人员、对安全隐患进行整改。政府往往要投入大量的人力、物力对企业逐个检查，却不重视开矿建厂时的预防工作。这种"被动式"程序处理模式，不仅无法对解决矿难起到真正的帮助作用，反而制约安全管理监管的创造性尝试。

（三）矿工求偿权力保障机制不到位

矿工是煤炭行业的直接生产人，是井下作业的具体施工者。煤矿安全不仅关系到煤矿企业财产、市场经济的稳定，更是一件与矿工生命利益直接相关联的大事。随着我国经济的迅猛发展，对资本的强劲需求、劳动力的严重过剩使得我国出现了"强资本弱劳工"的情况。两者力量对比的悬殊使得矿工经常被迫接受简陋的生产条件与恶劣的生产环境，矿工的权力得不到有效的保障。因此，有必要对矿工这一弱势群体通过法律机制进行权力平衡，通过权力实现机制对其进行利益倾斜。然而至今为止，我国工人权力保障、救助机制普遍存在着力不从心、起不到应有作用的遗憾。

1. 工伤保险制度覆盖率低

工伤保险制度是我国社会保障制度的一种，是维护社会公平、保护弱势群体的利益平衡机制。对于劳动者而言，它为因公致伤的劳动者提供稳定可靠的救济和保障；对于用人单位来说，它又是企业在生产经营中转移经营风险的一种捷径。然而，尽管我国《工伤保险条例》强制矿工企业为职工进行工伤投保，《煤炭法》也明确规定煤矿企业必须为井下工人投保人身意外伤害保险，一些省市地区也纷纷出台相关文件，要求煤矿为职工缴纳保险费，但这些规定的执行却并不

到位。首先，为追求利益最大化，尽可能地减少资本投入，许多煤矿企业不愿为职工投保，以逃避义务的承担；其次，煤炭行业属于高危行业，煤矿事故频发，使社会保险部门因"得不偿失"而不愿接纳煤矿的工伤保险；再次，相应激励与监督机制的缺乏，导致我国煤炭行业工伤保险投保率极低，矿工社会保障机制形同虚设。

2. 矿工权益救济途径行政化

自从有了法律以来，公力救济最终取代私力救济而成为人们权力救济的主要方式，司法的终局裁决也被认为是人民权力的最后一道防线。若要使煤矿生产中煤矿工人的人身与财产权力得到有效保障，实现对事故受害者权力的保护，司法救济将是一种必然的选择。然而，选择司法救济必须要有相关法律制度的配套规定才具有现实可行性。而现实情况是，我国《劳动法》虽然将"为劳动者提供符合国家规定的劳动安全卫生条件"设定为用人单位的一项义务，并规定违反义务会被罚款或刑事处分，但却没有规定若用人单位违反这项义务，受到直接侵害的劳动者将从用人单位获得怎样的赔偿。2002年11月正式实施的《安全生产法》虽然规定"劳动者依法获得安全生产保障的权力"，但是许多配套法规的滞后使得该法所确定的各项法律制度缺乏可操作性。受公民权力意识淡薄、诉讼高成本和制度短缺的影响，实践中矿工权力的救济采取司法途径的比较少，多数是通过行政机关的干预和协调予以解决。然而，现实中行政干预的自由裁量常常使工伤事故严格责任规责原则对矿工权力的保障力度大打折扣，受偏低的赔偿标准和赔偿范围的严格限制，甚至出现"买棺材比买药便宜"的现象，变相鼓励企业轻视生产安全，将企业对安全的漠视导入恶性循环。

3. 事故责任追究机制功能弱化

（1）缺乏统一的索赔程序

从目前已经处理的情况来看，我国对煤矿事故暂时的处理方式是，矿难的法律责任由矿主来承担，某些政治责任由部分政府官员来承担，而经济责任则出现矿主与政府分担的情况。责任形式也是以传统法律责任形式为主。然而，由于我国目前缺乏一套可适用的责任事故追究程序，全国各地的事故赔偿办法各不相同、形式也很单一，事故的责任追究很不规范。同时作为事后的惩罚与救济机制，由于基本要素的缺乏，致使事故的可诉性不强，受害的矿工作为事故处理中的弱势一方，很多时候都是依靠政府的调解和行政手段来获得赔偿，无法对违法者形成具有威慑力的利弊权衡参照体系。

（2）惩罚性功能的缺失

对煤矿事故的受害矿工进行经济赔偿是煤矿事故责任机制的一部分，一方面实现对受害矿工的权力补救；另一方面希望能起到抑制矿主的违法动机的作用。我国目前对矿工的赔偿适用的是补偿性赔偿，以弥补受害人的实际损失为最大功能。然而这一制度在现实中所起到的作用并不令人满意。第一，煤炭行业是一个暴利行业，驱使非法煤窑大量涌入。但由于缺乏良性竞争的基本条件，加之煤炭市场监管的不力，导致煤炭市场的竞争机制处于扭曲状态，企业纷纷通过压低安全投入来取得竞争优势，引发大量的安全隐患，不仅直接侵害了矿工的生命财产权，更是给我国整个煤炭行业的生产发展带来了巨大的隐忧，危害了社会的公共安全。双重法益受到侵害，本应都在责任制度中得以体现，然而我国现有的责任赔偿机制却仅考虑了对受害工人的补偿，对社会公共安全的侵害却缺乏法律评价。第二，受补偿性赔偿的功能所限，我国对矿工权力的救济以实际损失为标准。然而，现实中有太多损失无法进行经济上的计算，人的安全与健康就是一个典型。补偿性赔偿在对矿工进行赔偿时很难实现对其损失的全部补偿。既无法实现对违法者的惩戒作用，也不能真正达到对受害者的完全补偿，反而变相鼓励了煤炭生产者通过违法途径获得利益。

第二节　煤矿生产安全法律规制的现状与反思

一、现行煤矿生产安全的法律规制

（一）20世纪末矿山安全立法

正如前面所说，安全是国家经济发展的保护航，是企业生产的生命线，因此安全是我国工业生产领域的头等大事。然而历史条件决定了我国安全生产的法制建设时间却不长，但随着我国工业经济的发展，安全生产法制建设的深入，生产安全逐渐受到重视，尤其是党的十一届三中全会以后，生产安全法制建设空前活跃。20世纪80年代我国就安全生产出台了大量的法律文本，尽管这些法律文本多是以具有法律意义的行政条例（规定、规程）的形式出现。其中《矿山安全条例》和《矿产资源法》为我国矿山安全法的发展奠定了基础。

进入20世纪90年代后，以《矿山安全法》为标志，我国安全生产立法得到全面推进。此后，《煤矿生产许可证管理办法实施细则》《乡镇煤矿管理条例》《煤炭法》等法律法规相继出台，各法要么设置专章对煤矿安全工作做出规划，要么是对煤炭生产安全某一方面的问题做出专门规定，煤矿生产安全的法律基础得以夯实。

（二）21世纪煤矿安全生产立法

尽管我国煤矿安全法制建设得到了较大的发展，但进入21世纪后煤矿事故却不断爆发，"矿难""煤矿安全"成了21世纪尤其是2002年后社会问题中最热门的名词。为了遏制煤矿事故的发生、规范煤矿市场秩序，生产安全被提上了全国重要工作的议程。安全生产法制建设更加紧锣密鼓地向前推进。2000年11月，国务院发布新的《煤矿安全监察条例》，使得煤矿安全监察有章可循，并在此后的五年间相继推出了《煤矿安全监察员管理办法》《煤矿安全监察行政复议规定》《煤矿安全监察行政处罚办法》等，特别是《煤矿安全规程》的实行，极大地促进了煤矿企业生产的规范工作。如果说我国安全生产工作正一步步走向法制化，那么《安全生产法》的施行就真正将我国生产安全纳入了法制化的轨道。《安全生产法》明确了我国"安全第一、预防为主"的安全生产方针，且确立了安全生产监督管理制度、生产经营安全保障制度等七项制度，标志着我国安全生产监督监察工作进入了一个新的历史阶段。

（三）采取的各项具体措施

法律目的的实现需要法律的落实予以保障。然而尽管安全立法取得很大的成绩，但我国安全生产形势依然严峻，煤矿生产局势并未得到根本扭转。反而由于复杂的利益关系等原因，我国安全法律法规的执行受到了前所未有的阻力。因此为了加大规范生产安全的力度，我国在提升安全生产在经济发展中地位的基础上，制定了大量的具体措施，并以最大力度保证其实施。

　　2001年4月21日，为了有效防范特大安全事故的发生，严肃追究特大安全事故的责任，国务院下发了《国务院关于特大安全事故行政责任追究的规定》。2002年4月国家安全委员会为深化煤矿安全专项整治，淘汰生产能力落后的煤矿，制定了《小煤矿安全生产基本条件》，从主体资格、人员资格、基本安全生产条件、劳动者安全生产保护等方面制定了设立小煤矿的基本条件。2003年3月，设在国家经济贸易委员会的国家安全生产监督管理局升格为国务院的直属机构。6月国土资源部出台了《探矿权采矿权招标拍卖挂牌管理办法（试行）》。7月2日，国家安全生产监督管理总局发布《煤矿安全生产基本条件规定》，规定煤矿开采经营要取得采矿许可证、煤炭生产许可证和营业执照。8月27日国务院召开常务会议，决定在2002年和2003年已经投入40亿元国债资金的基础上，2004年再安排22亿元用于国有煤矿的安全技术改造。

　　2004年，中央政府主要是通过行政立法的方式规范煤矿的审批和开采。1月9日国务院发布《国务院关于进一步加强安全生产工作的决定》，提出建立安全生产许可、安全生产控制指标体系、安全生产风险抵押金等制度并提高企业对伤亡事故的经济赔偿标准。5月，为了建立煤矿安全生产设施长效投入机制，财政部、国家发展和改革委员会和国家煤矿安全监察局（现为应急管理部）联合下发了《煤矿安全生产费用提取和使用管理办法》，要求煤炭生产企业按原煤实际产量从成本中提取安全费用，用于煤矿安全生产设施投入的资金，并于本月17日颁布《煤矿企业安全生产许可证实施办法》，以求严格规范煤矿企业安全生产条件，做好煤矿企业安全生产许可证的颁发管理工作。

　　2005年，中央政府从完善制度方面入手，全面加强对煤矿的整顿治理，并将惩治"官煤勾结"作为整顿党务政务的一项主要工作，以求遏止煤矿安全事故频发的恶性势态。2月28日国家安全生产监督管理局（副部级）升格为国家安全生产监督管理总局（正部级），同时专设由总局管理的国家煤矿安全监察局，以提高监察的权威性，强化煤矿安全监察执法。6月16日国家安全生产监督管理总局联合其他五部门发布了《关于严厉打击煤矿违法生产活动的通知》，要求整顿不具备安全生产条件的矿井，对经整顿仍不具备安全生产条件的矿井要坚决依法予以关闭。两个月之后，国务院办公厅又发布了《关于坚决整顿关闭不具备安全生产条件和非法煤矿的紧急通知》，要求立即整顿不具备安全生产条件的煤矿，达不到安全生产许可证颁证标准的一律依法予以关闭。同时要求查处煤矿安全生产和煤矿事故背后的失职渎职、官商勾结等腐败现象。

2005年8月30日，中央纪委、监察部、国务院国有资产监督管理委员会、国家安全生产监督管理总局就联合发出通知，要求各级党政机关、国家机关、人民团体、事业单位的工作人员和国有企业负责人投资入股煤矿的人员要在9月22日之前撤出投资。9月3日国务院发布《关于预防煤矿生产安全事故的特别规定》，提出凡是存在容易引发安全事故重大隐患的煤矿，应当立即停止生产，排除隐患。

2006年我国重点围绕打好瓦斯治理和整顿关闭两个攻坚战，不断加大煤矿安全监察工作力度。3月15日国家安全生产监督管理总局、国家煤矿安全监察局颁发了《关于加强煤矿安全生产工作规范煤炭资源整合的若干意见》，通过煤炭资源整合在合法矿井之间对煤炭资源、资金、资产、技术、管理、人才等生产要素的优化重组，以及由合法矿井对已关闭煤矿尚有开采价值资源的整合。5月29日国务院安全委员会专门制定了《关于制定煤矿整顿关闭工作三年规划的指导意见》，将煤矿整顿关闭工作分三个阶段进行，严格控制新建矿井的规模和数量。6月7日为加强国有重点煤矿安全基础管理，落实企业安全生产主体责任，有效遏制重特大事故，国家安全生产监督管理总局等部门联合发出《关于加强国有重点煤矿安全基础管理的指导意见》。

2006年8月4日发布的《关于落实2006～2007年关闭矿井计划目标的通知》，明确各地2006～2007年关闭矿井最低计划目标。11月28日国家发展和改革委员会、国家安全生产监督管理总局、国家煤矿安全监察局联合下发《关于严格审查煤矿生产能力复核结果遏制超能力生产的紧急通知》。通过实施生产能力管理办法和调整核定标准，全面开展复核、查处未经批准的新建、改扩建、技术改造项目以及"批小建大"形成的违规能力，压减近年来盲目扩张的生产能力，遏制超能力生产，以防范重特大事故，促进煤炭供需总量基本平衡。

（四）现行法律规制的失灵

尽管从形式上看我国煤矿企业安全生产法律体系已较为完善，各项法律制度、相关的法规、规范性法律文件也不少，尤其自从将安全发展确立为我国经济发展指导原则后，上到中央，下达县级、乡镇，各项安全生产整顿都在如火如荼地进行。煤矿事故发生频率得到控制，死亡人数也有所减少，但正如前所述，这些措施的实施却并没达到其预期目标。

1. 恶性事故直线上升

我国虽然在防止重特大事故方面下足了功夫，死亡百人以上的煤矿事故的发生频率也在逐年降低，但发生群死群伤重特大事故的风险却并没减少，反而有反复与上升的势头，重大事故的减少仅仅只是我国强制整顿力度下的暂时反应。就在《关于进一步加强安全生产工作的决定》实施的第二年，辽宁阜新孙家湾煤矿就爆发了重特大瓦斯爆炸事故，造成多名矿工死亡。

2. 非法违法企业仍是事故多发之地

2003~2005年是我国针对数以万计的小煤矿整顿力度最大的几年，国务院连续发文要求整顿和规范矿产资源开发秩序，预防煤矿生产安全事故。在如此高强度、大面积的整顿下，小煤矿的数量是减少了不少，但安全隐患并没消除。2006年1~11月，我国共查处非法矿井781个，下达执法文书27 508份，责令停产整顿矿井2 645个，责令关闭矿井511个，吊销各类证照294个。然而在如此高压的打击之下，还是有许多非法、违法生产矿井铤而走险。同时已被关闭、停产整顿的煤矿擅自恢复生产的也屡见不鲜。

二、现行煤矿生产安全法律规制的现状和反思

（一）现行法律规制的特点

第一，我国对煤矿生产安全的法律规制是以行政法为主。从以上措施可以看出，我国目前对煤炭市场的监管主要是从加强政府监管的角度入手，对煤矿安全生产的监察也同样如此。为了抑制煤矿事故，中央政府大多采取传统的监管模式，即中央制定行政法规、规章或下达规范性文件，由上级政府传达命令，再由下级政府负责清查和处罚。而政府采取的措施也多以行政法的规定为依托，即依靠监管人与被监管人的隶属关系，对行政相对人设定各项强制义务，通过将"命令""通知"的直接下发，达到自己监管的目的。长期以来，我国对监察机构、监察制度都投入了很大的财力人力，具体的安全监管措施也大多采取"罚

款""停产整顿""关闭",甚至是"一刀切"的行政强制措施。当地某一家煤矿发生重大事故后,即要求该地区所有煤矿停产整顿,整顿的范围视事故严重程度而定,小到一县,大到甚至跨越整个省(自治区、直辖市)。第二,我国对煤炭生产安全的法律规制是以经济法、民法、刑法为辅。在治理煤矿事故过程中,我国同样也运用到了其他法律手段,如通过设立安全风险抵押金制度,规定企业必须将本企业的资金专项存储,用于本企业生产安全事故抢险、救灾和善后的处理的专项资金。企图保证煤矿生产安全事故抢险、救灾工作的顺利进行,而同时还通过提取煤炭生产安全费用迫使企业进行安全投入。不得不承认,这些制度中不乏政府监管的思路创新,然而这些制度的设置却同样是以行政法的思想为基础,制度的落实也依然是以行政权力的强制为基础。但是,行政权力的直接干预模式固然能在较短时间内实现目的直达,起到刹风治乱的作用,但其毕竟是对煤矿生产的外部规制,而不能从内部引导企业重视安全。到今天为止,我国煤矿事故都没有得到很有效的遏制,究其根本原因,认为行政法的价值取向决定了这一路不能根治我国煤矿安全生产问题。

(二)现行法律规制的缺陷

第一,以国家利益为本位的行政法无法满足保护社会整体利益的需要。任何法律制度都有其自身的利益价值衡量尺度,各部门法律制度对利益体系当中某项利益都会采取偏向性的保护。

而众所周知,行政法是规范和控制行政权的法,其目的着眼于政府对国家管理,在保障和监督行政机关依法行使行政职权,在保障公民、法人和其他组织的合法权益的前提下,最终维护国家利益的良好实现。

因此,行政法是以行政权力为核心的法,是以国家利益为本位的法。然而,与由不特定多数人组成的社会不同,国家是一个建立在某一地理区域内独立的利益实体。尽管部分职能需要国家成为某些社会利益的代表,但其代表的终究是作为社会利益群体之一的统治阶级与统治集团的利益。对生产安全的追求,虽然有保障国家利益、减少损失的意义,但更基本的是对基本人权、社会和谐发展的保证,是作为由不特定人组成的社会整体的利益需要。利益取向的不一致导致了以国家利益为本位的行政法,在调整作为行政相对人的市场主体与代表国家利益的行政主体的关系时，并不一定能够涵盖对社会整体利益的追求。

通观我国目前的安全整顿措施即可知道，我国现在多是以行政命令要求非法煤矿直接退出市场，或以行政处罚规制违法煤矿生产行为，同时附带一些或民事或刑事的责任追究。然而前者主要意义在于避免国有资产的流失，而对生产安全只能暂时起到整顿开采秩序的作用；后者常常以罚款为主，但所罚没的金额大都上缴到国库，对于受害的工人和其他正当经营者而言，受到的侵害却并没有得到实际的补偿。事实上，一轮整顿关闭后，新的非法煤矿仍然无法拦截，而出于经济利益的衡量，旧的非法煤矿死灰复燃、违法煤矿继续违法的现象也悉疏平常。因此，如何以新的法制理念来指导法律制度的构建，实现对社会整体利益的保护，实现对矿产工人的保护是摆在当前矿产安全治理上的重要问题。

第二，过多的政府监管导致对市场本身规律的忽略。

对煤炭生产安全进行行政法为主的规制，体现了对煤炭市场政府监管的经济职能。随着市场经济的发展，政府监管是为弥补市场失灵、维护公共利益而存在的。然而随着社会经济的发展，对经济运行机制的深入探讨，如今政府监管的效果及其存在的问题越来越受到人们的关注。信息的不完全、不以直接盈利为目的的公共性、权力的扩张性等因素使得政府监管市场并不是完全理性与有效率的。

以小煤矿为例，我国煤矿资源有限，而经济的发展需要充足的能源不断供应，煤炭市场一直处于供不应求的状态。在我国国有企业现有生产能力不足的状态下，私人煤矿、小煤矿的存在可以在一定程度上缓解煤炭供应的压力。然而中央一味地关闭、停产整顿，虽然针对的是这些企业的安全隐患，维护的是煤炭行业的生产安全，但是对煤炭市场的直接干预势必影响到当地煤炭的供应，给地方经济利益造成不稳定因素，影响地方的经济利益。特别是一些缺乏其他自然资源的贫穷地区，煤矿成为当地政府财政收入的主要来源、经济实现增长的主要项目，整顿关闭甚至"一刀切式"的停产无异于掐断了当地经济发展的命脉。同时作为安全监管的执行者与地方经济利益追求者的地方政府，显然不愿意在完成中央政府的安全指标的同时，又不得不面对自身经济发展的困境。于是，缺乏现实基础的措施在基层"走形变样"也就不足为奇。

第三，行政权力的易扩张性不利于安全监管的落实。众所周知，对煤炭安全进行行政法律规制是以行政权力的运用为依托的，然而行政权力在本质上是非平等的，是一种超越于个人之上的公共力量，具有巨大的规模效益，使得其在行使过程中具有扩张和滥用的顽强倾向。随着经济的发展和社会的进步，国家职能范围大为扩张，法律授予行政机关的行政权力也日益增多，但因为缺乏相对的力量制衡，日益膨胀的权力很容易造成权力的异化。在我国煤炭行业，权力的异化就是造成事故频发的一个重要的外在因素，成为中央政府治理煤矿安全的各项政策实行中的最大障碍。将行政权力作为我国煤矿安全监管的主导力量，将行政直接干预作为抑制矿难的主要方式无异于"找错了整治'官煤勾结'的依靠力量，将整治的对象视为整治者，这就如同要求一个人用左手持刀砍掉自己的右手一样。"政府对市场进行监管的最终结果并不是真正地使企业获得实质的公平，建立健康的市场秩序，而是在为自己作为"经济实体"这一角色获得利益。

而事实已经证明，对煤矿安全生产问题过多依靠行政法的规制，我国煤矿安全的整治只会像现在一样屡战屡败。我们必须认识到，在市场经济条件下，煤矿的生产安全不仅仅只在于企业的经济行为，煤炭的市场需求、矿业权和煤产品的价格等因素同样与安全问题之间有着错综复杂、相互影响的关系。因此政府抑制和减少煤矿安全事故的基本思路除了行政权力的直接监管监督外，重视其他因素的配合才能起到事半功倍的效果。

（三）煤矿生产安全的规制需要加强经济法的参与

1.煤炭安全生产问题契合经济法的价值追求

法的价值即法作为客体以自身属性满足主体需要或主体需要被法满足的效益关系。从法价值取向来看，经济法在具有自由、平等、安全、效率、秩序等法律价值一般内容的同时，还具有自己独有的价值取向。

第一，经济法价值之一——秩序。秩序是所有法共同追求的价值之一，但在经济法内容下的秩序着重指关于经济领域和经济生活的秩序，重在维护社会经济总体结构和运行的秩序。在经济法秩序下，个体虽然仍是自由的，享有充分的权力，但不得妨害和损害他人和其他公众的自由和权力，不得损害社会经济的运行和发展。个体自由和权力的行使受到社会必要限制，且这些价值取向均与经济利益有关。煤炭安全生产问题反映在这一价值追求上即要求煤矿企业在追求其经济利益的同时也必须受市场秩序、生产秩序的规范，而不能以矿工的生命安全为代价来牟取其经济利益。地方政府在追求地方经济利益的同时，也必须以保障经济安全、缔造安全的经济环境为前提，这一切都有赖于有序、安全的经济秩序的缔造。

第二，经济法价值之二——实质公平。追求实质的公平是经济法的一个重要特征，表现为经济法为了纠正社会不公而采取的种种积极措施和手段。经济法以社会为本位，强化主体的社会责任，具有追求社会正义和实质公平，维护社会整体利益和效益的天然价值取向。它不仅致力于追求公平的竞争环境和分配公平，以及对经济法主体的权力与义务设置的统一，还突出强调对社会弱者利益的保护。

在我国经济飞速发展的今天，政府往往更注重自然资源、物质资本的经济效益，却常常忽视甚至牺牲对劳动力资源的保护。在市场经济制度和法律规制不健全的情况下，某些局部或个体的利益却是以部分成本转嫁给社会或他人的方式获得，权力与义务的失衡使得代表资本的煤矿企业与矿山工人之间的公平在我国煤炭行业变成了一句口号。因此只有彻底贯彻经济法的精神，而非停留在形式公平的层面上，完善社会保障制度等协调平衡机制，才能从根本上解决我国煤炭行业劳资关系的失衡问题，形成强大的生产监督力量。

第三，经济法的价值之三——社会整体效益。效益有个体效益和整体效益之分，但整体效益却不是个体效益的简单相加，尽管大多数时候个体利益与社会整体利益目标一致且相互依存，但二者相矛盾的时刻也时有发生，煤矿责任事故的发生就是在生产过程中企业为追求自身经济利益而牺牲公共安全这一整体效益的表现。然而传统部门法大多只是注重对实体利益的保护，民法追求的是实现个体效益，是关于市场与人的法律。行政法保护的是国家公共利益，以维护、限制国家权力为其功能。只有经济法以社会整体效益为保护重心，追求的是凌驾于国家效益和个体效益之上的宏观效益。宏观层面上的利益追求促使其在强调社会整体效益和全局效益的同时，也能注意到对个人利益、国家利益的兼顾，达到与整体利益的协调和平衡，实现社会的和谐发展。因此对煤矿生产安全的规制必须更进一步加强经济法规制的参与。

2.经济法为解决煤矿安全问题提供全方位的制度保证

经济法是国家行使管理经济职能，参与、干预、调控国民经济的产物，是国家在协调本国经济运行过程中产生的特定经济关系的法律规范的总称。价值取向上的宏观性、整体性，手段的多样性，调整关系的广泛性都为我国解决煤矿安全问题，规制生产安全提供了可行的空间。从"人"的角度来说，煤矿企业、政府部门、行业组织等在经济法的规制下得以重新定位。首先需要明确的是它们都是社会政治经济生活中各种活动的直接参与者，是社会实体的一部分。它们都能以自身的法律行为参与某种活动，成为不同法律关系的主体。然而与民法各主体之间平等关系、行政法各主体之间隶属关系不同，作为经济法主体，它们有一共同特征即都是国民经济管理活动或一定生产经营和消费活动的直接参加者，它们在很大范围和许多层面都存在着一个管理和被管理的关系问题。

第三节　煤矿生产安全的规制

一、树立新的科学安全生产观

思想认识是一切工作的基础和前提，树立科学的安全生产观就等于是对我国煤矿安全生产进行经济法规制树立了一个科学的指导思想。过去人们持有的是一种单纯的经济增长观，热衷于追逐国民生产总值、经济高速增长的目标。经济利益驱使着人们的发展行为和发展方式只看重眼前短期的利益。安全投入一直被视为包袱，是无法生成出利润的成本，安全问题也一直被当成服务于经济增长的社会问题。而随着工业革命的到来，党和政府对社会、经济发展过程中出现的各种问题不断进行深入的探索，尤其进入21世纪以来，安全生产与经济发展、人民生活的关系更是得到党和政府的重新审视，生产安全的意义得到更进一步的认识。2003年10月4日，中共十六届三中全会提出了"坚持以人为本，树立全面、协调、可持续的发展观，促进经济社会和人的全面发展"的发展总战略，安全作为经济、社会和人全面发展的内容之一被纳入科学发展总体战略之中。2005年10

月11日党的十六届五中全会在通过的《中共中央关于制定国民经济和社会发展第十一个五年规划的建议》中将安全生产摆在与资源、环境等同重要的位置，第一次把"安全"与"发展"结合起来。因此搞好安全生产是科学发展观的重要组成部分，是"以人为本"的重要内涵，是经济发展的必然要求。科学发展应该是有安全保障能力的发展，绝不是以浪费资源、破坏环境、损害劳动者生命和健康为代价换来的短暂的局部的发展。在煤炭行业同样如此，生产的安全是经济发展的前提与基础，反过来经济发展又为安全生产提供根本保障。对企业来说只有搞好生产安全才能保证生产的正常开展和连续进行，才能具备获得最大效益的前提；对于煤炭管理部门、监察部门而言，只有搞好了生产安全才是最大的政绩，才能维护地方经济的稳定；而对国家而言只有搞好生产安全才能保障与促使生产力的发展，增加社会财富，才是坚持以人为本、代表和维护人民根本利益的表现。

（一）加强对煤炭生产安全的宏观调控立法

如前所说，市场在配置资源方面并不是万能和绝对有效的，而这些失灵的结果又是来自市场所固有的缺陷。所以当生产社会化和垄断经济出现后，这些缺陷逐渐暴露出来并引发严重的后果。社会呼唤另一种机制和力量介入经济，以配合市场机制共同调节，于是国家出面担当此任，以实现总供给予总需求的平衡。在矿产资源领域，由于煤炭资源生产属于关系到国计民生和国民经济持续发展的行业，更是需要国家进行长远规划，利用宏观调控手段来克服市场的唯利性，以实现资源的可持续发展。而作为宏观调控最有效的手段——法律手段，是完善我国对矿产资源宏观调控相关法律政策，解决矿难问题的重要条件。

（二）建立明晰的煤矿产权制度

"产权不是指人与物之间的关系，而是指由物的存在及关于它们的使用所引起的人们之间的相互认可的行为关系"。明晰的产权是资源有效配置的基本条件，是社会化成本内化的基础。"运用产权界定解决外部性的一个明显优势就是在这个系统下，受害者执行法律的责任，而不是依靠政府来确保不发生外部性"。只有明晰和确定产权，才能激励人们有效利用属于自己产权范围内的有限资源，减少浪费，同时关注投资的长期效果，包括降低事故的发生，实现生产的安全。我国矿产资源属于国有，但如前所述，国家只是一个虚拟的主体，在职能的运行中只能依靠大大小小的国家行政机关予以实际操作。因此才有了计划经济时代通过对国有企业的经济控制和如今市场经济体制下将资源管理权下放给地方政府的路径探索。然而实践证明，由于目前我国中央、地方政府部门与企业之间关于煤炭资源产权界定的模糊现状，无法明确三者各自的权力或权力义务，不仅造成了我国资源配置效率低下，更是我国煤炭行业滥开乱挖、矿难频发的重要原因之一，不得不引起我们对矿产资源产权配置的重新思考。众所周知，现实中我国企业虽然通过政府审批获得的是采矿权，但实际上被开采出来的资源的所有权却是再也收不回来的。而若在法律上认识不到这一点，只会更加损害国家作为资源所有者的利益，产生"公共用地"的不良效应。因此建议通过法律明确规定，对煤炭资源实行资产化管理，将经过市场竞争、符合条件的企业所获得的矿业权，不仅包括煤矿的采矿权，还应包括对相关部分资源的所有权，而非使用权。同时通过深化矿业权有偿取得制度的改革，明确资源补偿费就是煤炭资源的产权交易价格。这样既明确了双方交易的产权，强化了国家对资源产权的完整意识，同时也避免了"公共用地的悲剧"发生。企业也能把购买回的矿产资源当成自己的东西予以珍惜，进行长效投资，自发提高自己的回采率、重视煤矿的安全生产问题，而非因产权的不稳定一味追求短期利益。

（三）适当放宽矿业产权的流通条件

通过产权体制的改革，企业从国家那里获得了一定量煤炭资源的所有权。而所有权是市场交易中最基本的物权，它不仅是市场进行资源配置最好的媒介，同时也是权力主体进行所有权交易获得最大利益最常用的手段之一。因此，首先必须允许矿业权在市场上的自由交易，取消"禁止将探矿权、采矿权倒卖牟利"的规定，重构矿业权物权属性，并顺应煤炭市场的发展，取消对流转方式的限制性规定，赋予市场交易方式有效的法律地位。这样一方面可以促进对矿产资源最大效率的利用，另一方面可以大大缩小地下产权交易市场，从而达到减少安全隐患的目的。其次建立公平的产权竞争环境。竞争是市场经济活动和保持市场正常运行的先决条件，也是激励各企业调整自身经营策略和解决问题的动力。在调整原有产权制度安排下，平等对待进入市场各种资本和建立统一的市场准入制度是保证市场竞争机制起点公平的前提。当然，只有市场还不够，政府也有责任通过法律手段维护市场竞争的公平性，各级政府和煤炭主管机构要继续做好整顿煤炭经营秩序工作，尽快形成与市场经济体制要求相适应的"统一开放、竞争有序、管理科学"的煤炭流通体系。

（四）增强税法的调控功能

税收是国家宏观经济调控的一个重要杠杆，是国家完善经济运行机制、引导社会资金流向、调整产业结构、平衡财富分配的有力工具。而税法是调整国家调控税收关系的法律规范，是宏观调控法的重要内容之一，其通过确认和调整税收法律关系，制定和完善税收法律制度，为税收调控社会经济提供法律保障。因此，在煤炭资源生产利用过程中，税收是我国对资源市场进行宏观调控的主要手段。然而，在我们一贯强调税收在资源配置、平衡供求等宏观方面的功能时，却往往忽视其对纳税人经济活动内容和行为的微观引导作用。其实，通过对具体税收法律制度的完善，建立起安全投入与利润增长的直接良性关系，是解决我国目前煤矿企业安全投入严重不足的有效途径之一，因此可以从以下两个方面来加强税法对成本内化的调控功能：

第一，建立独立的矿业税制，实行税费分离的税收体制。

资源税是以各种自然资源为课税对象的一种税。然而，资源有可再生资源与不可再生资源之分，煤炭资源作为矿产资源的一种，除了其本身的商品性外，还具有不可再生、储量有限的特点，决定了其经济意义与可再生资源有所不同。而我国煤炭消耗量的巨大，使其产量和价格都成为影响资源市场稳定的重要参数。长期以来，即使在确定了市场配置资源的基础性地位后，煤炭市场仍是国家宏观调控中的重点领域。而其中，在进行资源配置、收入分配、投资引导等方面，税收能直接起到宏观调控与微观引导的双重作用。因此建议将矿产资源税从资源税中独立出来，建立自己的税收体系，以便通过国家的宏观调控措施更好地实现资源的有效配置，科学引导人们的投资行为，规范煤炭生产者的生产与市场经营行为。

第二，改革矿产资源计税依据，完善税收减免激励机制。

根据现行法律的规定："纳税人开采或生产应税产品销售的，以销售数量为计税依据；自产自用的，以自用数量为计税依据。"这样造成的后果就是矿产企业争相在短期内使矿产生产达到最大化，追求数量效果，变相鼓励了企业短期行为，危及安全生产。因此建议采用从量与从价相结合的计税依据，促使矿产企业理性决定生产量，稳定矿产资源市场。同时应完善我国矿产资源税收减免激励机制，建议将安全投入直接引入税收减免机制的标准范围，建立起生产安全与经济利益的直接联系。即在企业取得安全许可证之后，仍要定期对煤矿企业的安全生产和管理状况进行分级评价，制定出安全级别，安全状况越好的等级越高，否则，反之。同时对不同等级的企业实行不同的税率或适用不同的税收政策。而后，政府部门进行核查，对煤矿企业安全状况予以评定等级。将企业安全等级纳入税收减免的评价体制，根据等级的高低确定该纳税年度内对企业进行税收奖励或减免。通过对煤矿企业的直接利益的激励，将可持续发展、以人为本的安全生产理念引入生产实践，给予煤炭生产者主动加大安全投入的利益驱动，促使其关注生产的安全。

（五）健全煤炭价格形成机制

煤炭是我国的主要能源，保持煤炭市场供求基本平衡和煤炭价格的相对稳定将大大有利于我国国民经济持续健康发展，而建立和完善煤炭市场机制的核心是形成竞争的和可调控的市场价格机制。通过对资源、税收、价格等市场参数的调控，解决我国目前资源价格过低的问题，使得对企业产量的外在约束内在化，解决短期利益与长期利益的矛盾。因此，第一，必须明确完善煤炭价格形成机制的目标，发挥市场配置资源的作用，建立宏观调控下以市场形成为主的价格机制。通过各项法律制度，引导企业建立完善的成本核算机制，将企业生产外部化成本内化。煤炭资源的价格不仅要体现矿产资源作为资产进行产权交易的成本，还要包括对生态环境的保护与安全风险的补偿，以便有利于在评估煤炭价格时考虑安全成本。安全成本是煤炭开采过程中保证煤矿职工生命安全和煤矿资产安全的必要支出，煤炭价格不计算安全成本，必然会导致对安全生产的忽视。因此，只有真正反映成本的价格，才能为形成有序的市场竞争，发挥市场信息机制的功能提供前提条件，起到激励人们开发利用矿产的珍惜效应，以促使企业加强对长期利益的关注。第二，坚持市场形成价格与政府宏观调控相结合的煤炭价格政策，即价格主要由市场形成，政府适度进行调控。这是因为，无论成本如何内化，煤炭资源迟早要面临一个"枯竭"的问题。随着工业发展的进程加快，在找到替代资源之前，煤炭资源的需求量只会有增无减。伴随着资源的稀缺性体现得越来越明显，市场反应的煤产品价格只会越来越高，企业成本随之增加。因此在资源有限、市场困境又可预见的情况下，为了维持以目前的价格进行资源交易，取得在将来市场的价格优势，毫无疑问，将会促使煤矿企业尽可能在短时期内开采资源，争取在有限的"蛋糕"里分得最大的一块，而这将会直接影响到煤矿的安全生产。而只靠市场配置是无法解决这一问题带给煤炭市场的影响的，因此煤产品的价格离不开国家的宏观调控。国家必须利用经济、法律和行政等各项手段，对煤炭市场进行干预，维持价格总水平的相对稳定，以最大程度保证市场稳定与供求平衡，才能引导煤矿企业科学合理地开发利用资源，实现安全生产。

（六）加强对煤炭生产安全的市场规制立法

尽管生产安全的实现是一个需要全社会共同努力的长期系统工程，但是保障生产安全的责任最大承担者仍是企业。而在现代市场经济条件下，企业是市场中的企业，是市场竞争的经济主体，而其恒定的目标是通过市场获得最大的盈利，因此仅有指导思想还不够，还必须将其转化为内在动力，以促其自觉重视安全，加大安全投入。而要达到此目的最有效的方法莫过于通过加强对其经济活动的法律规制将安全成本、事故成本内在化，使其由过去"在减少安全成本中获利"变成"重视安全成本将带来更大的利益"，由"被动接受"变成"主动要求"。

（七）改革煤炭市场准入制度

与政府部门授予的有财产权属性的矿业权相比，矿业市场准入资格最本质的区别即在于：前者是取得对矿产资源这种特定财产的财产权，按照市场规则有偿取得，可依法转让。而矿业市场准入资格是取得矿业这个特定行业的经营权，凭借自己的资质条件，以行政法程序从政府手中无偿取得，并且不得转让。在煤炭生产领域，政府要做的就是监管。而市场准入就是政府对煤炭生产监管的第一道大门。因此，建议在适当减少或整合行政许可审批事项，压缩行政权力自由裁量的空间的基础上，增加经济调整手段的运用，淡化市场准入时的行政强制色彩，加强对企业设立时安全投入的监管。同时用资本金制度替代我国目前实行的行政许可制度。根据企业的预定生产规模，强制企业在设立时将一部分注册资金专项用于安全设备等生产条件的建设，以此作为企业投入生产的前提条件，而在平时生产过程中，落实安全风险抵押金制度以敦促企业对生产条件的维持。一方面减少资格的审批程序，使安全投入一步到位，从源头上断绝不具备安全生产实力的企业投入生产作业。另一方面在企业申请设立时期，政府不再是矿产资源所有权的处分人，其只能依据国家制定的准入标准对已经取得矿业权的申请企业做程序上的审查，准予建立煤炭生产企业。同时可由政府部门根据企业的生产状况对企业进行等级划分，实行奖惩措施，将生产安全作为一个长期、连贯、系统的工程予以建设。审批程序的减少，安全生产标准的客观化可以减少政府部门的寻租空间，减少腐败，更有利于对煤炭行业的监管。

二、完善煤矿生产安全监察体系

（一）建立独立权威的安监机构

要建立独立的安全生产监察体系必须首先打破监察权力由地方行政部门垄断的局面。安监机构属于行政机构，但必须统归隶属于中央安监系统。只有截断与地方政府的利益链，才能从独立超然的位置中树立自己的权威。日本自1982年后就没有发生过一次死亡3人以上的重大事故，20世纪90年代杜绝了死亡事故。其中一个值得我们借鉴的经验就是其煤矿安监体制实行的就是中央垂直管理体制，国家在重点产煤省、都、道、府设置了矿山安全精度部门，在重点矿区则由当地的矿山安全监督部门派驻安全监督署，而部、署的经费全由中央财政拨出，和驻地政府没有行政、财务关系。这样国家安全监督部门既有钱又有权，大大提高了安全监督部门的权威性，从制度上治理国家公务人员的腐败行为。

（二）加大监察机构的强制执行权力

为什么我国在多次煤矿事故调查中发现事故的成因并非安监部门的失职，而是一个个安监措施被束之高阁。原因之一就是安监措施缺乏强制执行力，作为生产安全的"裁判员"，手中虽然也有采取罚款、责令"停止作业、关闭、停产停业"等措施的权力，然而这些权力的行使却必须依赖地方相关部门的保障。我国2000年公布实施的《煤矿安全监察条例》大多规定"拒不执行的，由煤矿安全监察机构移送地质矿产主管部门依法吊销采矿许可证"。当一个监督权力必须依赖于另一个行政权力的实施才能奏效时，不难得知，监督权力不可能真正做到独立于权威。而同时地方相关行政部门又往往与地方经济利益或煤矿企业利益纠缠不清，一个个监察措施被冻结也就不足为奇了。因此建议一方面通过我国监察条例充实安监部门的监察手段，同时对于处罚力度较弱的措施赋予安监部门强制执行权，而对处罚力度较大、利益关系重大如关闭、停产停业等措施即可向法院申请强制执行。一来强化安监措施的执行力和威慑力；二来也可引导安监部门行使权力的法制化，不至于因为权力的过于集中而导致对权力的滥用。

（三）建立多元的安监机制

行政监察固然是重点，但我国煤矿数量众多，分布又很广泛，对煤矿企业的监督，不仅成本太高，而且容易造成"一权独大"局面，导致权力滥用，产生另一块滋生腐败的"温床"。因此要让监察真正发挥作用，同时又避免权力的过分集中，就必须建立起多元化的监察机制。我国劳动法规定，工会本就有权监督所在单位执行劳动法的情况，所以工会有权力也有责任监督矿山企业严格遵守矿山安全法规，通过参与各种检查和矿难的事故调查活动来保护矿工的生命和健康安全。而与安全有着直接利害关系的矿工的检举权、建议权等也应加强保护，通过法律切实落实保障其权力实现的具体制度。此外，立法还可以考虑将监察权适当下放给矿业协会这种行业自律组织。通过这种点面结合、权力制衡的方法建立一个有效公正的安全监察体系。

（四）完善煤矿工人求偿权力保障机制

1.落实强制工伤保险制度

工伤保险是社会保障制度的一种，是一项保护劳动者生命和健康权的重要制度。其基本功能是"通过转移支付强制地分配社会资源给弱势群体，保障他们基本生活需要以及个体发展之机会可能，实现结果公平，保证整个市场经济系统发挥最佳资源配置功效"。而保险分为自愿保险和强制保险，前者指投保人和保险人在自愿、平等、互利的基础上，经协商一致而订立的保险合同，其着重在于风险的自由转移；后者则是依据国家的法律规定发生效力或者必须投保的保险，重在对风险的预防和权力救济的实现。而在煤炭生产领域，井下作业是一项高风险职业，"依照现代损害赔偿理论，当在有高度危险来源的场合发生损害事故时，高度危险来源本身就是高度危险来源拥有者就该损害事故承担赔偿责任的依据，而不必考虑赔偿责任者有无过错。"因此，煤矿企业有义务对矿工的人身安全投保。然而由于财力、信息等方面的悬殊差别，矿工这一弱势群体的基本权力往往得不到有效保障。煤矿企业为了追求自身最大利益，工伤保险的投保成本都成为企业的压缩对象。两方力量的强弱悬殊决定了必须有第三方力量的介入予以平衡，而最有力的手段莫过于通过国家制定法律规定加重煤矿企业的责任。因此必须落实用人单位强制保险的规定，从法律上规定矿主违反工伤保险条例的强制措施。而要落实工伤强制保险制度，建议由政府以强制性政策委托商业保险公司利用商业保险运行机制，根据政府部门所确定的煤矿企业安全级别，采取浮动费率的形式收取保险费，作为煤炭行业的准入条件之一。安全级别高的企业，保险费率低；安全级别低的企业，保险费率高；如果发生安全事故，商业保险公司会按照一定的标准进行赔付。煤矿企业的安全级别，决定了煤矿企业商业保险费的负担程度，同时也确定了煤矿企业安全成本水平，通过直接建立起商业保险费率与企业安全状况之间的联系，以及差别保险费率对煤矿企业的促进作用，从而激励矿主对安全生产成本的衡量，主动关注矿井安全生产条件，使煤矿企业安全生产保障机制的作用得到充分发挥。

2. 引入惩罚性赔偿责任制度

惩罚性赔偿也称惩罚性损害赔偿，对其含义的界定学界一直存在着狭义和广义之分。而我国学者通常采用的是前者，即指为达到惩罚侵权行为人和追求一般抑制效果目的，以补偿性赔偿为基础，法院判令行为人支付高于受害人实际损失的赔偿金。惩罚性赔偿制度是英美法系中普通法上的一个特有的法律救济制度，目前在我国的立法上，1993年公布的《消费者权益保护法》第一次引用了惩罚性赔偿制度，之后《合同法》第一百一十三条再次对这一制度予以肯定，这表明惩罚性赔偿制度在我国立法上已经得到了确认。然而对惩罚性赔偿的定性，我国法学界却一直存在着不同认识，其是属于经济法律责任范畴还是民法责任范畴一直是争论的焦点。认为惩罚性赔偿应是经济法责任的具体形式之一，同时也是规制煤矿安全生产的有效的法律途径。

惩罚性赔偿责任是经济法的一种具体责任形式。

经济法是以社会为本位的法，维护社会经济活动中的社会公共利益是其根本目的。因此，经济法律责任理论的基础是社会公共利益观，设置经济法律责任的目的是保持和恢复社会经济秩序，立足点重在对社会整体经济利益的维护。正因为经济法的这种社会性，所以对经济法律责任的设定，在很多方面都是基于社会公共利益的考虑，从社会利益的角度来规制经济法主体的法律责任。

惩罚性赔偿责任制度同样也具有此特点，设定惩罚性损害赔偿金已经明显超越传统赔偿制度对受害人利益进行补救的目的范围，而是立足在已进行补救性赔偿的基础上，针对损害社会公共利益的违法行为所规定的惩罚和制裁措施。一般认为，惩罚性赔偿具有以下三个功能：

第一，补偿功能。由于受现实中实际损失难以计算或无法计算等原因的制约，全部补偿在实践中有时难以实现。因此为保护受害人利益，由法律采用相应标准以使赔偿数额具体化，用一个估量出来的接近受害人所受损失的数额来实现对受害人利益的最大保护。

第二，惩罚功能。惩罚功能被认为是惩罚性赔偿的最主要的功能，也是区别于其他法律责任的最大特点。尽管民法中也存在赔偿责任，但奉行"个人利益本位"的民事赔偿责任仅仅是单个人之间的赔偿，目的在于补偿受害人的损失，使其利益恢复到受损前的状态，与惩罚性赔偿责任有着本质上的区别。而惩罚性赔偿则是通过对行为人实施高于实际损害金额的处罚，从价值取向上体现出对行为人非法行为的强烈否定与谴责。这种否定与谴责不仅仅在于对侵害特定受害人利益的方面的表达，更因为该行为还损害了不特定公众的公共利益，因此需要对其进行更进一步的惩戒。

第三，遏制功能。遏制功能分为个别遏制与一般遏制，前者主要是通过提高其违法成本，促使其不敢重复加害；而后者主要是对社会一般人为非法行为的潜在意识起到遏制作用。显然，这些目的都已不再是单纯的用以弥补受害人的损失，而是带着强烈的社会谴责，通过法律规定额外惩罚来达到维护社会公共利益的法律目的，与经济法的目的不谋而合，因此认为惩罚性赔偿责任应该归属于经济法责任范畴。

（五）我国煤矿事故责任追求机制应该引入惩罚性损害赔偿责任

一直以来，我国对煤矿事故主要采取的是财产赔偿责任、行政处罚和刑事制裁三位一体的责任体系。然而现实的结果却是我国煤矿事故责任追究机制并没有起到作为惩戒和预防违法行为机制的作用，煤矿企业宁愿违法、接受法律的责任追究也要违法生产、非法开矿。

可见现行的责任追求机制需要在制度层面得到进一步完善，建议应将煤矿企业主的违法行为纳入惩罚性赔偿责任机制的规制范围。如前所述，在我国煤炭生产过程中，煤矿事故的发生大多是由企业安全投入不足所引发的。不仅危及矿工的生命安全，造成对个体利益的具体侵害；更是破坏了煤炭市场的竞争秩序，给公共安全带了巨大的危险，损害了社会整体经济利益。而现行的责任机制强调的是对事故的受害者予以经济利益的补偿。对企业不法行为给社会造成的损害却没有纳入法律责任的规制范围，企业从违法行为中所获利益要大于承担责任的成本，反而变相产生了鼓励企业违法的效果。

因此，我国煤矿事故责任追究机制必须引入惩罚性赔偿责任，首先以增加的赔偿金额弥补全部补偿原则对受害者的失效；其次可以通过对企业的不法行为的惩罚性赔偿，提高其违法成本，使其违法行为得不到利益，还要负担额外惩罚，以达到惩罚和制裁目的；再次，通过对受害人和其他社会公众的额外利益的补偿，鼓励受害人和社会公众积极同违法行为做斗争。当然，现实中惩罚性赔偿的赔偿标准或参照标准很难界定，是参照企业正常的安全生产成本，或是参照受害者的补偿标准等来确定赔偿数额，是采取双倍还是数倍赔偿原则等都有待我国在对煤炭市场进行调研的基础上进行探讨、论证，以找到一个有效可行的标准。但是不可否认的是，通过惩罚性赔偿将更好地对煤矿企业不法行为做出正确的法律评价，为规范我国煤矿事故责任追究提供更完善的方法和可操作制度。

第四节　完善煤矿生产安全的规制

一、完善煤矿生产安全的经济法规制

（一）改善能源开发利用结构

我国是能源的消费大国，但是我国能源利用率却很低，平均利用率约为30%，而在一些工业发达的国家其平均利用率在40%以上。不过从某种程度上也说明我国还是具有很大的节能空间。我们要依靠先进的科技达到节约能源的目的，尤其是减少煤炭资源的消费。我国的环境污染严重，这与以煤炭为主的能源结构不无关系，因此我们要发展火电，提高煤电的转化率，为工业发展提供清洁的能源。以我国的现状来看，在很长一段时间内，以煤炭为主的能源结构不会从根本上得到改善，所以我们应该用先进、洁净的煤炭技术来取代传统的煤炭技术，同时要大力发展石油和天然气，加快对其的勘探和开发，搜寻油气田，进而改变不合理的能源结构。我国的水力资源丰富，尤其是西部的水力资源，应加快发展水电建设。同时也要充分重视可再生能源的开发利用。可再生能源是指自然界中可以永续利用、循环再生的能源，主要包括风能、太阳能、生物质能、地热能、水能、海洋能等能源。可再生能源对环境不产生危害或危害很小。

（二）健全煤炭生产宏观调控机制

1. 建立煤炭产权制度

我国要建立明确的煤炭产权制度，只有这样才能激励煤矿企业主有效地利用自己产权范围内的煤炭资源，减少资源的浪费，加大安全生产方面的投入，关注其投资的长远利益，从而降低矿难事故的发生，实现煤矿安全生产的最终目标。针对煤炭资源的不可再生性，我们可以建立单独的税收体制，实行税费分离的税收管理制度，以便更好地实现资源的合理配置，引导人们进行正确的投资，规范煤炭行业的市场经营行为。对矿业产权的转让流通制度可以进行适当地放宽，保证对矿业资源的最大效益的利用，以达到减少煤矿生产安全隐患的目的。1986年通过的《矿产资源法》，标志着对我国矿产资源的开发、利用、管理已开始走上法制化的轨道。之后为了符合改革开放和经济建设的要求于1996年对其进行修订，一直沿用至今。《矿产资源法》中矿业权的依法转让制度对促进矿产资源的合理开发利用、资源的优化配置等方面具有重要的影响，但是由于时代的局限性，其仍有许多的弊端。例如，《矿山资源法》第六条的规定，与其说是我国进行矿业权依法转让的依据，不如说是我国允许矿业权转让的条件，除此以外不允许对矿业权进行转让。而且不能把盈利作为矿业权转让的目的，这个规定实际上违背了市场主体的需求，严重限制了在市场上对矿业权的自由交易，所以我们应该根据市场的需求适当地对矿业权进行放宽，从而促进市场的发展和资源的优化配置。

2. 发展期货市场，建立煤炭价格机制

期货是指买卖双方不须在买卖行为发生时立即进行交收实货，而是按照期货合约的规定在将来的某个时候进行交收货物。整个的期货交易是公开的，它能够反映出市场对价格走势的预期。同时由于现货市场的价格波动常常会导致企业亏损或成本增加，而期货市场则可以对企业生产经营过程中的风险进行规避。除此以外，还有利于实现资源的合理配置、降低信息的收集成本等。对于煤炭行业来讲，建立煤炭期货市场是十分必要的。当前我国的煤炭价格并未真正反映出市场的供求需要，也未真正融入国际煤炭市场，与国际煤炭市场接轨。国务院发展研究中心的研究员杨建龙说过，真正的能源安全应该是一种开放的安全，国家的供求应与世界市场之间有着紧密的、互动的、高效的联系，而不是只一味地进行静态的储备，这种紧密高效的联系需要期货市场作为桥梁。针对煤炭行业来讲，若中国建立了煤炭期货市场，将更有利于中国的煤炭业走向国际，参与国际竞争，利用国际资源来扩大煤炭的交易规模，在国际煤炭的定价上占有一定的地位。我国在改革开放初期，针对煤炭期货市场曾进行过短暂的尝试。在1992年于上海成立的上海煤炭交易所开业，但其很快便被迫喊停。究其原因，主要是因为当时处于我国期货市场的初期，各项制度的规定不够健全；虽然我国当时明确了建立以市场为主的煤炭价格机制，但是毕竟是有限度地放开，在实际的操作中市场并未真正地占主导地位；再加上我国当时处于市场经济的起步阶段，人们的市场观念较为单薄，对期货更是缺乏认识，所以对期货交易并未有太高的积极性。然而，现在我国的大环境已经有了很大的改善，煤炭价格也随着市场供求的变化而有了波动，这个时候期货交易的出现将使煤炭企业可以在一定程度上规避市场中遇到的风险，达到套期保值的目的。

（三）完善煤矿生产安全监管体系

1.端正安全生产与监管理念

安全问题不仅仅对于生命个体异常重要，而且对于社会的稳定和经济的发展亦有重要的影响，处理不好的话还会引发一系列的社会问题，造成局部甚至全社会的不稳定。所以在煤矿安全上我们更应该从源头上抓起，以预防为主，充分认识安全生产和监管的重要性，树立正确的安全生产和监管理念。安全生产是煤炭企业必须首先要考虑的头等大事。要树立"安全第一，预防为主"的安全意识，在煤矿生产过程中煤矿企业主、管理人员、矿工的安全生产意识将直接关系到他们对安全生产的投资、管理、操作等方面的行为，进而决定矿难事故的发生率。在煤矿安全生产过程中，煤矿主和煤矿管理人员的安全意识尤为重要，因为他们的安全理念直接影响在安全生产设备等方面的资金投入量和制定安全生产政策中的严厉程度。对煤矿生产的管理要从源头抓起，积极开展安全培训工作，把矿难事故后总结分析的精力放到事前的安全预防上来。同时，也要树立"抓安全重在落实"的安全理念。煤矿的安全管理是一项非常具体、复杂的工作，必须要实实在在地干，把安全生产的方针落到实处。对于煤矿职工来说，也要不断地增强安全生产意识，加强自我保护的能力，当矿难事故发生时应有自我救助和维护自身合法权益的意识，对于在安全生产过程中存有的安全隐患和一些违法违规的操作行为，应向相关监察机构予以举报。

对于监管中存在的各种问题，要通过各种科学有效的方法努力改进。无论从立法上还是实践中都要明确监察机构、监管部门的权力，真正做到权责统一。不能片面追求经济利益，而应该深入落实科学发展观，坚持以人为本，树立科学的安全发展理念，认真贯彻"安全第一，预防为主，综合治理"的安全生产方针。

2. 健全对安全监察工作的监督

约束机制对煤矿安全监察工作进行监督与约束，一方面可以保证安全监察工作的顺利进行，促进监察机构与监察人员秉公执法；另一方面也可以加强监察队伍的建设，尤其是遏制腐败问题的滋生，保护公民、煤矿企业和其他组织的合法权益。因此，在实际的监察工作中，监察机构要提高监察队伍的素质，加强制度建设，加大对监察队伍中违法犯罪行为的处罚力度，不断健全和完善自我约束机制。同时也要欢迎和接受来自各方面的监督，例如，上级机关的监督，机构内部的相互监督，有关组织和新闻媒体的监督，尤其是监察对象的监督。而且我国的煤矿安全监察体系建立较晚，相关法律体系尚不完善，需要尽快起草和颁布《煤矿安全监察程序》《煤矿伤亡事故调查处理程序》等规章制度，而且也要对《矿山安全法》《煤矿安全规程》等法规中一些过时、不合理的制度进行科学的修订，健全和完善执法程序及执法手段，进一步建立与完善煤矿安全监察法制的建设。

3. 建立监察人员定期交流制度

煤矿监察员长期在一个地方工作，就会和这个地区的煤矿企业比较熟悉，这样就会导致因碍于情面等，在面对事故隐患时不太好意思对该企业进行严格的处罚，往往会采用"以大化小、以小化无"的态度。一般情况下他们会采用下达监察文书的形式，至于煤矿企业是否按要求进行了整顿则不闻不问。相对负责点的监察员再重一些的处罚就是对企业进行罚款。熟人之间情面软往往就导致不能及时地对事故隐患进行扫除，加大了矿难事故发生的可能性。因此，为了加强监察的执行力，有必要对那些符合条件的监察人员及一些关键性岗位的行政人员实行定期交流制度。我国总是号召"公务员是人民的公仆"，将官员们定义为利他主义者，其实这反而容易导致腐败问题的发生。行政工作人员同样有自己的利益需求，在制定政策的时候应该尽可能考虑他们的需求，通过法律制度来确保他们在履行自己责任的时候，也可以经合法途径实现自身的利益，潜移默化中增强他们对诱惑的抵抗力。从我国近年来的煤矿矿难事故中可以发现，法治建设非常匮乏。虽然我国的法律系统性不强，内容还是非常多的，覆盖面也比较大，但是在行政执法上执行力却不强，有些法律制度几乎成为一纸空文，所以应加大行政执行力，加强行政执法过程中的操作性。

（四）完善煤矿安全生产管理法律制度

1. 改革煤炭市场准入制度

煤炭市场准入资格其实是申请者凭借自己已有的资质条件，按照一定的法定程序从政府那里无偿取得的且不得进行转让的煤炭业的经营权。

对煤炭行业来讲，政府最主要的工作就是监督管理，而市场准入制度就是政府发挥监督管理的第一步，如何做好这第一步是值得我们深思的问题。我们应该根据煤矿市场准入制度过于依赖行政审批、缺乏可操作性等缺陷，进行改革和整顿，要适当地减少行政许可审批的事项，使市场准入制度更多地运用经济的手段进行调节，减少行政强制的参与。尽量减少监管人员的自由裁量权，通过法律法规等形式列出具体的、具有可操作性的审批程序，使其只可以根据制定的准入标准对申请者进行矿业经营权的审查，同时应特别注意关于安全生产投入方面的监管。

2. 健全安全生产许可证制度

煤矿的安全生产许可证制度是我国煤炭行业的一项十分重要的许可制度，该制度的健全和完善不但能够提高煤炭行业的准入门槛，从源头上把一些不符合安全生产条件的申请者拒之门外，更重要的是可以提升煤矿安全生产的水平，改善目前我国矿难频发的状况。首先，对煤矿安全生产许可程序要进行修整。科学的安全生产许可程序不仅可以提高行政效率，而且能够防止执法人员徇私舞弊、滥用职权，危害符合条件的煤矿申请人的合法权益。其次，要加强安全评价方面的工作。安全评价是颁发许可证的基础，应该不断提高评价的质量和可信度，相关机关也要加强对安全评价工作的指导和监督，确保评价工作的客观性和公正性。最后，建立权力监督制度，加强权力制衡。要改变目前煤矿安全监察机构既负责颁发煤矿安全生产许可证，又负责对矿难事故进行调查的状况。应该将颁发许可证的部门和监察部门分开，以达到相互监督的目的。

3. 建立统一的安全培训制度

煤矿职工在进行井下作业之前必须要进行安全生产方面的培训，然而到目前为止我国尚未有统一的安全培训法或者安全培训方面的条例。实践中，煤矿安全生产培训往往以地方性规章的形式进行规定，所以全国各地的规定五花八门、种类繁多，在安全培训的力度上也有很大的差距。当前我国应该建立一个统一的安全培训制度，在培训机构、培训对象、培训内容、培训的考核等方面做出具体的标准和要求。培训机构必须是正式成立的，不以营利为目的，必须要有专门的充分掌握安全方面的知识、具有从业资格的培训人员；培训对象上，推行"全体培训"的原则，无论是新职工、老职工，还是煤矿企业管理层或者矿长，都要进行安全技术方面的培训或进修。培训也不是一蹴而就，而是每隔一段时间就要进行一定安全生产方面的培训，以使其能够跟上煤矿生产技术的脚步，掌握新的关于安全生产方面的法律制度；培训内容和时间上，可以根据各地的不同情况进行具体规定，或授权给地方政府由其具体规定和操作，但可以指定出底线，培训内容必须包括哪些内容、培训时间上最短的天数限制等；安全培训后需要进行一定的考核来验证培训的水准如何，考核应包括理论和实践两方面内容。只有这两方面都达标，才算考核通过，对于煤矿的管理层或者矿长等可以适当提高考核标准。

（五）健全煤矿工人权力保障机制

1.完善工伤保险制度

2011年7月正式施行的《社会保险法》是我国全国人大常委会首次进行的关于社会保险制度方面的立法，具有划时代的意义。该法第五十八条中明确规定，"国家建立全国统一的个人社会保障号码。个人社会保障号码为公民身份号码。"这标志着我国公民平等地享有社会保障项目中授予的各种权力。工伤保险是我国社会保险中与安全生产联系最为密切的一个险种，理应得到充分的重视才对，可是事实上并非如此，尤其在煤炭行业更是如此。我国于2011年新施行的《工伤保险条例》第二条就规定我国境内的所有用人单位应当按照法律规定的要求对其职工缴纳一定的工伤保险费。《煤炭法》中也有类似的相关规定。然而由于煤矿职工流动性较大，再加上煤炭企业对用工数量有偷报瞒报的情况，因此针对煤矿工人的工伤保险的执行情况并不乐观。所以当前我们应该建立和《社会保险法》相配套的关于工伤保险方面的法律制度，采取多种措施和渠道对工伤保险进行规制与监督，保障职工的合法权益。明确政府机关、煤炭企业和煤矿职工在工伤事故中的责任划分方法和标准，消除这方面在实践中的模糊性，增强其可操作性。我国的工伤保险仍然处于"重赔偿、轻预防"的时期，工伤预防在整个工伤保险基金中所占的比例很小。针对此种情况，我们应尽快建立关于工伤预防的法律制度，从源头上减少与避免伤亡事故的发生。

煤炭行业的高危险性导致了矿工工伤事故的发生率比较高，再配上大量存在的煤炭粉尘使得矿工患职业病的概率也很大，危害矿工的健康与安全。当前在世界范围内，已经有160多个国家先后建立了自己的工伤保险制度，我国也应该大力发展工伤康复工作，建立工伤保险康复制度和工伤康复医疗机构，积极学习国外关于工伤保险制度方面的先进经验的同时，也要立足我国的现实状况，找出一条适合我国国情的工伤保险制度。

2. 充分发挥工会的功能

我国《煤炭法》第四十二条与《矿山安全法》第二十三条都明确规定了煤炭企业中的工会应当依法维护矿工安全生产方面的合法权益，组织和领导矿工对安全生产工作进行监督。但是实际上，煤炭企业里工会组织只是企业的一个工作部门，当矿工和企业产生利益冲突的时候，本该代表矿工利益的工会基本上起不到任何的作用。所以我们应该通过立法规定工会组织的独立性，赋予其一定的权力来监督企业的安全生产，消除生产中可能发生的危害矿工健康和生命的安全隐患，维护矿工的合法权益。若发现了安全隐患，矿工有权停止井下生产作业，工会组织须督促煤炭企业执行各项安全政策。发生意外事故的时候，工会代表矿工和企业进行谈判，参与矿难事故的调查工作，及时维护矿工的合法权益。与此同时，工会组织须不断地向煤矿职工普及法律知识，增强职工的自我保护意识与维权意识，引导职工用法律的手段来维护自己的合法权益。

第三章 煤矿安全开采

第一节 煤矿安全生产的条件

一、矿井地质条件

（一）井田位置及交通条件

兴隆庄煤矿位于山东省兖州区南偏东，距兖州区约8 km。井田北以滋阳断层为界，西与杨村煤矿相邻，东南、西南分别与东滩煤矿、鲍店煤矿相接，平面范围呈不规则形状，走向长约13.1 km，倾向宽约6.8 km，面积57.694 8 km²。主、副井北距兖州火车站约8 km，东距京沪铁路程家庄车站2.5 km，南距邹城火车站约14 km。西北侧有新兖铁路及日东高速通过，兖州区向东有兖石铁路，东临京福高速公路，区内公路四通八达，交通十分便利。

（二）自然地理

1. 地形地貌

本区地貌类型为冲积平原，井田内地形平坦，由东北向西南逐渐降低。地面标高由+52 m降至+44 m，地形坡度约千分之一。主井、副井井口标高均为+49.20 m，工业广场地坪标高+47.50～+49.20 m，西风井、东风井井口标高分别为+48.00 m、+52.50 m。

2. 地表河流

本区内泗河穿越井田北部，泗河全长142 km，河宽100～1 000 m，流域面积2 590 km²，最高水位+45.30 m，最大流量4 020 m³/s（1957年7月24日，据鲍家店勘探区精查地质报告而得）；泗河在本井田流经3煤层隐伏露头的部分地段，向西南注入南阳湖，属季节性河流，与第四系潜水有一定的水力联系。据泗河书院水文站观测资料，径流量主要集中于7～9月，占全年径流量的68.3%。

（三）气象

本区为温带半湿润季风区，属大陆、海洋间过渡性气候。据兖州区及邹城市气象局观测资料（1950～2012年），本区气候特点如下：

1. 降水量

历年平均降水量723.91 mm，最大年降水量1 263.88 mm（1964年），最小年降水量268.5 mm（1988年）。最大月降雨量600.2 mm（1957年7月），最大日降雨量321.6 mm（1972年7月6日）。雨季一般自6月下旬开始，至9月中旬结束，其中7、8月雨量最大。冬、春两季干旱少雨。11月中旬初雪，最大积雪厚度0.24 m；

2. 气温

历年平均气温17.5 ℃，年平均气温最高20.6 ℃（1964年），年平均最低气温14.1 ℃（1969年、1984年）。年平均气温最低月份为1月，平均气温为-2 ℃；最高月份为7月，平均气温为29 ℃。日最高气温为40.3 ℃（1961年6月21日），日最低气温为-18.3 ℃（1964年2月17日）。一般10月中旬出现初霜，晚霜在第二年4月上旬结束。冰冻期3～4个月，最大冻土深度0.27 m。

3. 风向风速

春、夏两季多东风及东南风，冬季多东北风及西北风，全年以南风及东南风为最多，春季为多风季节，历年平均风速2.7 m/s，最大风速24 m/s（1965年3月15日），最大风速的风向多为偏北风。

4. 湿度和蒸发量

历年平均相对湿度59.24%。年平均蒸发量2 006.6 mm，最大2 413.7 mm（1966年），最小1 518.2 mm（2009年），最大蒸发量多在4～7月，约占全年蒸发量的45%。

二、矿井地质概况

（一）井田地层

兴隆庄井田位于兖州煤田中北部，兖州向斜北翼，主要含煤地层为石炭系-二叠系的山西组和太原组，煤系和煤层沉积稳定，属华北型含煤岩系。钻孔揭露井田内地层自上而下有第四系（Q）、侏罗系（J）、二叠系（P）、石炭系

（C）和奥陶系（O）。

1. 第四系

第四系厚度132.40～235.29 m，平均187.41 m，分布为南厚北薄、东厚西薄。自上而下分为三组：上组（$Q_上$）厚度59.80～77.20 m，平均71.56 m，由棕黄色、褐黄色为主的黏土、砂质黏土、粘土质砂（砂砾）、砂（砂砾）层等相间组成。砂层多为细-中粒，主要成分为石英、长石，含少量砾石，粘土质砂含量低，结构松散，含水丰富；中组（$Q_中$）厚度51.52～81.30 m，平均68.08 mm，由棕黄色、灰绿色为主的砂质黏土、黏土、粘土质砂（砂砾）等相间组成，局部含粘土质砂，偶夹透镜状砂层1～2层，局部4层，黏土粘性较强，隔水性能好；下组（$Q_下$）厚度0～79.80 m，平均47.77 m，主要由浅灰白色、灰绿色为主的黏土、砂质黏土、粘土质砂（砂砾）以及含黏土的中、粗砂及砂砾，砂类含少量黏土但结构较密实。底部以绿灰色、褐黄色黏土为主，局部含砾或铁锰质小结核，不整合于下伏地层之上。

2. 侏罗系三台组

本组因遭受剥蚀保留不完整，仅分布在井田东南部边缘地段，残厚0～372.52 m，平均厚度87.96 m。岩性以紫红色细砂岩或中-细砂岩为主，间夹细砂岩与泥岩互层，下部较松散，底部偶见底砾岩。侏罗系与下伏二叠系不整合接触。

3. 二叠系石盒子组

本组由于遭受剥蚀，地层保留不完整，分布在井田的东部和南部，由北向东、南逐渐变厚，残厚0～181.88 m，平均厚度79.71 m，以底部灰、灰白至灰绿色的粗砂岩或砂砾岩与山西组分界，整合于山西组地层之上。石盒子组自上而下分为两组：上石盒子组在本井田保存不全，最大残厚79.90 m，岩性为灰、紫杂色泥岩、砂质泥岩，仅分布在井田北部，与下伏下石盒子组为整合接触。下石盒子组在本井田保存不全，最大残厚181.88 m，岩性以杂色铝质泥岩为主，间夹灰、灰绿色薄层粗、中、细砂岩及粉砂岩，偶见大羽羊齿、科达木等植物化石。底部普遍发育一层灰、灰白色粗砂岩或含砾砂岩，硅质接触式胶结，孔隙大，可作为对比标志层，为本组与山西组的分界砂岩。

4. 二叠系月门沟群山西组

山西组为本井田主要含煤地层之一，因遭受风化剥蚀程度的不同厚度变化较大，整体呈西北薄、东南厚的特点，厚度0～189.52 m，平均106.20 m。岩性以浅灰、灰白色中、细砂岩为主，夹煤层及深灰色、灰黑色粉砂岩、泥岩、铝质泥岩等。本组根据岩性特征可分为两段：2煤层顶板以上为上段，以杂色泥岩和中、细砂岩为主，含1～2层煤线；下段自太原组顶界至2煤层顶界面为含煤段，发育有2、3煤层，其中2煤层为局部可采煤层，3煤层厚度大，为本区主采煤层，其间以灰、灰白色中砂岩为主夹灰白色粉细砂岩和深灰色粉砂岩、泥岩等。

5. 石炭系——二叠系月门沟群太原组

太原组为本井田重要含煤地层之一，厚度122.30～202.05 m，平均厚度172.75 m，由西北至东南逐渐增厚。岩性主要由深灰色至灰黑色粉砂岩，泥质岩、灰色铝质泥岩、灰绿至灰白色中、细砂岩组成，含薄层石灰岩11层，煤层22层。其中，可采煤层有第$16_{上}$、17煤层，局部可采煤层有第6、$10_{下}$、$15_{上}$煤层。石灰岩中以三灰和十下灰两层较厚，且稳定，为全区煤层对比的主要标志层。本组根据其沉积特征不同可划分为上、中、下三段。下段自太原组底至十下灰底，为主要含煤段，稳定可采和局部可采煤层分布于本段；中段自十下灰底至三灰顶，为典型的海陆交替层段，多层薄煤层、薄层石灰岩层交互发育，小旋回发育；上段自三灰顶至太原组顶界面，为碎屑岩段，夹数层极薄而不稳定的煤层，仅6煤层局部可采。

6. 石炭系本溪组

本溪组厚度14.47～44.34 m，平均厚度28.00 m，由井田中部向四周逐渐增厚。岩性主要由灰白色至乳白色石灰岩、浅灰至灰色铝质泥岩、粉砂岩和杂色泥岩组成。石灰岩最多可达4～5层。本组底部为一层以浅灰绿色铝质泥岩和紫红色铁质泥岩，相当于华北G层铝土岩和山西式铁矿层，与下伏奥陶系呈假整合接触。

7. 奥陶系

奥陶系为煤系基底，与华北地区一致，本区仅发育中、下奥陶统。井田内钻孔仅揭露奥陶系中统（揭露钻孔42个），最大揭露厚度171.01 m。岩性主要为灰白色、浅灰色石灰岩，质纯、性脆，隐晶质结构。局部发育高角度裂隙，其中充填、半充填方解石脉，裂隙面常见黄铁矿晶体。局部地段岩溶发育，并可见流水冲蚀痕迹。据邻近曹洼奥灰水源地钻孔揭露资料，中、下统总厚度725.20 m。其中，中统厚度641.10 m，主要为灰至褐灰色厚层状石灰岩、豹皮状灰岩、白云质灰岩、夹泥灰岩及钙质泥岩；下统厚度84.10 m，以白云岩为主。

（二）井田构造

井田位于兖州向斜的北翼，总体为一向东突出的弧形单斜构造，次一级的褶皱较发育，并伴有一定数量的断裂构造。因受次一级褶皱的影响，如巨王林背斜、大施村向斜及大庙背斜等，使本井田成为一个向东突出的弧形单斜构造。以巨王林背斜为界，其北为北西走向至轴部逐渐成近南北走向，以南逐渐转为北东走向。区内除巨王林背斜横跨井田中部，控制着全井田煤层的走向变化外，其他小型向、背斜构造均延展较短，仅局部控制煤层的走向变化。井田西边界至铺子断层，东北边界至滋阳断层，受其限制，断层发育有明显的分区性，即以井田中部的巨王林背斜轴部最为发育，其南部、北部构造均相对简单。通过不同勘探阶段施工的钻孔、采区地震勘探，以及历年矿井采掘工程揭露，对影响采区划分的落差≥10 m的断层已经查明或基本查明，波幅≥20 m的褶皱已经查明或基本查明。本区断层分为近南北或北北西、北西、北东及弧形断层组，弧形断层主要有北北西及北西向组成。区内断层大部分为高角度正断层，倾角60° ～80°，但大部分为70° ～80° ；区内已揭露的仅有2条小逆断层，倾角50° 左右。本区断层据钻孔、地震及采掘工程揭露落差≥10 m的共有27条，其中落差>50 m的9条，30～50 m的3条，10～30 m的11条，已揭露落差小于10 m的断层30条。

（三）下组煤水文地质概况

1. 主要充水含水层

兴隆庄井田下组煤主要可采煤层为16$_{上}$和17煤层，其直接充水含水层为十下灰，间接充水含水层为十三灰、十四灰和奥灰。

（1）十下灰

井田范围分布稳定，所有补勘钻孔均有揭露，厚度2.00～8.45 m，平均5.07 m。十下灰为下组煤开采的直接充水含水层，岩性质纯，呈深灰色，致密、坚硬，含有较多的蜓类化石，并含燧石结核。根据第Ⅰ勘探区地面补勘钻孔资料：有17个钻孔漏水，其中全漏者11个；抽水试验资料反映，井田内十下灰原始水位标高+27.31～+40.73 m，单位涌水量0.000 03～0.341 1 L/（s·m），渗透系数0.000 4～8.196 4 m/d，矿化度0.27～0.419 g/L，水质类型为$HCO_3^-Ca/hCO_3 \cdot Cl^-Ca \cdot Na$型，属富水性弱、中等的岩溶裂隙承压含水层。井田内共有35个井下钻孔揭露十下灰，涌水孔率75%，涌水量0.30～20.94 m^3/h，平均 4.58 m^3/h，水压0.3～2.2 MPa；揭露出水钻孔中有7孔涌水量大于5 m^3/h，其中，行人暗斜井施工至距铺子支二断层约55 m处，施工了检F2号探查钻孔，十下灰最大涌水量约82 m^3/h；位于下组煤首采区暗斜井的SJL10-1号孔在孔深60.00～69.40 m处揭露十下灰，孔内出现涌水，水量38 m^3/h，水压2.75 MPa。由此可见，十下灰富水性具有不均一性，在局部地段富水性较强。十下灰补给来源主要为第四系下组砂层水，通过隐伏露头接受其渗透补给。此外，太原组薄层灰岩及奥灰在水头高于十下灰且通过断层等发生水力联系时，也有可能成为十下灰的补给水源。受井下疏放十下灰水和暗斜井揭露十下灰等原因影响，井田内十下灰水位从最初的+27.31～+40.73 m，降到目前的-409.18～-200.06 m。参考杨村煤矿十下灰涌水分析，本井田十下灰若无奥灰水的补给，十下灰自身的补给量有限，以静储量为主，易于疏干。开采下组煤时，巷道和工作面是十下灰水的排泄点。

（2）十三灰

十三灰厚度为0～10.33 m，平均4.06 m，常分成2～3层，在第Ⅰ勘探区中部存在沉缺区，由此向四周逐渐增厚。全井田共59点穿过，其中见十三灰49点，沉缺10点。十三灰呈灰白色-浅灰色、灰色，含泥质包体及泥质条带，局部裂隙发育，充填方解石脉，隐晶质-泥晶质、隐晶质结构，具缝合线构造，属岩溶裂隙承压水。根据抽水试验资料，单位涌水量0.020 8 L/（s·m），渗透系数0.302 4m/d，矿化度1.67～1.75 g/L，水质类型为$SO_4^-Ca \cdot Mg$型，属弱富水性含水层。从井下揭露十三灰钻孔出水情况看，十三灰涌水量总体偏小，富水性较差，但也有较大的，如最大涌水量17.14 m^3/h。因此，不能忽视十三灰局部富水地段对下组煤开采的影响。受相邻的杨村煤矿和杨庄煤矿下组煤开采疏水影响，井田内十三灰水位已有一定幅度的下降，2012年底十三灰水位变化于-19.68～16.62m

之间，整体呈南高北低的特点。十三灰上距17煤层10.62～44.92 m，平均26.32 m，为下煤组开采时的底板间接充水含水层。十三灰的补给来源主要是通过隐伏露头接受第四系下组砂层水的渗透补给，其次通过构造裂隙接受奥灰水补给。十三灰下距十四灰0.95～19.13 m，平均6.51 m，在间距较小的区域，十三灰含水层与十四灰含水层易于发生水力联系。十三灰下距奥灰平均15.92 m，在有断裂、节理等构造存在的情况下，两者之间可存在密切的水力联系。因此，十三灰在煤层底板采动破坏深度较大、隔水层厚度较薄或构造破坏地段，对煤矿开采有较大的影响。

（3）十四灰

十四灰厚度0～11.22 m，平均3.62 m，井田内存在多处沉缺区，其中第Ⅱ勘探区大部分缺失。井田内共52点穿过，其中见十四灰38点，沉缺14点。岩性为乳白色至浅灰色石灰岩，隐晶质结构，块状，局部发育少量裂隙，充填泥质或方解石脉，属岩溶裂隙承压水。该层灰岩CaO含量50.65%～54.98%，MgO含量0.02%～1.29%，质纯，易于被溶蚀。据抽水试验资料，十四灰单位涌水量0.000 2～0.003 2 L/（s·m），渗透系数0.002 2～0.029 1 m/d，水质为$HCO_3 \cdot SO_4^-$Ca型，矿化度0.41g/L，富水性弱。据井下钻孔揭露资料，涌水孔率47%，涌水量0.225～9.76 m³/h，平均2.70 m³/h，压力0.3～4.0 MPa。十四灰上距17煤层21.53～51.83 m，平均35.71 m，为下煤组开采时的底板间接充水含水层。十四灰的补给来源主要为第四系下组，通过隐伏露头接受第四系下组砂层水的渗透补给。同时由于十四灰下距奥灰含水层较近（平均7.76 m），在间距较小或岩层受构造破坏不完整的区域，十四灰与奥灰含水层易于发生水力联系，接受奥灰补给。据下组煤第Ⅰ勘探区放水试验，FL14-3号孔仅5 m³/h的放水量就引起勘探区所有十四灰观测孔水位的大幅下降，表明本勘探区十四灰富水性较弱，补给条件差，以静储量为主，具有可疏干性。受兖州煤田南、西、北边缘区浅部矿井排水影响，井田内十四灰水位已大幅度下降。2012年12月31日，十四灰水位-95.85m～-285.27 m。

（4）奥灰

井田内共有42个钻孔揭露奥灰，揭露厚度0.40～171.01 m。据煤田区域奥灰孔揭露资料，奥陶系以灰白色至青灰色石灰岩为主，块状、致密、质纯、性脆，顶部夹灰绿色铝质泥岩薄层，溶洞比较发育，属裂隙溶洞承压水。根据报告，钻孔遇奥灰漏水孔率60%，漏失位置在奥灰顶界面以下1.5～12.6 m（兴4号孔）。钻孔所见溶洞直径5.0～20.0 mm，部分被方解石充填。井田内对奥灰抽水试验22次，单位涌水量0.002 2～1.299 4 L/（s·m），渗透系数0.004 3～2.319 8 m/d，矿化度0.35～1.04 g/L，水质类型为$SO_4^-Ca·Mg$、$HCO_3·SO_4^-Ca·Mg$型，除西部边界兴18号孔处为富水性强外，其余富水性均为弱至中等。据井下钻孔揭露资料，涌水孔率100%，涌水量8.16～126.31 m³/h，平均61.83 m³/h，水压3.4～3.8 MPa。奥灰上距17煤层25.59～67.60 m，平均46.93 m，是开采$16_上$、17煤层的主要涌水水源。2012年底水位−2.42～+17.05 m。奥灰为区域性含水层，分布广、厚度大、水压高，局部富水性较好。从区域水文地质条件分析，位于煤田北部和西北部的曲阜-曹洼奥灰水源地为奥灰补给区，奥灰在露头区接受大气降水补给，在隐伏区接受第四系下组砂层水补给，补给来源充沛。井田奥灰联合放水中以300 m³/h的放水量放水4天，不到24 h水位基本恢复，证明奥灰补给能力较强。奥灰水是下组煤开采底板充水的间接水源，可通过断层对煤系各基岩含水层产生垂直或侧向补给，是下组煤底板带压开采的水害防治重点。

2. 主要隔水层与下组煤开采

有关的主要隔水层段包括：顶板隔水层为太原组三灰、十下灰之间的泥岩、铝质泥岩隔水层组；底板隔水层为17煤层至十三灰泥岩、铝质泥岩隔水层组，十四灰至奥灰铝土岩、泥岩隔水层组。

（1）太原组三灰、十下灰之间的隔水层组

太原组三灰、十下灰间距76.05~121.40 m，平均105.08 m，为典型的海陆交替型沉积。其间5层薄层不稳定，石灰岩均间隔有厚度不等的粉砂岩、铝质泥岩、泥岩等良好的隔水层组，可有效阻隔三灰至十下灰之间的水力联系。

（2）17煤层、十三灰铝质泥岩、粉砂岩隔水层组

17煤层、十三灰间距10.62~44.92 m，平均26.32 m，主要由灰、深灰色铝质泥岩、细砂岩、粉砂岩组成，中夹薄层不稳定灰岩2层和薄层不可采煤层4层。其中铝质泥岩为良好的隔水层，可有效阻隔十下灰与十三灰含水层之间的水力联系。

（3）十四灰、奥灰铝土岩、泥岩隔水层组

十四灰、奥灰间距2.90～14.57 m，平均7.76 m，主要由铝质泥岩和铁质泥岩组成，正常地段可有效阻隔奥灰与十四灰的水力联系。

（四）补、径、排条件

各充水含水层，甚至包括深部奥灰，补给、径流、排泄条件均属不良，含水层水以储存量为主。第四系下组砂层主要接受中、上组的越流补给和沉积边缘的基岩补给，其余含水层则主要通过隐伏露头接受第四系下组砂层水的渗透补给。各含水层，在构造及裂隙发育区富水性好，构造及裂隙不发育区富水性差；浅部富水性较好，深部富水性减弱。随着矿井开采活动的进行，第四系下组砂层水位逐年缓慢下降，侏罗系红色砂岩、3煤顶板砂岩、三灰及十下灰水位大幅度下降。3煤顶板砂岩、三灰及十下灰随开采深度的增加，浅部开采区含水层逐渐疏干。

三、煤底板带压开采条件

（一）含水层特征

1.十三灰、十四灰

（1）富水性

在兖州煤田大部分区域，下组煤底板十三灰、十四灰含水层因其间由厚度不等的薄层泥、砂质岩隔水层所间隔，因此通常将其作为两个独立的含水层考虑。但从补勘钻孔所揭露的情况看，在兴隆庄井田内十三灰与十四灰的间隔厚度较小，最小厚度仅为0.95 m，最大19.95 m，平均6.51 m，其中孔位置十三灰厚度较小，仅为2 m左右，且其北侧较大范围十四灰沉缺，在间距较小的区域，十三灰与十四灰易于发生水力联系。而十三灰厚度较大的第Ⅱ勘探区内大部分区段为十四灰沉缺区，整个井田范围十三灰、十四灰发育区段的二者累加厚度多在10 m以下；另外，本次水文地质补勘的抽、放水试验结果显示，十三灰、十四灰含水层的单位涌水量分别为0.020 8 L/（s·m）和0.000 2～0.003 2 L/（s·m），渗透系数分别为0.302 4 m/d和0.002 2～0.029 1 m/d，所含水以静储量为主，总体评价为补给条件不良的弱富水性含水层。根据补勘钻孔资料，十三灰上距17煤层

10.62~44.92 m，平均26.32 m；十四灰上距17煤层21.53~51.83 m，平均35.71m。因此，正常部位下组煤采掘扰动不会直接导通十三灰、十四灰水，二者对于下组煤开采为间接充水含水层。下组煤底板带压开采条件下，十三灰、十四灰并层影响主要集中在第Ⅱ勘探区北部，区内两个含水层均稳定发育、间隔厚度较小，且临近隐伏露头区，富水性及补给条件均优于其他区段。而在第Ⅰ勘探区范围，十三灰、十四灰均有较大范围沉缺，且发育厚度较小，大部分在4 m以下。在第Ⅱ勘探区东南部，十四灰大范围沉缺，主要影响为十三灰。综合上述十三灰、十四灰的分布情况、空间组合关系及其富水性特征，从评价其对于下组煤底板带压开采的影响角度，可以将十三灰、十四灰作为同一含水层的两个含水层段考虑。

（2）水压

兴隆庄井田十三灰发育厚度和分布范围均大于十四灰，钻孔揭露的十三灰水位较高，普遍大大高于十四灰，局部地段接近甚至高于奥灰。根据井田十三灰、十四灰水压等值线（水压取值为2013年12月底观测数据），同一区段十三灰的水压普遍高出十四灰1 MPa以上，二者最大差值接近3 MPa。2007年以来，受矿井排水影响，井田内十四灰水位持续下降，而十三灰水位下降幅度较小。邻区杨村、东滩煤矿的下组煤（水文地质补勘资料及水位观测数据）十三灰与十四灰的水压相差较大，且无明显水力联系的情况。

2. 奥灰

（1）富水性

兴隆庄井田奥灰单位涌水量在0.002 3~1.299 4 L/（s·m），28个抽水试验钻孔的单位涌水量中，有23个大于0.01 L/（s·m），15个在0.1~1 L/（s·m），只有2个超过1 L/（s·m）。根据《矿区水文地质工程地质勘探规范（GB 12719—1991）》和《矿井水文地质规程（试行）》（1984年），总体评价兴隆庄井田奥灰含水层的富水性属中等。下组煤勘探区依据奥灰钻孔抽、放水试验单孔涌水量绘制的富水性态势图（图略）可知，奥灰富水性强弱总体上表现为：靠近西部和北部奥灰富水性相对较强，西北部奥灰埋深浅，同时靠近奥灰露头；中部奥灰的富水性相对居中；东部和南部奥灰的富水性相对较弱，奥灰埋深大，远离露头。从抽水试验结果看，单位涌水量的离散性较大，反映了奥灰的富水性不均一程度。

（2）水压

兴隆庄井田内奥灰水压总体呈由北至南逐渐增大的态势。水压大小（水压取值为2013年12月底观测数据）基本与奥灰顶界埋深大小呈对应关系，埋深大的南部区段水压普遍较大，而近隐伏露头的北部区段相对较低，水压随顶界埋深的过渡态势比较明显，没有明显的水压异常显现。

（3）奥灰顶部相对隔水段厚度

兖州矿区钻孔揭露，奥灰大都仅限于奥陶统上部层段，从钻孔揭露的情况看，区内奥灰顶部普遍发育有厚度不等的风化壳，岩性以灰白、浅灰色灰岩为主，致密坚硬，局部发育少量裂隙，充填方解石脉或泥质，岩芯局部或全部破碎，原有的岩溶裂隙、溶孔溶洞大部分被填充。因此，奥灰顶部富水性弱、透水性差，构成具有一定阻渗作用的相对隔水层。井田奥灰钻孔揭露顶部风化壳厚度差别明显，最大揭露厚度为64.58 m，最小仅为2.23 m，多数钻孔揭露厚度在10～30 m。根据钻孔实际揭露情况，奥灰顶部为灰白色至青灰色石灰岩，块状、质纯，裂隙比较发育，裂隙宽度多为2～3 mm，方解石结晶体充填，局部发育小溶孔，溶孔直径0.5～25 mm，顶部夹有1~3层泥质灰岩和泥岩。

3. 奥灰与十三灰、十四灰水力联系

奥灰水主要通过断裂构造与其他含水层发生水力联系，正常部位奥灰与十四灰（十三灰）间隔的泥质岩层有效阻断了二者的水力联系，但是一些大落差断层裂隙带则往往会成为奥灰水与十四灰水发生水力联系的通道。根据兴隆庄煤矿和东滩煤矿的井下奥灰放水试验情况，断层带导渗情况比较复杂，不仅断层间的导渗性差异明显，即使是同一条断层不同部位的导渗性也存在变化。兴隆庄煤矿井下奥灰放水试验过程中，铺子支二断层上盘L13–1孔的水位随奥灰水位同步波动，表明十四灰水与下盘的奥灰水有明显的水力联系。地面多孔抽水试验也发现了同样的现象，由此推断两者之间的联系为铺子支二正断层带导通所致。而同样是铺子支二断层带两侧的多孔抽水试验，位于铺子支二断层带两侧的孔水位观测没有显现十四灰水与奥灰水存在水力联系的迹象，反映出铺子支二断层具有分段导水或局部导水的特点。东滩煤矿下组煤水文地质补勘钻探揭露，部分钻孔十三灰、十四灰水的水位普遍高于该含水层的区域水位，分析认为这种水位异常现象主要是十三灰、十四灰水受到奥灰水补给影响。井下奥灰放水试验也观测到十三灰、十四灰水与奥灰水通过构造破碎带发生水力联系的情况，钻孔在揭露十三灰后发现断层破碎带，地面钻孔在钻孔放水期间水位持续下降，表明钻孔断层破碎带已经导通十四灰水，而且两钻孔十四灰水连通性较好。另外，钻孔放水取样的水质类型为SO_4^{2-}–Na^+·Ca^{2+}型，矿化度为1 583.70 mg/L，pH值7.6，水位标高为+24.10 m，水质类型为奥灰含水层与薄层灰岩混合后的水质类型，而且水位标高为区域奥灰水位标高，由此判断奥灰水通过断层破碎带与十三灰、十四灰水发生了水力联系。另外，奥灰含水层放水试验期间井下十四灰水位观测孔2L14DX1和地面十四灰观测孔2L14–D1水位也随之持续下降，反映了十四灰水与奥灰水存在水力联系。由此推断该区段断层有可能将十四灰和奥灰直接对接，成为十四灰水与奥灰水之间的连通通道。

（二）隔水层特征

1. 隔水层厚度

（1）17煤与十三灰间隔厚度

根据钻孔控制情况，兴隆庄井田17煤与十三灰间隔层厚度在9.19～36.27 m，平均26.1 m，岩性以泥质软岩和薄、中厚层砂岩互层结构为主，具有良好的隔水性能。

（2）$16_上$煤与奥灰间隔厚度

根据下组煤水文地质补勘钻孔揭露情况，井田内$16_上$煤与奥灰间隔厚度在34.04～79.01 m，平均56.61 m。总体上东西对称，北薄南厚，北部有一个较薄的封闭区域。从岩性组合角度，间隔层主要为泥岩、砂岩、灰岩及煤层等，各层交互沉积排列，其中泥岩主要为以铝质泥岩、铁质泥岩为主的泥质岩类，砂岩主要为中砂岩、细砂岩及粉砂岩，灰岩为不稳定的薄层灰岩十一灰、十二灰和相对稳定的中厚层灰岩十四灰、十三灰等，煤层为17煤、18煤等煤层。根据钻孔岩芯统计，以上岩性中，泥质岩厚度最大，平均厚度37.027 m，约占间隔层总厚度的66.8%；砂岩的平均厚度为10.767 m，灰岩的平均厚度为6.135 m，两者在总厚度中的占比约为28.7%。

（3）煤与奥灰间隔厚度

水文地质补勘钻孔揭露的厚度在25.59～65.56 m，平均45.41 m，总体呈由南向北逐渐变薄的趋势，北部有一个较薄的封闭区域。煤与奥灰间隔层段的岩性组合为以铝质泥岩和铁质泥岩为主的泥质岩、以细砂岩和粉砂岩为主的砂质岩及灰岩（十二灰、十三灰及十四灰）、薄煤层（18煤）等。在分布厚度上，以泥质岩厚度最大，平均厚度30.04 m，约占间隔层段总厚度的65%左右，砂质岩的平均厚度为10.62 m，灰岩的平均厚度为5.49 m，两者约为总厚度的32.4%。

（4）$16_\text{上}$煤与17煤间隔厚度

对于$16_\text{上}$煤开采，17煤与十三灰间隔层是十三灰水的隔水段；而对于17煤开采，由于采动破坏影响，该层段的隔水能力会大大降低，较薄区段因底板采动破坏带直接波及十三灰而成为阻隔十三灰水的薄弱区。

（5）十三灰与奥灰间隔厚度

十四灰在兴隆庄井田大范围沉缺，52个钻孔中有38个揭露到十四灰，沉缺14点，沉缺率为27%。从分布的稳定性及厚度、富水性、补给条件等综合角度分析，兴隆庄井田内十三灰水对下组煤开采的影响程度相对十四灰水可能更大。另外，考虑到在井田南部奥灰水高承压区段十四灰大范围沉缺，十三灰水与奥灰水间的水力联系对于下组煤底板带压开采的安全性更为重要。例如，将十三灰与十四灰、十四灰与奥灰之间的间隔层累加作为奥灰与十三灰之间的隔水层段考虑，则其厚度分布情况是总体厚度多在10 m以上。由于十三灰以下层段不会受到底板采动影响，且该间隔层段以泥质软岩为主，具有良好的隔水性能，正常情况下可以有效阻隔十三灰、十四灰与奥灰之间的水力联系。

2. 隔水层岩性组合

下组煤底板岩层以软硬岩相间的互层结构为主，其中泥质岩厚度比例大、隔水性能好；灰岩中，十一灰、十二灰两个薄层灰岩分布不稳定，36个水文地质补勘钻孔中的缺失率分别达到了42%和38%，揭露厚度分别为0.2～1.99 m（平均厚度1.04 m）和0.3～3.84 m（平均厚度1.82 m），裂隙多为方解石所充填；下组煤底板砂岩以薄层中、细粒砂岩为主，局部$16_\text{上}$煤与17煤间隔层段发育有层厚

2～4 m不等的中厚层细砂岩和粉砂岩。

根据奥灰钻孔揭露情况，十四灰与奥灰之间稳定分布有泥质软岩层，岩性以铝质泥岩和铁质泥岩为主，厚度在2.18～11.22 m，平均7.76 m；十三灰与十四灰的间隔层为薄层泥岩和薄层砂岩为主，呈互层结构，厚度0.95～19.13 m，平均6.51 m。总体上，正常部位下组煤底板砂岩、薄层灰岩及泥质岩均为良好的隔水层，即便是中厚层砂岩也大都不含水，兴隆庄、鲍店及东滩煤矿下组煤水文地质补勘钻孔中，少量钻孔揭露到砂岩出水情况，但一般出水量较小且衰减快，属局部滞水。只有兴隆庄煤矿第Ⅰ勘探区FL14-8孔在揭露到17煤底板砂岩（上距17煤10.85 m，下距十四灰21.92 m）时涌水量较大，初见涌水量为15.48 m³/ h，放水10 h后水量降至9.12 m³/ h。综合分析邻近钻孔揭露的同层段厚度及其出水情况，该层砂岩厚度分布不稳定，且邻近钻孔揭露到该层段均未明显出水，由此判断FL14-8孔揭露该层段砂岩的涌水属异常现象，是否与裂隙导渗有关尚待进一步验证。对于16$_上$煤、17煤底板带压开采，应将17煤与十三灰、十三灰、十四灰与奥灰两个间隔层段的岩性及其组合结构、发育厚度作为独立要素予以分别关注，前者（17煤与十三灰间隔层）关乎本溪组灰岩水对下组煤带压开采的影响程度，而后者（十三灰、十四灰与奥灰间隔层）则制约十三灰、十四灰与奥灰间的水力联系。

（三）构造控水特征

构造裂隙带是控制地下水赋存和运移的重要构造。一方面，含水层内的构造裂隙带（断层破碎带、褶曲构造轴部）容易成为储水空间和地下水径流运移的通道；另一方面，构造裂隙带也往往是不同含水层之间水力联系的主要通道。然而，构造控水机理十分复杂，断层在垂向上和侧向上可能会表现出不同的特性，同一条断层不同部位的导水性可能存在明显差异，有的断层破碎带原始状态表现为不导水，但采掘扰动后则可能转变为导水，尤其对于深部下组煤开采，在采动矿压影响下，原来不导水的断层可能活化而变成导水断层。兖州煤田已有的矿井较大突水事故均为断层导通奥灰含水层所致，如杨庄煤矿（1992年1月）和单家村煤矿（1994年3月）井下奥灰突水淹井事故，最大突水量分别高达5 890 m³/ h和2 200 m³/ h；唐村矿（1985年8月）、杨村矿（1996年3月）奥灰突水淹采区、工作面事故，最大突水量分别为340 m³/ h和240 m³/h；田庄矿底板奥灰突水事故（2008年6月），最大突水量1 500 m³/h，封堵处理60余天，对井下生产造成严重影响。上述矿井水害的突水通道均为构造破碎带，水文地质观测资料和井下充水情况的综合分析结果反映出，发生突水的断层使煤层和奥灰含水层接近，而奥灰含水层富水性强，水量大且稳定，不易疏干，断层本身及附近裂隙带具有一定的导水性，其突水水源前期为十四（十三）灰水，后期则主要为奥灰水补给。综合分析井田地震勘探成果、建井以来的井下采掘实际揭露情况，兴隆庄井田的构造控水条件表现有以下特点：

第一，天然状态下大落差主干断层带的含、导水性不强，巷道穿过较大断层时往往干燥无水或揭露水量较小。

如矿井在3煤层开采时巷道和工作面多次穿过铺子断层和巨王林断层，断层水均不大；临近肖家庄断层组和大苑庄断层组地带为采掘出水点分布较密集部位，但巷道揭露主断层却往往干燥无水；根据中国地震局地质研究所采用瞬变电磁技术对五采区东部的探测结果，滋阳断层五采区东部一般不含水，仅在断层两侧有局部富水区，三采区3302下顺槽实际揭露也表明滋阳断层带含水、导水性不强。

第二，有些大落差主干断层带的含水、导水性具有不均匀性。如铺子断层，四采区巷道掘进多次揭露该断层时大多无水，但6300疏水巷掘进过该断层带时却揭露到27 m³/h的集中涌水点；铺子支二断层也有类似特点，井下开拓过程多次揭露到该断层带无水，但在东总回风巷掘进揭露时，曾发生过60 m³/h的突水。

第三，大落差断层的伴生小断层或裂隙带往往成为地下水赋存区。建井以来井下掘采过程的突水多发生在靠近断层的裂隙发育部位、密集分布的断层束附近、小落差断层交汇处等次生构造部位。其赋存水多来源于含水层的层间水汇集，揭露后水量一般较小，一般在40 m³/h以下，且往往衰减较快，短时间内即接近或基本疏干。

第四，较大落差断层带的交汇带、近大落差断层带发育的小落差断层密集区、褶曲构造轴部与断层带交汇处等经历多次构造变动的重复影响部位往往为含、导水性较强的构造部位。

水文地质探测的七采区肖家庄二号断层，肖家庄三号断层，DF6、DF9等断层及二、四采区铺子支二断层，一号断层和三号断层构成的断层带，小岗头断层等构造部位的局部富水异常现象均反映了此类构造控水特点。

（四）底板采动破坏深度

底板受采动影响，其破坏带范围的隔水能力会大大降低。根据对下组煤底板进行的现场原位压渗试验结果，采动破坏带范围的阻渗能力不足原始结构的10%。因此，在评价下组煤底板带压开采条件时，须充分考虑底板隔水层的采动破坏影响。兖州矿区积累有较丰富的底板采动破坏深度的研究成果，在通过现场实测方法取得了底板变形破坏特点及其与采动矿压显现关联性的第一手资料基础上，结合理论分析和数值计算，分析底板采动效应特点及主要影响因素，提出了底板采动破坏深度评价模型。基于兖州矿区南屯、兴隆庄、鲍店、东滩、北宿及杨村等煤矿7个不同开采条件工作面的实测结果，结合其他矿区的底板采动破坏实测值（郑州矿区3个、巨野矿区1个、济东矿区1个），根据中心值与模糊度确定预测结果的区间范围，并将其作为预测结果的上、下限，下限为中心值与模糊度的差值，而上限则为二者的和。总体上兖州矿区（包括巨野矿区、济东矿区）的9个工作面底板破坏深度预测值与原位实测值的拟合效果较好，除北宿煤矿1478工作面相对误差较大为23.17%外，其他样本相对误差均小于15%，其中鲍店煤矿5304-2面、采动矿压较强的赵楼矿1304面的预测相对误差不足1%，预测值与原位实测值极为接近。从统计学理论角度，预测模型反映出了相对较好的拟合效果。例如，以预测模型预测兴隆庄煤矿下组煤首采区（下二、四采区）的底板采动破坏深度，其中，工作面斜长、采深、采厚分别按180 m、500 m、1.2 m考虑，则计算结果为：底板采动破坏深度中心值y_1=14.81 m，模糊度y_2=2.21 m。

第二节 煤矿安全开采的管理

煤炭开采企业的安全生产管理，从狭义上来说，是指企业在进行煤炭开采的时候，通过一定的管理方式，减少危险事故的发生，避免人们的生命财产受到威胁。从广义上来说，是要将企业的管理更为专业化、现代化，从而有效地预防、解决煤矿开采中遇到的问题。而要想构建一套煤矿开采企业安全生产管理体系，就要从煤矿开采的整体出发，考虑到煤矿开采的整个过程，保证每个环节都能安全地进行，并且对于危险事件要有预测、预防的能力，将危险消灭在萌芽中。另外，企业还需要通过安全生产管理，来为煤矿开采提供一个整体的安全生产环境，即使在煤矿开采中出现失误，也不一定发生危险事故。

一、构建煤矿开采企业安全生产管理体系的意义

我国的社会经济正处在飞速发展的时期，需要大量的能源支持工业的发展和人民的生活，其中，煤炭便是最常见的能源之一。但我国煤矿开采企业的发展却未能跟得上社会对于煤炭资源的需求。而通过煤矿开采企业安全生产管理体系的构建，能够为煤炭企业安全生产指出明确的方向，加强对煤炭开采企业的管理，改善我国煤炭开采的现状。

（一）构建煤矿开采企业安全生产管理体系的方案

1. 构建煤矿开采企业安全生产管理体系的原则

第一，要遵循依法管理的原则。在我国现有的煤矿开采法律法规的基础上，结合政府对煤矿开采的要求和指导方针，充分考虑煤矿开采企业的实际情况，制定一套合理可行的管理体系。第二，要遵循责任与权力的合理分配原则。煤矿开采中发生安全管理问题，很大一部分原因是企业各部门、各人员的权力与责任的分配不合理，重新划分权力、明确责任能够有效地解决这一问题。第三，要遵循安全与生产并重的原则。在煤矿开采过程中，安全与生产效率往往会产生矛盾，企业要从长远角度考虑，安全与生产并重，才能实现企业的长久发展。第四，要遵循灵活性原则。体系和制度并不会因为煤矿开采过程中的问题而自己变动，但管理人员的行为却可以灵活应变，在管理中，要具体问题具体分析，切实做好安全管理工作。

2. 煤矿开采企业安全生产管理体系的内容

就煤矿开采的过程来说，不同的阶段所需要进行管理的重点内容也不同。在煤矿的开拓阶段，要制定合理的开采计划，做好万全的准备；在掘进阶段，要对施工安全和进度进行严格的管理和监督；在采煤阶段，要注意对煤矿周围环境

的保护；运输阶段则是要与煤炭生产的后期工作做好接洽。

3. 煤矿开采企业安全生产管理体系的运行

煤矿开采安全管理体系的运行，要充分考虑煤矿开采中的人员安全、环境保护、机械维护、管理工作等问题，从而对煤矿开采的整个过程进行全程优化，合理地利用现有的人力、物力资源，并结合煤矿中的具体环境，让煤矿开采方式达到最佳。同时，煤矿开采企业安全生产管理体系的运行也离不开政府的监督和指导，只有企业、政府两方面相互配合，才能真正实现煤矿开采的安全管理。

（二）构建煤矿开采企业安全生产管理体系的必要措施

1. 保障人身安全的有效措施

为了保证煤矿开采企业中每一位成员的人身安全，一定要强化安全生产观念。企业有责任对所有的员工进行合理、到位的煤矿开采方面的安全思想、安全知识的教育，使企业的职工能够意识到安全生产的重要性，明确企业、政府对安全生产的要求和规定，从根本意识上提高警惕，防止危险事件的发生。要想真正地实现安全管理，仅仅靠提高职工的安全意识是不够的，还要对职工进行安全知识和技能的培训。企业应当建立一个专门的培训部门，对于新职工进行岗前培训，对于老职工进行定期的培训和演练，并且针对不同员工所从事的具体工作的不同、员工的自身素质的差异进行区别性培训，从而有效地提高职工们的整体安全生产能力，做到在生产过程中保障自身和他人的安全。

2. 保障机器安全的有效措施

在煤矿开采中，所使用的一般都是大型的机械设备，这些设备一旦出现问题，不但会影响煤矿开采的进度，还有可能造成破坏性的后果，为煤矿开采企业带来重大损失。因此，要加强对于机械安全的管理。一是在选用一些煤矿开采设备的时候，要充分考虑煤矿周围的具体环境，考察机械设备能否在这种环境中运行，采用哪种设备更能节约时间和人力。二是在煤矿开采的过程中，要注意设备的更新和维修。要分配专门的机械管理人员，对机械进行检查，一旦发现问题，立即处理，并及时对陈旧的设备进行更新，通过使用先进、安全的设备来保证煤矿开采的顺利进行。

3. 保障环境安全的有效措施

保障环境安全，一般要做到以下几点：第一，要保障矿井及周围环境中的气体环境安全。在煤矿中，往往含有大量的瓦斯，这种气体既是一种清洁高效的能源，也是一种对大气有着极大危害的污染性气体，并且由于其具有毒性和易燃性，就必须在进行煤矿开采时，做好对瓦斯气体的处理，避免其污染环境或造成火灾、爆炸等危险事件。第二，要保障矿井周围土地资源环境安全。在煤矿开采的过程中，难免会对周围的土地造成破坏，在开采完煤矿之后，地表或者地下矿井中将会形成采空区，容易发生坍塌等事故，在煤矿开采的过程中，要注意对采空区进行及时的填充，保护好土地环境。第三，要保障水资源环境安全。在煤矿开采过程中，有可能会导致水资源的流失和污染，也有可能会因处理不当而遭受水灾。因此，要加强对煤矿开采中水资源的管理，保护好水资源，同时，也要避免水文事故的发生。

4. 保障管理安全的有效措施

一是要保障煤矿开采企业的安全管理，就要不断地对管理方式进行创新。在对煤矿开采管理工作进行长期的总结后，不难看出，管理工作从来不是独立存在的，而是与煤矿开采过程中的人员、环境和机器等各种要素相互影响、相互作用的。因此，在对煤矿开采安全生产进行管理的过程中，就要考虑多个因素对生产过程所带来的影响，从根本上排除危险，为煤矿开采提供一种强有力的管理手段。二是要加强对煤矿开采的监督力度。建立起一个安全监督部门，对煤矿开采中人员的操作、机械设备的安全、对环境的影响以及管理工作进行严格的监督，并将煤矿开采中的各个要素紧密地联系在一起，加强整体性监督，防止在煤矿开采过程中发生意外事故。

煤矿开采安全管理信息化的实质就是开发研究多专业、一体化的信息综合管理系统，不仅能有效地满足管理层面多部门、多专业的动态监测要求，而且能为各级领导和基层工作人员提供决策依据，使煤炭资源合理配置，适应市场竞争环境，提高煤炭企业经济效益。

二、煤矿开采安全管理中信息技术的应用情况

在互联网、办公自动化普及的社会背景下，煤炭开采企业不断地吸收现代

化的新理念、新工艺和新技术，有力地促进了煤炭开采企业信息、调度工作的信息化。信息、调度工作是煤炭开采企业各级领导的眼睛和耳朵，关系到整个企业的生死存亡，特别是在发生了重大事故时，它是企业各级领导指挥的通道，起到确保指挥的信息及时、准确、高效地传到各个参与救援的人员。还有建立在移动无线网络上的监控系统丰富了煤矿管理者的监控手段，使他们的监控更加方便，更加全面，提升了煤矿的安全系数。

（一）煤矿人员定位管理系统

煤矿人员定位管理系统是综合计算机软硬件技术、信息采集处理技术、无线数据传输技术、自动控制技术、网络数据通信技术等多学科技术应用为一体的煤矿安全监控管理系统。在办公终端可以了解到井下各区域内的人员情况、数量，整个系统的设备运行情况，显示当前井下员工中所有超出规定时间的员工、每个区域超出规定的人数、重点区域矿工活动情况等。该系统完善了原有监控系统，实现了现场观察跟踪和定位，实现矿井上下各地点的整体覆盖、组网，实现管理人员随时了解井下工作人员的工作状态。

（二）煤矿安全生产监控系统和事故预警系统

煤矿安全生产监控系统和事故预警系统是信息技术在煤矿安全生产中的具体应用，主要是为确保煤矿安全生产监控、综合管理和及时预警等，在这个系统内各个监管部门人员可进行交流，信息共享。系统管理者将重要事项在系统平台上公布，如领导带班、生产运行、设备更换和维护等信息，还有各种监管检查的结果、煤矿自检及煤矿整改完成等情况，还有该系统平台管理极其方便，可以通过临时身份的认证，来取得访问该平台的一些权限。该系统能够及时、准确地将井下的各种开采及设备的情况实时传给井上的信息系统，从而使管理人员能及时了解井下的各种情况，使煤炭调度管理工作做得更有效、更加合理。另外，当井下发生事故时，这个系统为救援工作提供准确的事故发生平面图，让救援人员迅速了解井下的各个员工的情况，及时采取合适的措施救援，从而提高应急救援工作的效率。该系统平台的设计主要是由服务器端和客户端构成。服务器是用来接收数据、解析数据，并进行存储转移数据；客户终端是负责接收和发送数据的。该系统的发送设备是最先进的，它将原始基础数据发送给后台的服务器进行分析，并实时发送安全生产和监督管理等信息。平台的设计是采用J2EE技术架构、J2 mE模式，很容易建设各种子系统，增设各种各类多层次的功能；并且该系统平台的操作界面简单，还可以应用移动通信技术实现移动的终端，很方便各个管理层人员及普通员工进行操作，方便相关领导及时有效地了解企业开采的各种情况，发生重大问题时准确及时做出决策，提高工作效率。

（三）产量销存监控系统

产量销存监控的系统是利用信息技术建立起一个产量销存监控的子系统，能及时准确汇总各个销售网点的库存煤炭情况，让企业管理层了解开采量、库存量、销售量的情况，同时，这个数据在各个部门间进行资源共享，有效地根据企业自身产品在市场竞争中的特点，及时准确地把握市场和企业自身的相关信息，有效排除人为造成的失误，减少企业的损失。因此，该系统是采用矿用隔爆兼本安型直流稳压电源、称重显示控制器、隔爆摄像仪、网络硬盘录像机、移动的信号及局域网等硬件，组成一个煤炭产量销存监控的系统，实现煤炭产量、信息产量销存的情况实时统计和共享。

（四）应用效果

煤矿安全事故的频频发生，使得各个煤矿企业都严抓煤矿安全开采，建立新的监控管理系统，改善煤矿开采的安全，提升煤矿监控和预防事故的能力。新的煤矿安全监测系统在应用中取得以下效果。

1.实时监控、减少事故发生

实时监控是该系统的主要功能，在设计时将一些系统变量导入监控系统中，在某些数据出现超过系统的设定的范围时，能自动提醒监管人员，减轻监管人员的压力。例如，瓦斯浓度超出规定范围，系统自动报警，让工作人员及时注意并做好相应的措施。又如，对各煤矿设备运行的情况实时监控，出现异常时也能及时通知管理层人员，做好应急工作，从而减少企业的损失。因此，该系统有了实时的监控，建立系统传输数据和系统设备硬件的统一标准，规范煤矿安全监测，减少了瓦斯隐患和事故的死亡率。该系统平台还能通过网络跟踪整改和处理隐患是否到位，录入隐患分类图，并能显示出隐患地方的具体位置，有效地防止企业发生事故。

2. 提高煤矿企业管理水平

规范了煤矿开采的秩序，减少重复的工作；发现开采工作的问题，及时分析解决，并与相关的人员共同分享，有利于提高员工的知识技能，也有利提高员工的综合素质，从而提高了企业管理层的监管水平。

3. 实现信息共享

让煤矿开采生产的情况实时共享，有利于管理人员合理地进行安全隐患排查，实时准确地了解煤矿安全开采的状况，合理安排开采计划，提高经济效益。

4. 方便管理

移动信息技术运用，让该系统有了移动的终端，管理员只要终端在手，无论在何处都可以使用该系统，进行共享和沟通全局信息，实时监控煤矿开采情况，第一时间得知出现安全事故或发现安全隐患等，提高了管理层了解企业情况的能力。

从某种程度上讲，煤炭属于国民经济发展期间的重要能源，煤矿开采工作在煤矿企业发展过程中发挥着重要作用。但是，近年来的煤矿开采事故频发，究其原因大部分都是煤矿开采企业安全管理不够造成的。煤矿开采事故的发生，不仅会影响企业效益及企业名誉，而且还会对企业的财产安全及人们的生命安全造成严重威胁。所以积极探索科学化的煤矿开采安全管理措施显得十分重要。

三、煤矿开采中存在的安全管理问题

（一）煤矿开采人员的综合素质水平不高

从煤矿开采人员素质水平不高的具体表现上来看，一般情况下会表现在两个方面，一方面是安全意识淡薄，相关人员在开展煤矿开采工作的时候，不能够采用合理化的安全措施，在采矿开采工具管理方面有所欠缺。另一方面是专业化的煤矿开采安全知识掌握不够，在一些日常工作当中，非常容易触发一系列危险因素，进而引发安全事故。有的时候，尽管工作人员已经意识到了危险的来临，但是却不知道应该怎样去面对与处理，应对危险事件上的安全化素质水平不高。此外，煤矿开采人员在实际采矿工作中的相关操作不规范，但是往往一些相对不起眼的行为，就会发展为危险事故导火索，带来一系列不利影响，后果不堪设想。

（二）煤矿开采安全管理制度落实不彻底

目前，为了从根本上确保煤矿开采企业健康发展及开采人员自身的人身安全，我国已经制定了部分相关法律法规，以此对煤矿开采行为实施有效规范。而且煤矿开采企业将这些法律法规作为依据，从自身实际情况出发制定了具体化的煤矿开采安全化管理制度。但是，在日常煤矿开采期间，这些相关的规章制度已经被完全忽略掉了，企业管理人员很难对具体的煤矿开采情况实施强有力的监督与管理，从实质上讲，这也是造成事故频发的重要原因之一。

（三）煤矿开采中不能及时排除安全隐患

现阶段，我国部分煤矿开采企业从加快煤矿实际开采速度角度出发，致力于提高开采效率及最大程度降低开采成本，在一定程度上忽略了对安全隐患的合理化排查。在实际工作过程中，相关人员抱着侥幸心理，片面地认为危险事故是不会非常频繁地发生的，也有可能对开采人员人身安全方面的认识不够，安全隐患不能够及时排查，就像是在煤矿开采的工地上埋下了一颗定时炸弹，当因为某种原因引发了危险条件的时候，则相应的安全事故就会在较短的时间内快速发生。此外，煤矿开采与其他的工程是存在一定差别的，一些工程在危险事故出现的时候还能够采取相应的应急性措施。但是在煤矿开采中，因工作场地因素限制、施工条件限制及技术设备限制等，很难应用科学有效的应对措施阻止事故发生或者是尽量延缓事故发生。根据相关资料显示，在我国近几年所发生过的煤矿开采安全事故中，大多数是因为安全隐患排查问题而导致的。

（四）煤矿开采中的安全化管理措施

1.增强煤矿开采企业及工作人员的安全管理意识

煤矿开采工作中的安全化管理不仅是煤矿开采高层管理人员的工作，实质上煤矿开采安全问题与开采人员的生命安全也是密切相关的，所以煤矿开采企业应对煤矿开采的全体人员实施安全观念教育。而煤矿开采工作层面的安全观念与意识形成是一个相对漫长的过程，所以对全体人员的安全教育就需要具备一定的持续性，必须要坚持不懈地开展，通过对煤矿开采全体员工进行频繁的及定期的煤矿开采安全教育，让所有人员都清楚认识到事故发生的危害性，进一步形成合理化的事故规避意识。当所有煤矿开采员工意识到工作中的安全问题与自身财产及生命安全息息相关的时候，才会更加重视安全问题。在对全体员工开展安全教育的过程中，企业可以借助多种形式，确保教育工作的顺利完成。例如，可以采用开设专门化安全课堂的形式、安全知识竞赛的形式及广播媒体宣传形式等，让全体员工可以更容易地去接受这些安全管理内容，与把安全意识直接强加到职工身上比较，采用这种针对性教育方式的教育效果更好。此外，企业经济效益提升应该建立在安全工作的前提之下，所以煤矿开采企业必须要将经济效益及安全管理进行统一衡量，并予以高度重视。从煤矿开采的企业管理人员角度出发，例如，果企业经济效益和安全生产之间发生了冲突，则企业不可以仅仅贪图眼前利益，而应该努力协调二者关系，尽量在安全生产的重大前提下，争取更大经济效益。

2. 完善煤矿开采工作的安全管理制度

从某种程度上讲，煤矿开采期间的人身安全问题属于煤矿开采管理的关键性任务，其安全化管理工作更是重中之重。煤矿开采的安全化管理需要有一定的制度性保证，从制度层面对安全管理工作进行约束。具体来说，例如，果想有效避免事故发生，非常重要的一点在于不断完善安全管理制度，满足煤矿开采安全的操作要求、环境要求与设备要求等，制定出可行性相对较强的安全责任标准及检查监督制度，并保证以上管理制度的贯彻落实，实现煤矿开采工作的顺利开展与安全运行。

3. 煤矿开采中应加大技术应用力度

煤矿开采工作的安全管理在现实意义上是非常重要的，因此煤矿企业不仅应对其重要性进行深刻认识与了解，还必须要始终相信科学技术在安全管理中所发挥的重要作用。实质上，科学技术及经济发展之间是相互依存的，煤矿开采期间需要合理应用科学技术，不断加强机械化生产，进而最大程度减少在人力、物力上的投入，更好地解决煤矿开采人员相对较多及管理难度系数较高的问题。与此同时，煤矿开采企业应在加强安全生产的过程中不断强化资金投入，高度重视与关注煤矿开采的安全化管理，最大程度减少安全事故。具体来说，在煤矿开采期间合理应用新设备、新技术及新工艺不仅可以为安全化生产注入新鲜活力，使安全管理工作逐渐向着规范化方向发展，还有助于提升煤矿开采企业的经济效益。

4. 强化煤矿开采新老员工的教育培训

现阶段，在煤矿开采工作中，相关工作人员仅仅具有安全意识是不够的，还必须具备相应的安全知识，有一个相对较高的安全素质水平。针对煤矿开采新员工来说，企业应在完成严格的安全教育培训后才可以允许员工上岗，让专业化安全知识在新员工意识中更加深刻。而且煤矿开采中的新员工必须要积极参与到煤矿开采的实地工作中去，必须完成安全知识考核，凭借自己熟练的安全操作技术参加开采工作。针对煤矿开采老员工来说，安全培训也是刻不容缓的，企业应加强对员工的定期培训与定期考核，使所有员工时刻保持警惕。此外，信息属于安全管理工作的基础性条件，安全管理的本质就在于安全信息的收集及信息的处理。因此，在煤矿开采安全管理工作中，相关管理人员要加强安全信息管理系统的建设，实现信息收集及信息处理系统的规范化及科学化，提升企业的安全管理水平。总之，煤矿开采企业必须要在保障全体员工生命安全的基础上提升开采效率，促进企业的健康发展，从根本上为我国社会发展提供更多的能源。

第三节　矿井通风

一、煤矿井下通风的重要性

煤矿生产是地下作业，自然条件比较复杂。地面空气在进入井下并流经各作业场所的过程中，逐渐掺入有毒、有害气体和矿尘，成分逐渐发生变化。同时，由于地热作用、人体和机械的散热、水分的蒸发等，井下空气的温度和湿度都会显著提高，造成不良的空气条件。因此，对矿井必须进行通风。

（一）矿井通风的原因

为井下工作人员提供呼吸用的足够新鲜空气；冲淡和排除有害气体及浮游矿尘，使之符合《煤矿安全规程》的要求；提供适宜的温度、湿度，维持合适的劳动条件；一旦发生灾害能够控制风流，从而为救灾工作创造良好的作业条件。由此可见，为了保证煤矿井下的安全生产和作业，一定要做好煤矿井下的通风工作，只有这样才能保证工作人员的人身和财产安全，才能减少事故的发生，给煤矿企业减少损失，促进煤矿企业的更好更快发展。

（二）煤矿井下通风系统优化的原则和基本要求

1.煤矿井下通风系统优化的原则

第一，通风系统应当尽可能的简单，通过经济的优化方案达到理想的效果；第二，计划先行，先设计技术方案，通风优化设计方案通过以后才能实行；第三，通风系统优化应当具有较强的可靠性，而且具有稳定的可调性；第四，煤矿井下的通风能力应当和当前矿井的生产能力相适应，并且设计应当符合《煤矿安全规程》和《煤矿设计规范》等相关法律法规。

2.煤矿井下通风系统优化的基本要求

第一，能够将足够的新鲜空气送到井下，这样能够保证井下工作人员的正常工作，为矿井的安全生产创造良好的环境；第二，煤矿井下通风系统应当尽量简单，而且要有稳定的风流，便于管理，并且具备较强的抵御风险和抗灾的能力；第三，在事故发生时，煤矿井下工作人员能够及时方便撤出，而且风流要比较容易控制；第四，矿井通风系统的运行费用尽量低，通过较少的建设投资和较小的工程量来达到良好的综合经济效益，从而促进煤矿企业的快速发展。

（三）矿井通风技术的技术难点

当前我国的煤矿矿井通风解决方案主要包括矿井通风系统和多风机多级机站。具体来说，矿井通风系统的构成因素主要有通风方式、通风网络、风流检测、通风方法和调控设施等，这些因素是相互联系、相互影响而且相互作用的，缺少任何一项都不行，只有具备全部要素才能够为矿井提供新鲜的风量，将井下有毒的气体和粉尘等冲淡或者排出到地面，从而为井下工作人员创造安全的工作环境，减少事故的发生，从而保证矿井的安全生产和工作人员的生命安全。另外，多风机多级机站技术的应用对于改善矿井的通风系统及提高煤矿企业的经济和社会效益起着非常重要的作用。在多风机多机机站的作用下，通过多风级多级的风机能够把地表的空气向矿井传送，然后再通过多风机多级机站的风机对下一个送风处的风量进行输送，并控制矿井内不同地方的风量，能够提升通风系统的可控性和通风系统的效率，不断降低能耗。

当前困扰我国大部分煤矿井下通风的技术难点主要有以下两点：一方面，矿井狭长，而且空巷比较多。由于我国很多煤矿经过常年开采而存在空巷及矿井狭长的情况，使井下通风非常困难，加上不能及时封闭空巷，导致狭长空巷将大量新鲜风占用，使井下作业处的新鲜风过低，从而影响风机组、通风系统的通风效率，也容易导致空巷内风流的无序乱流，从而造成一定的安全隐患。另一方面，需要控制深井内的环境，煤矿矿井在作业过程中会用到大量空气，导致局部的空气相对稀薄，加上作业过程中会产生粉尘或者瓦斯，使空气质量不断下降，严重影响了矿井的安全生产。尽管在深井中采用多风机多级机站的通风系统，但是很难满足需求，影响着深井开采作业的正常进行和工人的生命安全，不利于煤矿企业的长远发展。

（四）煤矿井下通风系统优化策略

作为矿井安全生产的重要保障，煤矿矿井的通风在保证煤矿企业的安全生产和防范灾害方面起着非常重要的作用，而且影响着矿井的经济效益和长远发展，因此有必要对煤矿井下的通风系统进行优化。

1. 优化通风方法

一般而言，通风方式有自然通风和机械通风这两种，其中自然通风主要是根据煤矿自然条件使空气能够自由流通，而多风机多级机站通风则属于机械通风，主要是利用机械人为地将地表的空气传送到井下，从而达到空气流通的目的。一般而言，与机械通风的方法相比，自然通风的效率相对低一些，很难满足井下作业的需要，所以大多采用机械通风的方式，主要包括压入式通风、抽出式通风和混合式通风这三种，而多风机多级机站是经常使用的通风模式。在选择通风方式的时候，由于每个矿井的具体实际情况不相同，因此应当按作业的实际情况来选择最合适的通风方式，如矿井巷道内通风是非常困难的，尽量采用混合式或者压入式的通风方式，这样有利于使空气通过风机压入巷道内，从而使巷道内形成风流；对于高瓦斯或者粉尘量较多的矿井，尽量选择抽出式的通风方式，从而将井下的风尘和瓦斯排放出来，从而保证井下作业空气质量的提高，以减少安全事故的发生。

2. 优化矿井通风网络

煤矿井下巷道应当通过一定的方式连接，从而形成风的通路和风流，因此需要在巷道的适当位置安置需要控制风量和调节风向的设备，这样有利于风的流通，使污染空气排放到地面，新鲜空气进入作业区域。一般巷道的连通分为并联和串联，并联的通风能够随着作业的需要而调节通风，也有利于提高风的利用效率。并且并联巷道的风只经过一个巷道，能够减轻风的污染，即使污染气体排不出，也不会污染到其他作业区域，这样也能够保证各个区域作业的安全；串联具有风流大和风速快的特点，但是污染比较严重，而且不能及时调节风量，一旦巷道被污染，那么其余的巷道也会被污染。由此可见，在今后的煤矿井下通风系统的优化中应当尽量选择并联的方式，还要注意并避免漏风的发生，从而保证风量的需求。

3. 优化进出风井的布置方式

根据进出风井的相互关系，可以将煤矿矿井分为对角式进出风井、中央式进出风井和混合式进出风井。中央式进出风井是在矿井的中央，分为并列式通风和分列式通风。其中并列式通风便于管理、投资和占地比较少，而且采区的生产相对集中；而分列式通风具有通风阻力小和安全性能高的优势。对角式是指进风井在矿井的重要部分而出风井在矿井的两翼，具有安全性高和阻力小的优势。例如，果煤层处于较浅的位置，那么就可以采用中央式的通风，而例如，果煤矿的地质比较复杂就可以采用混合式的通风，也要根据具体实际情况综合分析后选择。

煤矿井下作业中发生瓦斯爆炸及火灾事故是十分常见的安全事故，这些安全事故不仅仅给煤矿的正常生产带来了巨大的损失，同时也严重威胁着井下工作人员的生命安全，因此煤矿井下通风设计的安全性就显得尤为重要了，及时有效地排除这些安全隐患就能有效地规避不该发生的安全事故，不仅节约了生产的成本，关键是可以保障煤矿井下生产工人的生命安全，减少不该出现的损失。煤矿井下的安全事故主要是由于通风设计及设备的不完善导致的瓦斯积累后的爆炸或者火灾，而正是因为日常工作中对煤矿井下通风设计及安全管理工作的疏忽导致了这些悲剧的发生。因此加强煤矿井下通风安全管理可以说是煤矿工作的重心和核心工作之一。

二、煤矿井下通风设计常见的隐患

煤矿矿井由于处于地层深处，在煤矿作业时矿井通风不畅是常见的现象，因此需要设计安全的通风渠道并且进行日常有效的维护才能保证井下通风的顺畅，将多余的瓦斯排出去，不至于积累到要爆炸或者引发火灾的地步。井下通风不畅会直接引起风量减少、瓦斯浓度升高、空气温度升高等现象，作业工人的呼吸条件就会逐渐恶化，这些都严重地威胁着工人的生命安全。另外，通风不畅也会使得井下的安全系统复杂化，导致井下风速流量降低，而且不容易调节和控制。像采空区的漏风很容易引起煤炭的自燃，而地面塌陷区由于风量的增加而带来每层采空区有毒气体的进入，降低工人呼吸的空气质量标准，使得他们呼吸到一些有害的气体或者产生呼吸困难等现象。

（一）通风设施与通风系统问题

煤矿井下的通风安全隐患首先是通风设施和系统出现了问题。为了保证煤矿井下作业的顺利完成，煤矿井下都要设计符合工作环境标准的通风系统，并配备相应的通风设施。但是通风设计的不恰当就为日后的通风安全埋下了隐患，而相关通风设施例如，果在日常管理中维护不当就会降低运转效率，严重阻碍了井下有害气体的有效排出，或者排出量不够等，同时通风设备的效率低下也直接导致了有害气体的聚集，而这些来自煤层或者采空区、塌陷区的有害气体就会导致瓦斯爆炸或者煤层自燃。

（二）自燃因素与人为因素

煤矿井下的事故发生除了自燃原因之外，人为因素也占了很大一部分。自燃原因主要指的是井下瓦斯的大量涌出，随着煤层开采的推进，一些采空区或者地面塌陷区就会带来煤层里的有毒气体，而这些气体的积累在井下通风设备受损的情况下就无法及时地排出去。所谓人为原因主要指的是在日常管理过程中，很多工作人员缺乏安全意识，对通风设备的维护和管理不到位，导致了通风设备的损坏或者不工作。通风设备出现问题时又没能采取及时有效的整改措施都将导致安全事故的发生。除了管理人员的疏忽之外，煤矿井下工作的工人相对而言文化程度较低，他们一般自我保护意识较差，对于周围环境的安全意识不够，缺乏井下安全防护或者一定的警惕性，导致了他们对灾难的严重性认识不够，而且工作时大多是盲从，或听从指挥，对通风设备存在的隐患没有基本的常识或者判断，因此人人监督工作安全的监督作用也淡化了。其次，煤矿井下工作环境较为恶劣，采光性较差，视觉效果不好，和地面工作的环境完全不一样，很多未知事件会随时发生，而且很多外在的危险因素也是人力所不能预防的，如煤矿井下越往下开采，井内的温度就会升高，瓦斯的含量也会随之而增加，这是无法阻止的外在因素。这时候例如，果通风设计不合理，或者通风设备维护不到位，就会出现意想不到的瓦斯爆炸或者火灾。

（三）煤矿井下通风安全隐患的管理措施

1.通风设计及设备的评估

要想有效地排除井下通风安全隐患，首先要对安全隐患进行评估，包括系统状况评估，即从通风系统层面对整个矿井隐患进行评估，像通风系统稳定性分析、通风系统设计、分区通风的实施情况及通风的阻力等环节都要进行及时的评估和分析。另外，通风设施的完善和更新十分关键，要及时检查煤矿的通风设备，及时排除故障，同时增强设备的抗风险能力，因此对设备的可靠性要进行检测和评估，尤其是设备所处的环境和质量检测十分重要。另外，特殊问题的评估也是很关键的，像串联通风、循环风、无风等都要进行科学的分析和评估，以防引起灾变。最为重要的是通风措施的评估，像矿井局部控风方案等的潜在灾变可能性评估就显得尤为重要了。抗灾能力及防灾体系的总体稳定性的评估要在非稳态的模拟技术的辅助下完成，这是对煤矿井下作业的全面评估，决定着整个工作的正常运行。

2.通风安全隐患的及时排除

煤矿井下通风安全隐患的及时排除是防止事故的核心，要及时发现那些通风系统的不安全因素，及时整改并且有效防治。利用现代化科学技术，在安全检查表的指导下，逐项检查，及时准确地记录通风机的实际供风量、分支风流的稳定性、反向及微风、串联通风与循环通风等，同时按照系统设计时采用的图纸对地面进行检查，分析风流相互关系、通风的报表等。另外，也要检查机房的通风机的实际工作情况及风压曲线、检测有害物质的气体的浓度、检查流向与路线等，评估其整体的可靠性。通风机的电压和电流的稳定性、设备的质量及负荷承载都要符合通风设计标准，包括风桥、风门等设施都要符合井下作业标准才能有效避免安全事故的发生。

（四）井下工作人员的安全意识培养

煤矿井下工作人员的安全意识培养除了培养管理人员的安全意识，也要加强井下工人的安全意识培养。就技术员而言，他们对通风设计及设施有较好的了解，因此他们的安全意识可能较高。尽管例如，此也要定期对他们进行安全意识培训或者技术上的更新培训。就井下采煤工人而言，由于文化水平较低，在通风设计及设施上的知识储备较少，因此管理者们要定期给他们开展井下安全知识讲座，以通俗易懂的语言对他们进行培训，尤其是通风设计的简单原理及设施的维护，及对日常生产中遇到的一些常规问题的解决方法，使得他们逐渐增强安全防护意识，而且能够警惕地意识到安全问题的隐患所在，遇到问题时能冷静地处理。

三、煤矿井下排水通风和机电运输工作特点分析

（一）排水通风方面

排水通风是煤矿井下一项非常重要的工作，复杂的井下环境增加了排水通风工作的难度。一方面由于井下地质条件比较复杂，渗水、出水情况多发，对排水装置要求也比较高，所对应的安全保护检测装置要求完善，此外，由于煤矿井下的每一个水平位置都设置有排水泵房，使煤矿企业投入负担较重。另一方面在煤矿井下通风过程中，由于煤矿井下开采已深入深部区域，进而导致矿井通风网络过长，负压水平较高，且总回风断面低，使得煤矿井下工作面所布置的通风设备与工况点存在较大的偏差。

（二）机电运输方面

随着煤矿开采向更深部区域延伸，机电运输路线变长，矿压也越来越明显，进一步增加了机电运输的难度。首先，运输线路增长对矿井供电系统的要求更为严格，供电系统的设计、计算及保护性能方面也达到更高的要求。其次，输

送机、电机车及绞车保护装置所对应的后备保护的可靠性要进一步完善和提高。最后，煤矿井下矿压普遍增大，巷道变形快，支架下压变形，底板出现底鼓，导致轨道运行质量较低，运行效率不高。

（三）煤矿井下机电运输工作存在的主要问题

1.管理体制不健全、安全责任制不落实

目前煤矿企业在机电运输管理体制方面还存在很大的缺陷，导致安全责任制难以得到落实，带来很大的机电运输安全隐患。一是管理过程中相互推脱责任的情况经常发生、安全隐患无法得到及时地清除；二是安全制度考核机制不完善，激励机制无法发挥应有的作用，安全资金投入使用不到位；三是职工定期安全及技术培训机制没有得到较好的落实，个别工人安全意识淡薄等。这些问题给机电运输安全带来很大的影响。

2.用工体制存在缺陷、矿工整体素质较低

一些煤矿企业没有建立完善的用工体制，加上煤矿工作的特点，煤矿企业对招收员工的文化要求较低，虽然进行过岗前培训，但是力度不够，对员工整体素质的提高效果不明显。一是对岗前培训工作不够重视，没有安排专业的培训人员对新员工开展培训，培训流于形式；二是新员工素质参差不齐，而培训仅限于感性认识，缺乏个体针对性，很难做到让每个员工都了解所从事的工作，导致实际机电运输工作中操作不规范、违规操作等现象大量存在；三是特殊工种人员流动频繁、缺乏，给机电运输安全带来很大的影响。

3.管理滞后、监督不力

管理滞后、管理者监督不力是机电运输工作中的一个突出问题。其主要体现在，一是没有建立完善的机电运输管理制度，对于设备质量、安置效果等的管理没有明确和统一的标准，设备管理缺乏严格性；二是机电运输管理人员专业性不强，没有充分认识到机电运输管理工作的重要性，管理过程中责任心不强，马虎了事；三是管理人员在实施管理时只顾完成任务，即使发现问题也不当回事，最终导致悲剧的发生。

4.设备技术落后、检修保养不到位

由于煤矿井下工作环境复杂，条件差，机电运输设备在长时间的运行过程中很容易出现故障，加之设备在系统可靠性方面的设计不够完善，一些陈旧的设备没有得到及时更换和技术改造，同时由于操作及施工环境等多方面因素的影响，容易造成设备的安全性降低，形成机电运输安全隐患。

（四）做好煤矿井下排水通风和机电运输工作措施

1.落实煤矿机电运输设备安全管理责任

要做好煤矿机电运输管理工作，确保井下排水通风系统正常运转，就要落实好机电运输设备安全管理责任。首先，煤矿企业要高度重视机电运输设备安全管理工作，设立专门的部门和配备专职的技术人员管理机电运输工作，并明确职责，完善机电运输管理制度；其次，建立健全矿井机电运输装备、材料等物资的采购供应管理、入井检验、安装交接验收、巡回检查、定期检测检验、维护保养、检修及报废淘汰等制度，明确岗位职责。此外，完善机电运输设备管理台账和技术资料档案，严格执行煤矿安全规程、作业规程和操作规程，加强设备维修检查和运行状况的动态管理。

2.加强机电设备更新维护工作、加大监控力度

任何机械在长期的运行过程中都容易出现问题，因此，要及时地发现各种机电运输故障确保机电正常运行，加强机电设备的日常检修维护保养工作。对于在检修过程中发现的任何存在着不安全或不确定的安全隐患的设备，要及时地进行更换与更新；同时，由于煤矿井下的环境特点，机电设备可能存在着老化加速的问题，需要采取针对性的管理；煤矿企业应该进一步完善井下安全监控系统，把排水通风系统与监控系统结合起来，加大监控力度，及时发现机电故障。

3.重视技术培训工作、提高员工整体素质

针对煤矿企业工作人员整体素质不高的情况，要做好井下排水通风和机电运输工作，煤矿企业在做好设备检修维护等工作的同时，还需进一步重视对员工的技术培训工作，提高员工的整体素质。煤矿企业不仅要进行岗前培训工作，还应该定期地加强对井下工作面操作人员的技术培训工作，确保这部分工作人员在设备操作、管理、维修等方面所掌握技能的可靠性。

4.加强安全生产宣传工作、提升工作安全意识

安全生产事故的发生大多都是由于工作人员对安全生产疏忽而引起的，因

此，煤矿企业要加强安全生产宣传工作，通过提升员工的工作安全意识确保井下生产安全。首先，安全教育内容应以岗位应知应会技术知识为主，并进行新设备、新工艺等方面的运用，实行多种培训方式，如集中式或分散式，以此将培训的作用充分发挥出来。其次，在班前时间段，机电运输管理部门可对机电运输流程等多方面内容进行详细讲解，确保操作的规范性，并与井下现场具体操作相结合，实现培训规范化。

第四节　矿井瓦斯防治

一、高瓦斯矿井概述

（一）高瓦斯矿井定义

根据相关部门规定，高瓦斯矿井的判断标准有四点：瓦斯相对涌出量大于 $10~mm^3/t$；瓦斯绝对涌出量大于 $40~mm^3/min$；矿井任一掘进面瓦斯绝对涌出量大于 $3~mm^3/min$；矿井任一采煤工作面瓦斯绝对涌出量大于 $5~mm^3/min$。

（二）高瓦斯矿井的瓦斯危害

高瓦斯矿井的主要表现是矿井内瓦斯超标，高瓦斯矿井的危害主要体现在以下两个方面。

1. 威胁矿井开采人员的生命健康

瓦斯是一种气体，从其本身来说，瓦斯对人体是没有毒害作用的，但是当瓦斯浓度过高时，会降低空气中的 O_2 含量，进而使处于高含量瓦斯环境中的开采人员无法得到足够的 O_2，引起缺氧问题，最终造成头晕、昏厥，甚至是死亡等问题，严重威胁开采人员的生命健康。

2. 容易产生爆炸、引起开采安全事故

相较于其他有害气体而言，虽然瓦斯有着一定的稳定性，对人体的伤害过程较为缓慢，但是瓦斯是一种可爆炸气体，当瓦斯浓度超过一定限度时，在遇到高温条件时，瓦斯是很容易爆炸的。瓦斯爆炸不仅会直接对井下开采人员造成身体伤害，还容易引起矿井坍塌事故，造成大规模人员伤亡，是井下作业最主要的安全隐患之一。

（三）高瓦斯矿井综采工作面瓦斯防治的现状

1. 瓦斯治理设备落后

瓦斯治理作为矿井开采的一项重要工作，需要使用专门的瓦斯治理设备，如瓦斯抽排设备等。但是在许多煤矿中，瓦斯治理设备陈旧，设备运行时间长、故障率高、工作效率差等问题都较显著，并无法满足高瓦斯矿井防治工作的需求，瓦斯抽排、井下通风等都达不到预期效果，综采工作面瓦斯超标问题依然存在，严重降低了瓦斯防治的效果。

2. 瓦斯防治技术水平较低

在现代矿井开采中，大多数煤矿依然是依赖大量劳力，煤矿企业更加重视开采工作的劳动力，缺乏对技术人员的重视，技术人员不足现象十分普遍。然而就高瓦斯矿井综采工作面瓦斯防治而言，其对技术的依赖性较高，需要有足够的技术支持，才能得到良好的防治效果。而因煤矿企业技术人员数量少、专业水平低等问题，无法为瓦斯防治提供有力的技术支持，阻碍瓦斯防治水平的提升。

（四）安全措施不到位

在实际中，许多矿井开采企业都存在着较为严重的安全措施缺失情况，其原因主要包括两个方面：管理人员原因，没有良好的安全生产意识，对安全措施的重要性认识不足，导致其在管理中忽视安全措施问题，造成井下安全措施缺失；井下作业人员原因，许多井下作业人员受自身文化水平等因素影响，安全意识较淡薄，在作业过程中，没有严格按照规定要求佩戴安全装置，缺乏有效的保护措施。

（五）井下环境复杂

在矿井开采过程中，相较于地面环境，井下环境是难以直接观察的，许多环境变化并不能及时发现，加上井道开挖、地下溶洞等各种影响因素，导致井下环境十分复杂。在这种情况下，巷道挖掘建设的可靠性与煤岩层实际情况的观察在井下施工中是难以兼顾的，一旦煤岩层观察不到位或巷道挖掘有误等，都可能引起瓦斯大量涌出，对开采人员和矿井开采安全造成威胁。

（六）高瓦斯矿井综采工作面瓦斯防治的有效策略

1. 做好通风系统改善

在高瓦斯矿井综采工作面的瓦斯防治中，利用通风系统将井下工作面瓦斯排出到地面空气中，降低工作面瓦斯含量，是瓦斯防治的有效手段。但是在传统煤矿通风系统中，通风系统本身存在一定的不足，难以实现对井下工作面持续、高效地输送空气，超标瓦斯无法有效排出，影响防治效果。对此，可以通过改善通风系统，如建立双U型通风系统，增大通风量，提高通风工作效率，更快地向井下工作面中灌入更多空气，将工作面中的瓦斯挤出，起到良好的综采工作面瓦斯防治作用。

2. 选择合适的抽采技术

抽采也是高瓦斯综采工作面的瓦斯防治的有效手段，是一种主动防治技术，近年来，抽采技术有了长足进步。在高瓦斯综采工作面的瓦斯防治中，需要先预测瓦斯含量，然后选择合适的抽采技术，如在岩巷揭煤、煤巷掘进中，可以从岩巷向煤巷进行打穿层钻孔或在煤巷工作面进行超前钻孔等，完成预抽，其工作面瓦斯抽采率能够分别达到30%～60%、20%～60%，有效降低工作面瓦斯含量，达到防治目标。

3. 加强预测技术创新

在高瓦斯矿井综采工作面瓦斯防治中，其难点主要体现在瓦斯位置、瓦斯含量难以准确预测，许多瓦斯大量涌出较突然，进而引起瓦斯安全事故。对此，需要加强对瓦斯预测技术的创新，结合地质勘测、地球物理及信息技术等多种手段，建立一套高效、可行的预测技术体系，提高对高瓦斯矿井综采工作面瓦斯预测水平，创造良好的瓦斯治理条件，从而有效提高瓦斯防治效果。

4. 重视矿井安全管理

安全管理是高瓦斯矿井综采工作面瓦斯防治的一种手段，在矿井开采工作中，要重视安全问题，完善安全措施，针对安全问题制定有效的应急措施，以便在瓦斯大量涌出时能够正确处理，避免处理不当引起瓦斯爆炸等问题，保障高瓦斯矿井开采安全。

煤炭作为中国最主要的能源之一，煤炭稳定供给和煤矿安全生产事关重大。矿井瓦斯是煤矿安全生产的最大威胁，随着煤炭开采规模和强度的加大，瓦斯的涌出量也增加，瓦斯的防治工作也越来越困难。目前，国内大部分煤矿瓦斯防治主要以排风和抽采为主，处于被动治理阶段。煤矿瓦斯事故频发，造成了很大的人员伤亡和经济损失。因此，瓦斯被称为煤矿安全的第一杀手，但瓦斯也是一种高热值的清洁能源，加强矿井瓦斯的综合防治与利用，加大煤层气开发，提高瓦斯的利用率，变废为宝，变被动治理为主动治理，才能有效提高矿井安全，降低瓦斯的危害。

二、矿井瓦斯的性质、危害及赋存状态

（一）瓦斯的性质和危害

瓦斯又称煤层气，是成煤过程中的一种伴生物，是各种气体的混合物，无色、无味，主要成分是甲烷（CH_4），同时还有二氧化碳、N_2、少量的重烃及微量的稀有气体。在标准状态下，其密度为0.716 8 kg/m^3，由于瓦斯较轻，因此容易积聚在巷道顶部、上山掘进面及顶板冒落空洞中。瓦斯微溶于水，扩散性很强，扩散速度是空气的1.34倍。矿井瓦斯是一种有害气体。当井下空气中瓦斯浓度较高时，会相对地降低空气中的O_2浓度，使人窒息；同时，当瓦斯与空气混合达到一定浓度时，遇火燃烧甚至发生瓦斯爆炸，严重影响矿井生产安全，是矿井五大自然灾害之首。

（二）瓦斯的赋存状态

矿井中瓦斯以游离状态或吸附状态的形式存在，煤体中之所以能够存有一定数量的瓦斯，是因为煤是一种孔隙和裂隙非常发达的介质，瓦斯在分子间的引力作用下被吸着在煤体孔隙的内表面，瓦斯也可进入煤体胶粒结构内部被煤吸收或与煤体结合。同时，在煤或围岩的较大裂缝、孔隙或空洞之中，游离瓦斯处于自由状态，煤体内游离瓦斯的多少取决于储存空间的容积、瓦斯压力及围岩温度等因素。游离状态与吸附状态的瓦斯并不是固定不变的，而是处于不断交换的动平衡状态。当条件发生变化，这一平衡就会被打破。在压力降低、温度升高或煤体结构受到破坏时，部分吸附状态的瓦斯就会转化为游离状态；相反，当压力增大或温度降低时，部分游离的瓦斯也会转化为吸附状态。

（三）矿井瓦斯涌出

1. 影响煤层瓦斯含量因素

（1）煤的变质程度

变质程度越高，煤层中瓦斯含量越大。

（2）围岩的性质

顶板岩层密实完整，瓦斯含量就相对较高，若顶板岩层有裂隙比较松散且不完整，煤层中的瓦斯含量就低。

（3）煤层赋存条件

一般来说煤层越深，瓦斯含量就越高，也就是说深井矿瓦斯含量高，反之则低；另外，倾角小的煤层在相同深度及相同地质条件下，通常比倾角大的煤层瓦斯含量高。

（4）水文地质条件

当煤层中有较大的含水缝隙或有地下水通过时，水能将煤层中部分瓦斯带走，从而降低煤层的瓦斯含量。

（5）地质构造

特别是断层，是造成同一煤田瓦斯含量分布不均衡的主要原因。开放性断层是煤层与地表相连的通道，有利于瓦斯的释放，因而开放性断层发育的煤层，其瓦斯含量较小；封闭性断层可以割断煤层与地表的联系，是瓦斯向地表流动的屏障，因而封闭性断层发育的煤层，其瓦斯含量较大。此外，有岩浆岩侵入的煤层，煤的变质程度高，瓦斯含量也相对较高。

2. 矿井瓦斯涌出及其形式

瓦斯涌出是指在煤层开采的过程中，煤体受到破坏，赋存在煤体内的部分瓦斯脱离煤体涌入采掘空间。瓦斯涌出分为普通涌出和特殊涌出。普通涌出是矿井瓦斯涌出的主要形式，其持续时间长、范围广、数量大。瓦斯从采落的煤体、岩层的暴露面上，通过煤体的孔隙缓慢放出，先是游离瓦斯后是吸附瓦斯。特殊涌出是指在煤炭采掘中，煤层中的瓦斯在很短的时间内，突然大量涌出，并伴有煤粉、煤块或岩石，其时间短、突发性强、范围有限，但是危害非常大。

3. 矿井瓦斯涌出量的表示与计算

矿井瓦斯涌出量是指矿井在生产建设过程中涌入采掘空间的瓦斯数量。通常有两种表示法，包括绝对瓦斯涌出量和相对瓦斯涌出量。单位时间内涌进采掘空间巷道内的瓦斯数量叫绝对瓦斯涌出量；相对瓦斯涌出量是指在正常生产条件下，每采1 t煤所涌出的瓦斯数量。

4. 矿井瓦斯涌出量的主要影响因素

影响瓦斯涌出量的因素如下：

①煤层和围岩的瓦斯含量是瓦斯涌出量的决定性因素，在甲烷带内，开采越深规模越大，绝对、相对瓦斯涌出量越高。

②开采顺序与回采方法，先开采的煤层或分层，其相对瓦斯涌出量大，后开采的瓦斯涌出量小。瓦斯工作面开始回采初期瓦斯涌出量小，当顶板第一次冒落以后，由于围岩及邻近层的瓦斯涌入开采层，所以涌出量增加。

③生产工艺过程，从煤层暴露面、煤壁、钻孔和采落的煤炭内涌出的瓦斯量，一般都是随着时间的增长而逐渐下降。所以落煤时瓦斯涌出量大于其他工序的，老顶来压冒落时的瓦斯涌出量要高于其他时期。落煤时瓦斯涌出量与煤的瓦斯含量、落煤速度、煤的粉碎程度等有关。风镐落煤时，瓦斯涌出量可增大1.1 ~ 1.3倍，放眼打炮时1.4 ~ 2.0倍，采煤机采煤时1.3 ~ 1.6倍，水枪落煤时2 ~ 4倍，增加的倍数与工作面瓦斯来源的构成有关。开采单一中厚煤层，落煤时增加的倍数比开采有邻近的煤层要大些。

④通风压力与通风系统，抽出式通风负压增加时，瓦斯涌出量增大。U型通风系统的回采工作面，其上隅角容易聚积瓦斯。采用U型加尾巷的通风系统，瓦斯聚积点移至采空区内的尾巷入风口。Y型与W型通风系统由于采空区内有漏风通道，采空区与邻近层涌出的瓦斯很少会涌入工作面，加之进风多了一条风路，工作面的瓦斯浓度较低，适用于高瓦斯高产要求。

（四）瓦斯的预防

1. 瓦斯喷出的预防

预防瓦斯喷出，首先要加强地质工作，查清楚施工地区的地质构造，断层、溶洞的位置，裂隙的位置和走向及瓦斯储量、压力等情况，采取相应的预防或处理措施，分为黄泥或水泥砂浆等充填材料堵塞喷出口；可能的喷出地点附近打前探钻孔，探测、排放。

2. 煤与瓦斯突出及其预防危害

产生的高压瓦斯流，能摧毁巷道，造成风流逆转、破坏通风系统。井巷充满瓦斯，造成人员窒息，引起瓦斯燃烧或爆炸。喷出的煤岩产生的猛烈动力效应可能导致冒顶和火灾事故的发生。因此，开采有突出危险的矿井，必须有防治突出的措施，分为区域性防突措施和局部防突措施。

（1）区域性防突措施

区域性防突措施有开采保护层和预抽煤层瓦斯。在突出矿井中，预先开采的并能使其他相邻的有突出危险的煤层受到采动影响而减少或丧失突出危险的煤层称为保护层。后开采的煤层称为被保护层。保护层位于被保护层上方的叫上保护层，位于下方的叫下保护层。开采保护层的作用：地压减少，弹性潜能得以缓慢释放。煤层膨胀变形，形成裂隙与孔道，透气系数增加。所以被保护层内的瓦斯能大量排放到保护层的采空区内，瓦斯含量和瓦斯压力都将明显下降。煤层瓦斯涌出后，煤的强度增加。预抽煤层瓦斯，是指通过一定时间的预先抽放瓦斯，可降低突出煤层的瓦斯压力和含量，并由此引起煤层收缩变形、地应力下降、煤层透气系数增加和强度提高等效应，使抽放瓦斯的煤体丧失或减弱突出危险性。

（2）局部防突措施

大型突出往往发生于石门揭开突出煤层时，所以石门揭开突出危险煤层及有突出倾向的建设矿井或突出矿井开拓新水平时，井巷揭开所有这类煤层时都必须采取防突的措施，通常有松动爆破、钻孔排放瓦斯、水力冲孔、超前钻孔、超前支架、卸压槽和震动放炮。

（五）瓦斯爆炸的预防措施

瓦斯爆炸必须同时具备三个条件：甲烷浓度处于爆炸范围内；氧浓度超过失爆氧浓度；引火源的能量大于最小点火能量（0.28 mJ）、温度高于最低点火温度（595 ℃）且高温热源存在时间大于瓦斯引火感应期。

一般矿井中，只要瓦斯积存和火源因素同时具备，即会发生瓦斯爆炸。因此，搞好通风，抽放瓦斯，及时处理局部积存的瓦斯，经常检查瓦斯浓度和通风状况以防止瓦斯积聚；同时对一切非生产必需的热源，要坚决禁绝。生产中可能发生的热源，必须严加管理和控制，防止它的发生或限定其引燃瓦斯的能力，才能有效避免瓦斯爆炸事故的发生。

三、矿井瓦斯防治的主要内容

唐山矿牢固树立"安全为天""瓦斯不治、矿无宁日"的理念，坚持"瓦斯报警就是事故"的原则，突出"一通三防"的龙头地位，突出抓好瓦斯治理，对通风、瓦斯事故一律从严、从重处理，切实把"安全为天"的理念落到实处。

（一）瓦斯防治管理措施

唐山矿成立了矿井瓦斯治理领导小组，形成了以经理为第一负责人的瓦斯治理责任体系和以总工程师为核心的瓦斯治理技术管理体系，建立健全了安全管理机构、"一通三防"管理机构、瓦斯治理管理机构、安全监测监控管理机构，按照"谁主管、谁负责，谁失职、追究谁"为原则，明确了各级领导瓦斯治理责任制。

根据国家煤矿安全监察局（现为应急管理部）新制定的《煤矿安全质量标准化基本要求及评分方法》等一系列文件要求，及时编制了矿井年度瓦斯治理技术方案、安全措施计划，按照规定备案并严格执行。严格落实《唐山矿瓦斯、二氧化碳及其他有害气体检查制度》《瓦斯巡检制度》等制度，保证矿井瓦斯检查质量。

针对自身安全生产实际情况，制定了《唐山矿业分公司"一通三防"管理检查标准及专项奖励基金使用管理办法》，设立"一通三防"专项基金，每月按计划对矿井生产区域和老区进行检查、排查，每月进行1次考核，严格奖惩。

重点排查，顶层设计。采掘工作面按回风流瓦斯浓度控制在0.4%以下进行配风，瓦斯浓度达到0.8%报警、断电，对风排解决不了的瓦斯进行抽放。

制定矿井瓦斯分级管理制度，强化瓦斯现场管理。当采掘工作面回风流瓦斯浓度达到0.4%时，列为重点工作面进行管理，要求必须制定专门的"一通三防"技术管理措施并予以实施；当采掘工作面回风流瓦斯浓度达到0.6%时，视为无把握工作面，在强化技术管理的同时，必须采取工作面限产或放慢掘进速度的措施；当采掘工作面回风流瓦斯浓度达到0.8%时，必须停产治理。

实行瓦斯超限系统追问制度和瓦斯超限追查制度，对于工作面回风瓦斯浓度经常超过0.4%的工作面进行系统追问，包括瓦斯涌出量如何预测的、如何配风的、治理措施是否落实、瓦斯抽采是否有效、是否及时采取了补救措施等。根据瓦斯超限原因对相关责任人员严肃考核，对造成瓦斯责任事故的现象及行为绝不手软。

回采工作面在上角设立专职瓦斯管理班长，负责现场管理气动风车、风帐及瓦斯抽放管路等通防设备、设施，加强工作面上隅角瓦斯管理，加大对现场瓦斯的管理力度。

执行现场会制度。对于在通防标准化方面做得比较好的单位，公司在其责任区域召开正面现场会，推广其先进经验及做法；对于通防标准化做的较差的单位，公司在其责任区域召开反面现场会，各单位对其工作面通防标准化管理提出改进意见，举一反三，防止类似问题重复出现。

坚持老巷隐患排查制度，公司每周组织1次由安管部、通防室、通风区、瓦斯区、救护队组成的隐患排查小组，分组对矿井老巷进行隐患排查，真正做到隐患排查覆盖全矿井。

（二）瓦斯防治保障措施

唐山矿按照瓦斯防治能力评估实施细则标准，在保持现有抽放系统稳定运转的基础上，不断加强现场管理和科技支撑。

1. 保证资金投入

唐山矿严格按照每吨煤不少于30元的标准提取安全费用，用于矿井安全生产投入。近几年，瓦斯防治安全费用占提取安全费用总额的51%以上。

2. 健全责任保障体系

明确瓦斯治理、"一通三防"责任制；建立健全工作运行机制，明确机构、管理人员、专业队伍的工作运行情况；建立健全考核激励机制，明确考核目标、范围、办法和奖罚规定，为夯实瓦斯防治能力提供机制保障。

3. 强化技术支撑

引进新技术、新工艺、新材料，加大科技项目投入，为瓦斯治理提供强有力的技术支撑。

4.加强瓦斯地质预测

预报新区域和延伸水平超前进行瓦斯突出危险评估，实现对矿井瓦斯的监控、预报。

5.加强瓦斯抽采利用

利用地面钻孔对井下瓦斯进行抽放，提高瓦斯利用率，为瓦斯发电提供充足的瓦斯资源。回采工作面瓦斯主要通过高位钻孔、上角埋管进行抽放，工作面瓦斯抽采率为63.2%～84.7%。采空区瓦斯主要通过地面钻孔、井下密闭进行抽放，抽放的瓦斯主要用于发电。矿井瓦斯抽采率在45%左右。

6.人员保障

唐山矿秉承"我们共同发展"的核心理念，高度重视人才的引进、培养和使用，以培训为基础，建设高素质的瓦斯治理队伍。

矿井瓦斯防治效果在矿井瓦斯治理过程中，唐山矿逐渐形成了一整套瓦斯治理管理经验和技术成果，在同类型高瓦斯矿井瓦斯治理方面起到了示范作用。开滦（集团）有限责任公司先后在唐山矿召开了4次瓦斯治理现场会，推广唐山矿瓦斯治理的先进经验及技术。2013年唐山矿被河北省煤管局命名为"省瓦斯治理示范矿井"，被国家命名为"国家级绿色矿山"。2015年被命名为"国家级瓦斯治理示范矿井"。

（三）存在问题及努力方向

1.存在问题

在矿井瓦斯防治工作中，唐山矿还存在一些问题，主要表现在以下几个方面：

作为一个具有138年开采历史的老矿，唐山矿的通风系统极为复杂，矿井通风路线长、阻力大，矿井主扇长期处于大风量、高负压的运转状态。

矿井采空区面积大，采空区瓦斯涌出量占矿井瓦斯涌出总量的31.95%。唐山矿井深巷远，采空区相互连通，采空区瓦斯受大气压力影响较为明显。当大气压力降低时，采空区瓦斯涌出量明显增大，对矿井瓦斯治理构成一定威胁。

矿井通风距离远，通风巷道多，由于矿压显现，局部进回风巷道断面较小，造成通风阻力过大。

2.努力方向

简化通风系统，坚持采后及时封闭，逐步收缩老区，减少老区占用风量，在矿井设计中尽量避免角联巷道，增加通风系统的稳定性。

逐步加大矿井瓦斯抽放量，利用低浓瓦斯抽放系统对相关区域进行抽放，减少矿井风排瓦斯量。利用矿井调压系统，增加工作面及采空区压力，抑制采空区瓦斯涌出，减小因大气压力降低对采空区瓦斯涌出的影响。

加强矿井失修巷道治理，保证矿井进回风巷断面，降低矿井通风阻力。

第五节　矿井火灾防治

一、矿井火灾的分类、危害

矿井火灾又叫矿内火灾或井下火灾，是指发生在煤矿井下巷道、工作面、硐室、采空区等地点的火灾。能够波及和威胁井下安全的地面火灾，也属矿井火灾。矿井火灾一旦发生，轻则影响安全生产，重则烧毁煤炭资源和物资设备，造成人员伤亡，甚至引发瓦斯、煤尘爆炸。发生在矿井井下或地面，威胁到井下安全生产，造成损失的非控制燃烧均为矿井火灾，例如，地面井口房、通风机房失火或井下输送带着火、煤炭自燃等都是非控制燃烧。

（一）矿井火灾发生的基本要素

矿井火灾发生的基本要素和所有的物质燃烧一样，即热源、可燃物和空气。

1.热源

具有一定温度和足够热量的热源才能引起火灾。煤的自燃、瓦斯或煤尘爆炸、放炮作业、机械摩擦、电流短路、吸烟、电（气）焊及其他明火等都可能成为引火的热源。

2.可燃物

煤本身就是一种普遍存在的大量的可燃物。另外，坑木、各类机电设备、各种油料、炸药等都具有可燃性。

3. 空气

燃烧就是剧烈的氧化现象。实验证明，在氧浓度为3%的空气环境里，燃烧不能维持；空气中的氧浓度在12%以下，瓦斯就失去爆炸性；空气中氧浓度在14%以下，蜡烛就要熄灭。

火灾的三个要素必须同时存在，且达到一定的数量，才能引起矿井火灾，缺少任何一个要素，矿井火灾就不可能发生。

（二）矿井火灾的分类

根据不同引火热源，矿井火灾可分为外因火灾和内因火灾。外因火灾是由于外部热源引起的火灾。煤矿常见的外部热源有电能热源、摩擦热、各种明火（如液压联轴器喷油着火、吸烟、焊接火花）等，多发生在井筒、井底车场、石门及其他有机电设备的巷道内。内因火灾是由于煤炭等易燃物质在空气中氧化发热并积聚热量而引起的火灾。它不存在外部引燃的问题，因此，又称自燃火灾。自燃火灾多发生在采空区，特别是丢煤多而未封闭或封闭不严的采空区、巷道两侧煤柱内及煤巷掘进冒高处等。

根据不同发火地点，矿井火灾分为井筒火灾、巷道火灾、采煤工作面火灾、煤柱火灾、采空区火灾和硐室火灾。

根据不同燃烧物，矿井火灾可分为机电设备火灾、火药燃烧火灾、油料火灾、坑木火灾、瓦斯燃烧火灾和煤炭自燃火灾。

（三）矿井火灾的危害

矿井火灾的发生具有严重的危害性，主要表现在以下几个方面。

1. 人员伤亡

当煤矿井下发生火灾后，煤、坑木等可燃物质燃烧，释放出有害气体。此外，火灾诱发的爆炸事故还会对人员造成机械性伤害（冲击、碰撞、爆炸飞岩砸伤等）。

2. 矿井生产接续紧张

井下火灾，尤其是发生在采空区或煤柱里的内因火灾，往往在短期内难以消灭。在这种情况下，一般都要采取封闭火区的处理方法，从而造成大量煤炭冻结，矿井生产接续紧张。对于一矿一井一面的集约化生产矿井，这种封闭会造成全矿停产。

3.巨大的经济损失

有些矿井火灾火势发展很迅猛，往往会烧毁大量的采掘运输设备和器材，暂时没被烧毁的设备和器材，由于火区长时间封闭和灭火材料的腐蚀，也都可能部分或全部报废，造成巨大的经济损失。另外，白白烧掉的煤炭资源、矿井的停产都是巨大的经济损失。

4.污染环境

矿井火灾产生的大量有毒、有害气体，如CO、二氧化碳、二氧化硫、烟尘等，会造成环境污染。特别是像新疆等地的煤层露头火灾由于火源面积大、燃烧深度深、火区温度高及缺乏足够资金和先进的灭火技术，使得火灾长时间不能熄灭，不但烧毁了大量的煤炭资源，还造成大气中有害气体严重超标，形成大范围的酸雨和温室效应。

（四）矿井火灾防治的技术途径

1.外因火灾防治的技术途径

外因火灾是由外部火源引起的火灾，外因火灾的发生和发展都比较突然和迅猛，并伴有大量烟雾和有害气体，例如，处理不当或不得其法，还可能引爆瓦斯、煤尘，造成人员伤亡和财产损失。目前，我国煤矿中的外因火灾所占矿内火灾总数的比重虽然很小（4%~10%），但近几年随着机械化程度的提高，所占比重有上升趋势。预防外因火灾发生的技术途径有两个方面：一是防止火灾产生；二是防止已发生的火灾事故扩大，以尽量减少火灾损失。

（1）预防外因火灾产生的措施

①防止失控的高温热源产生和存在。按《煤矿安全规程》及其执行说明要求，严格对高温热源、明火和潜在的火源进行管理；

②尽量不用或少用可燃材料，不得不用时应与潜在热源保持一定的安全距离；

③防止产生机电火灾；

④防止摩擦引燃，防止胶带摩擦起火。胶带输送机应具有可靠的防打滑、防跑偏、超负荷保护和轴承温升控制等综合保护系统，防止摩擦引燃瓦斯；

⑤防止高温热源和火花与可燃物相互作用。

（2）预防外因火灾蔓延

限制已发生火灾的扩大和蔓延，是整个防火措施的重要组成部分。火灾发生后利用已有的防火安全设施，把火灾局限在最小的范围内，然后采取灭火措施将其熄灭，对于减少火灾的危害和损失是极为重要的。其措施如下：

①在适当的位置建造防火门，防止火灾事故扩大；

②每个矿井地面和井下都必须设立消防材料库；

③每一矿井必须在地面设置消防水池，在井下设置消防管路系统；

④主要通风机必须具有反风系统或设备，并保持其状态良好。

2. 自燃发火防治的技术途径

煤炭自燃发火的防治较为复杂。根据煤炭自燃发火的机理和条件，通常从开采技术、通风措施、介质法灭火三个方面采取措施进行预防。

（1）开采技术预防自燃发火的措施

①提高回采率，减少丢煤，即减少或消除自燃的物质基础；

②限制或阻止空气流入和渗透至疏松的煤体，消除自燃的供氧条件。对此，可从两方面着手：一是消除漏风通道；二是减小漏风压差；

③使流向可燃物质的漏风，在数量上限制在不燃风量之下，在时间上限制在自燃发火期以内。

（2）通风措施预防自燃发火的措施

通风措施防治自燃发火的原理就是通过选择合理的通风系统和采取控制风流的技术手段，以减少漏风，消除自燃发火的供氧条件，从而达到预防和消灭自燃发火的目的。

①据通风阻力定律，漏风区域的漏风量随漏风风阻的增大而减少。因此，通过增加漏风阻力减少漏风，从而起到防灭火的作用；

②压防灭火，又称为调压放灭火，其是利用风窗、风机、调压气室和连通管等调压设施，改变漏风区域的压力分布，降低漏风压差，减少漏风，从而达到抑制遗煤自燃、惰化火区，或熄灭火源的目的。

（3）介质法预防自燃发火的措施

介质法是防治自燃发火的直接技术，其基本出发点：一是消除或破坏煤自燃发火基本条件中的供氧条件，降低煤自燃氧化的供氧量；二是吸热降温作用，延缓和彻底阻止煤自燃发火的进程。这类技术种类较多，主要有灌浆防灭火、惰化防灭火、阻化防灭火、凝胶防灭火及泡沫防灭火等技术。

二、煤矿火灾事故的统计分析

煤炭占我国能源消费及生产结构的2/3以上。然而，我国煤矿火灾现象严重，是世界上发火率最多的国家之一，且多诱发瓦斯、煤尘爆炸事故，造成重大人员伤亡和经济损失。例如，神华宁夏煤业集团，每年有1×10^6 t煤损失于火灾及爆炸事故中，而烧毁的设备损失更是无法估计。通过国家安全生产监督管理总局对2010～2014年全国煤矿所发生的事故进行不完全统计，得出近5年的煤矿事故统计表及煤矿火灾事故等级统计表。由统计结果分析可知，矿井火灾事故得到了控制，但是在矿井发生的所有事故中，火灾事故所占的比例依旧居高不下，且多诱发爆炸事故。从中可以看出，煤矿火灾及由火灾诱发的爆炸事故，大多属于较大事故或重大事故，并且每年几乎都会发生一起特别重大事故，人员伤亡严重。由于火灾诱发的爆炸是一种突发性的灾害，在短时间内释放大量能量，造成强烈的冲击波及高温高压，甚至可能造成地震等严重后果。因此一旦发生爆炸，井下工作人员几乎无生还可能，其危害性较火灾要大得多。近年来，由矿井火灾引发的爆炸事故屡见不鲜，如2013年3月29日及4月1日，吉林省八宝煤业集团有限公司连续发生两起重大瓦斯爆炸事故，起因是416采区-250石门CO浓度超限，遇火源发生燃烧并引发第一次的瓦斯爆炸。4月1日8时，该公司擅自违规派人员到八宝煤矿井下采取挂风障以阻挡风流、控制风量的措施再次处理火区，诱发第二次瓦斯爆炸，事故共造成29人死亡。而2014年3月12日，皖北煤电集团公司任楼煤矿Ⅱ8222外段机巷附近原Ⅱ7322机巷封闭墙内因采空区漏风煤层自燃，发生瓦斯爆炸，冲倒7322机巷封闭墙，造成在Ⅱ8222外段机巷掘进作业的3名工人死亡，1人受伤。由此可见，无论是内因火灾还是外因火灾，都极有可能诱发瓦斯爆炸，造成更大的伤亡及损失。因此，矿井火灾的防治不能只是考虑如何扑灭火区，更应该防止诱发爆炸等次生灾害。

（一）矿井火灾特点及原因分析

1.矿井火灾特点

从本质上讲，矿井火灾是一种非控制燃烧现象，具备燃烧的特征：放热、发光、生成新物质。由于其发生地点（地下空间）和蔓延的特殊性，使其具有以下特性：破坏性、灾难性及继发性。井下火灾发生地点不同，供氧情况也不同，根据供氧情况，可分为富氧燃烧和富燃料燃烧。矿井火灾前期耗氧量较少，火势强度及火源范围较小，蔓延速度低，氧气的供给量大于或接近燃烧所需要的氧气量，此时井下进行的燃烧为富氧燃烧。由于氧气供应充足，致使相当富足的氧气剩余，火源下风侧氧气浓度一般大于15%。燃烧产生高温，并分解出大量可燃气体及水蒸气，此时，火灾蔓延迅速，影响范围扩大，氧气的消耗量大于供给量，火灾发展为富燃料燃烧。这些挥发性组分在燃烧的同时，与风流汇合，形成高温烟流，加热火源下风侧较大范围的可燃物，致使下风侧的氧气浓度一般低于3%。此外，井下火灾会使气流发生紊乱，主要有风流逆转、烟流逆退及烟流滚退等。火灾生成大量有毒有害气体，随着逆转的风流蔓延至更大区域，甚至污染进风区域，给撤退及救灾人员带来危险，也增加了爆炸的可能性；烟流逆退及烟流滚退对火源上风侧影响较大，逆退的烟流与新鲜风流混合，在一定条件下可能诱发瓦斯爆炸或引起风流逆转。另外，火源下侧的高温挥发性气体遇旁侧新鲜风流后，容易形成新的火源点，发生回燃，也称"跳蛙"现象。

2.矿井火灾原因分析

依据引发火灾的原因不同，矿井火灾一般可分为内因（自燃）火灾和外因火灾。

（1）矿井内因火灾

火灾的起因，是具有自燃倾向性的煤层，在适量的通风条件下发生物理化学变化，集聚热量，达到自燃点引发的煤燃烧火灾，即煤自燃造成的矿井火灾。对于煤自燃机理的探究始于17世纪，经过100多年的探究，人们提出了若干种煤炭自燃机理，主要有黄铁矿作用学说、细菌作用学说与酚基作用学说、谢苗诺夫自燃学说及被多数人认可的煤氧复合作用学说等。煤氧复合作用学说认为，具有自燃倾向的煤体自暴露在空气中后，与氧气结合，发生氧化反应并产生热量，由于井下空间受限，热量极易集聚导致温度升高，引起煤体燃烧。按温度和物理化学变化特征，煤自燃过程可以分为潜伏（准备）期、自热期、自燃期和熄灭期。近年来，国内外学者对煤自燃机理的研究又取得了新的进展，主要体现在：从煤分子结构模型及其活化能入手研究；利用热分析技术研究；从煤岩相学角度进行研究。

矿井内因火灾多发生在采空区或煤柱内，火源点较隐蔽，过程缓慢，不易察觉。

（2）矿井外因火灾

煤矿外因火灾是在外界火源（明火或高温）的作用下，引起燃烧而导致的火灾。井下常见的外因火源主要有电气火灾、摩擦产生高温或火花引发的火灾、明炮及炸药引发的火灾、爆炸引发的火灾、液压联轴器喷油着火引发的火灾、明火（电焊切割作业、吸烟等）引发的火灾。随着机械化程度的提高，煤矿外因火灾比例逐年增大。矿井外因火灾多数是由于管理的松懈造成的，很多井下工作人员都未经专业的教育及逃生技能的培训就上岗，更有部分特种作业工作者，如电焊人员无证上岗，井下杂物堆放，设备不按照规定进行保养和更换等，这些都为矿井火灾的发生埋下了重大的隐患。据统计，外因火灾的比重在4%～10%，而国内有记载的重大恶性矿井火灾中，外因火灾却占到了90%以上。由于外因火灾发生突然，来势迅猛，施救工作难以施展，往往容易酿成重大事故。矿井内因火灾是众多因素综合作用的结果，过程不易发觉。矿井外因火灾的火源一般在燃烧物的表面，来源多为人为因素或机械故障，如果能及时地发现，并启动相应的应急救援预案进行扑救，可以避免火势的蔓延，因此，外因火灾应以预防为主。针对内外因火灾的致灾原因及特点，可以采取不同的预防和治理措施。

（二）矿井火灾防治措施

1.煤层自燃发火的预测

矿井内因火灾的预防，可以依照经验或采取实验的方式对煤层自燃发火的可能性进行估算，并作出科学的预测，进而采取措施延长煤层的自燃发火期。

（1）自燃倾向性预测法

自燃倾向性预测法主要是根据煤自燃倾向性不同，划分煤层自燃等级，以此区分煤层的自燃危险程度，从而采取相应的防灭火措施。目前，我国主要采用煤吸氧量进行判定，依据《煤矿安全规程》，对于煤的自燃倾向性进行分类。

（2）指标气体监测法

煤是一种大分子物质，结构极其复杂。煤氧化时，分子断裂，生产大量的自由基，这些自由基与氧气反应，生成CO，二氧化碳，甲烷等碳氢化合物及烃类化合物，并放出大量热。煤自燃的不同阶段会产生不同的气体，其生产量、生成速率及比值等与温度有关，在一定程度上能够反应煤自燃趋势，在火灾早期，可以用仪器检测和分析，进行预报。指标气体的选取要根据煤层特质来确定，而环境条件对煤自燃起决定性的作用，指标气体浓度易受复杂环境影响。为了及时准确地预测预报煤炭自燃情况，必须综合考虑井下环境因素，如空气流速、地温、煤体粒径及氧浓度等，这些因素对单一指标气体的生成较复合指标气体的影响更大，为了能够提高指标气体的可靠性，消除环境因素的影响，可以采用复合指标气体，如在空气流速大的井下可以采用CO_2/CO，CH_4/CO；煤粒径大的矿井，可采用CH_4/H_2，CO/CO_2，CH_4/CO；氧气浓度高的矿井，可以采用H_2/CH_4，CH_4/CO等。

（3）温度监测法

燃烧的特征是发光发热，煤层燃烧会使井下热量集聚，温度迅速升高，温度直接反映了煤的氧化程度。温度监测就是以此为基础，是发现煤炭自燃和探寻高温点及火源的最直接、最可靠的方法。目前，常用的温度监测仪器有红外线测温仪和温度传感器两种。除此之外，对于煤层自燃的预测还有综合评判预测法、数学模型预测法及统计经验法预测等。

2. 火灾治理措施分析

火灾的治理措施可以归纳为三种：控制火源出现；冷却防灭火；煤氧隔离。

（三）控制火源

出现井下火源一般可分为两类：人为制造的及设备运转或故障时产生的高温和电火花。由人为因素造成的火源主要有违规携带易燃易爆物品下井、明火设备使用不当、违规焊接、违规吸烟等行为；而设备故障引发的火源除采煤机、运输机、通风设备及电气设备等，由于磨损、腐蚀、断裂或者老化等原因，在运行时发生故障产生高温或电火花，尤其是磨损及老化的电缆设备，如果不及时更换维修，在通电的情况下很容易产生电火花而引起煤炭燃烧，造成火灾。因此，消除井下火源，要对井下工作人员进行适当的安全教育、培训及检查，对于进行焊接等特种作业的工作人员必须要求严格，持证上岗，规范操作；而对于设备及电缆，要定期进行检查、维修和更换，降低电火花产生的可能性，从根源上消除井下火灾。控制火源的出现不仅是治理外因火灾的重要手段，也能够预防煤氧化到一定程度被引燃而造成火灾。

1. 冷却防灭火

冷却防灭火就是采用比热容较大的液态物质，如清水、黄泥浆、压送泡沫等直接喷洒或灌注于火区，快速急剧降低火区温度而终止燃烧。清水降温是一种最有效、最经济、最广泛且使用简便的灭火材料，适合于火灾初期，火势小、范围不大时，在使用时，要充分考虑水流的方向及线路和设备布置，以免出现风水反向流动的问题。同时，水在高温环境下可气化为水蒸气，又可以起到煤氧隔离的作用；灌注黄泥浆和高倍泡沫一方面利用灭火材料气化的吸热作用达到降温的目的，另一方面气化的水蒸气和本身的混合材料，将煤体包裹，起到煤氧隔离并稀释氧气浓度的作用。

2. 采用煤氧隔离

惰化物质、阻化剂或填充物质是将一些阻燃物质或者是惰性物质送入处理区，隔绝煤与氧气的接触从而抑制煤的自燃，以达到防灭火的目的。目前，最常用的惰性物质主要有常用的黄泥浆外，还有粉煤灰、阻化剂和阻化泥浆、液氮及胶体等。阻化剂主要有无机盐吸水液、氢氧化钙阻化液、硅凝胶、表面活性剂、高聚物乳液粉末状防热剂等。其优点是，成本低且环保在隔断煤氧接触的同时，由于蒸发吸热，对于火区的降温又有很大的作用；缺点是，阻化剂在喷洒过程中，易堆积，包裹不到高处煤堆，且井下多种设备易被这些材料腐蚀而损坏，分解出的某些有毒有害气体，污染井下空气，给工作人员的身心带来伤害。胶体防灭火技术已是近年来发展起来的新型防灭火技术。胶体材料发生凝胶作用，将水分子固定，降低水煤气燃爆的危害，对煤体进行包裹，在隔氧的同时也能惰化煤体表面的活化因子，有效地延长了煤的自燃发火期。封闭火区注惰是一种常见的矿井灭火方法，其作用主要如下：

①形成正压减少漏风量。

②替代氧气深入煤体及煤矸石中，甚至吸附在煤体表面，进而惰化火区，消灭潜在的火点，对火区氧浓度进行稀释，将可燃预混爆炸性气体浓度降低到失爆点以下。

③液态惰气还具有冷却炽热烟流及火区的作用。

注惰灭火中使用的惰性气体并非传统意义的惰气，而是指不参与燃烧反应的气体，因而注惰具有不自燃、不助燃、性质稳定的优点。在封闭火区注惰过程中，封闭惰气射流在对环境气体进行混合稀释的同时，活塞作用推动封闭火区中的混合气体向前运移，并逐渐接近火源位置，由于火源附近温度较高，一旦进入高于650 ℃的高温火区，就有可能发生爆炸。因此，封闭注惰灭火并非万无一失。对于封闭火区注惰灭火的研究，由于实验难度大，多数学者采用数值模拟进行研究，目前，已取得一些成就，除了验证封闭火区注惰形成的活塞作用可能引发爆炸的结论，以及注惰的降温、稀释氧气的作用外，还得出火区气体的运移规律，推算出最小注惰计算公式，并得出注惰速度在紊流状态下较为安全的结论。

第六节　矿井水害防治

一、矿井水害因素分析

（一）矿井充水水源

煤矿可能存在的充水水源有地表水体、新生界中部砂层孔隙承压含水层水（以下简称"新生界中含水"）、煤系砂岩裂隙水（以下简称"煤系水"）、太原组灰岩岩溶裂隙含水层水（以下简称"灰岩水"）、奥陶系石灰岩岩溶裂隙含水层水（以下简称"奥灰水"）、寒武纪灰岩含水层水（以下简称"寒灰水"）和老空水，其中煤系水和灰岩水是直接充水水源。

1. 地表水体

矿区主要水系济河，济河属本矿井地表最大水体，对矿坑开采无充水影响。如若进行济河水系下工作面开采，水体可能会通过导水通道渗漏或溃入矿井。

2. 新生界中含水

新生界中部含水层（组）全井田平均厚度201 m，富水性较强。其底板以下沉积有厚0～89.20 m，平均44.50 m的黏土隔水层（中隔），沉积厚度稳定，全井田发育，可阻隔中含水直接补给煤层顶板砂岩。唯有古潜山部位（如主、副井所在部位）中含直接覆盖在煤系上部石千峰组地层上，存在对基岩的直接补给。对矿井开采条件而言，新生界中部含水层是间接充水含水层。

3. 煤系水

其主要是煤顶板砂岩水，在煤系砂岩裂隙含水层（组）之间一般均有一层或数层泥质岩类隔水层存在，因此，彼此在正常情况下没有水力联系，但若被断层切割时有可能出现突水或涌水，并导致层间水力联系。由于煤系砂岩含水层（组）单位涌水量为0.004 6～0.049 L/（s·m），富水性弱，补给水源极有限，为存储消耗型特征。因此，煤系水虽然是矿井直接充水水源，但对煤层开采威胁并不严重。必须注意的是，在局部坚硬的砂岩裂隙发育区段，富水性较强，一旦井巷工程接近时，可能造成出（突）水。

4. 灰岩水

太原组灰岩岩溶含水层（组）由太原组C_{31}至C_{33}下层灰岩岩溶裂隙水组成，距煤底板12.08～21.37 m，平均16.44 m，并接受太原组下段灰岩和奥陶系灰岩含水层（组）的补给，单位涌水量为0.017 4～1.764 L/（s·m），富水性由弱至强。第一水平—610 m灰岩水的水头压力超过6.4 MPa时，在失去水力均衡作用的条件下，如果1煤底板被断层切割，则断层面既可成为导水通道，也可转化为直接充水水体，对煤层的开采构成威胁。灰岩水是直接充水含水层（组），富水性强，补给丰富，成为矿井水害的隐患。

5. 奥灰水

奥灰突水虽较少发生，但危害巨大，难于预测防范。本区奥灰、寒武系灰岩地层隐伏于巨厚新生界地层之下，总面积约187 km²，由于钻探实验工程极少，故水文地质条件不清。因此，为查明此种水害隐患，需投入较大的勘探工程量。

6. 寒灰水

寒灰含水层地下径流极畅通、影响半径极远，寒灰上部岩溶裂隙、溶洞较发育，寒灰含水层是太灰的直接补给水源。

7. 老空水

老空水主要指矿床体开采结束后，封存于采矿空间的地下水。当井下采掘工作面接近它的时候，老空区的积水便成为矿井涌水的水源。煤矿存在少量老空水，老空区位置、范围和积水量清楚。

（二）矿井导水通道

1. 充水通道

煤矿可能存在的充水通道有井口、采动塌陷区、冒裂带、裂隙、断层、井筒、封闭不良钻孔和岩溶陷落柱。

2. 井口

井口是矿井生产的咽喉与腹地，如若井口标高不够，则会导致地表水通过井口流入井内，造成水害事故。因此，应该在任何情况下均保证井口的基础标高处于安全值。

3. 采动塌陷坑

随着开采面积和开采深度的扩大，有可能造成采动塌陷区的出现。地表水可通过塌陷坑直接充入井下，如若塌陷面积增大，大量砂砾石和泥砂与水一起溃入矿坑，对矿井安全生产造成极大威胁。

4. 冒裂带

埋藏在地下深处的煤层承受着上覆岩层的自重力，而自身也会产生相应的对抗力来保持平衡。当煤层开采后，采空区上方的岩层因下部采空而失去平衡，产生矿山压力，引起顶部岩体的开裂、垮落和移动。根据采空区上方的岩层变形和破坏程度不同，岩层可划分为冒落带、裂隙带和弯曲沉降带，冒裂带和裂隙带合称为冒裂带。冒裂带是矿坑的人为导水通道，当冒裂带发育高度达到煤层顶板充水含水岩层时，会导致突水。

5. 裂隙

裂隙可分为顶板裂隙和底板裂隙。一般情况下，新生界中含水和煤系水通过顶板裂隙导水，灰岩水则通过底板裂隙导水。

煤系水是矿坑直接充水水源，由于砂岩裂隙发育的非均一性，其富水性差异较大。煤系砂岩水主要通过岩层原生裂隙、构造裂隙及开采覆岩破坏形成的裂隙等充入井巷或工作面，造成矿井出（突）水。

由于压力失衡，煤层底板出现裂缝，太灰水会通过底板裂隙突水。

6. 断层

据勘探资料统计，本区钻孔见断层点46个，破碎带宽介于1.6～16 m，且多为泥质充填，无漏水现象。当地下水均衡受到破坏时，断层破碎带可能转化为地下水涌入矿井的通道，尤其是当断层切割灰岩含水层（组）时，可能出现出（突）水现象。在东一风井西侧，有四条断层，组成北东向的断层组。其中，F_{11}由11孔穿过，在孔深555.7～560 m见断层破碎带。由于该断层组的发育破坏了1煤及顶板砂岩和底部太原组灰岩地层的连续完整性，在局部地段可能使二者产生水力联系。

7. 井筒

煤底板灰岩含水层（组）是井巷直接充水含水层（组）之一，井筒及井巷揭露裂隙时，会直接发生充水。

东一、东二风井超前小井存在着充水隐患。东一、东二风井超前小径钻井井底，距C_{31}灰分别为31.21 m、19.32 m，而井底面积分别为7.07 m^2、12.6 m^2，其承受灰岩水头压力为4.55～4.6 MPa。两井下分别有4.5 m、12.06 m超前小井井筒没有充填处理，这不仅使井筒岩壁在矿压作用下失稳，而且存在井底岩层被下伏灰岩高水头压力突破而引发灰岩水出（突）水隐患。

8. 封闭不良钻孔

封闭不良钻孔可能引起的充水，对矿井开采构成潜在的威胁。若钻孔封闭不良，孔内本身含水及沟通了钻孔所经过的各强弱含水层（组），各含水层（组）通过钻孔向采掘空间充水，尤其是揭露底部太原组灰岩的钻孔，更具威胁性。

9. 岩溶陷落柱

目前煤矿发现了2个岩溶陷落柱，均分布在东翼采区，其中一个呈带状，实际揭露一个未出水。东风井地区灰岩水与陷落柱和突水之关系形成如下：

沿陷落柱→陷落柱→东风井→注孔→孔一线应存在一强导水带。当XLZ3孔抽水时，注孔水位下降明显，说明此两孔有水力联系。XLZ3孔抽水层位主要是对奥灰与寒灰，而注孔观测的层位是C_{31}灰，注孔位于东风井附近，1993年东风井出水，已经证实东风井附近区域太灰与奥灰、寒灰水有水力联系。东风井常年以较大的流量涌入奥灰与寒灰水，东风井在1994年进行的抽水实验，证实了其下部奥灰与寒灰中强径流带分布方向有两个：一个大体方向为东风井-注孔指向XLZ4孔，另一个为东风井-孔方向。这与矿井开采中所揭露的近南北方向的小正断层发育，而近东西方向的小断层则不发育的情况相吻合。

受陷落柱影响，2陷落柱至东风井一带，1煤底板砂岩至C_{310}之间地层垂向裂隙发育，C_3-Ⅰ和C_3-Ⅱ太灰含水层（组）具有统一含水层（组）的特征，是东风井突水的直接水源层。陷落柱内地层层序正常，并未造成地层错断或缺失，但高角度裂隙发育，地层岩石破碎，该陷落柱是一个整体陷落变形并未成柱的"陷落柱"。

陷落柱规模巨大，受其陷落牵引变形影响，周围地层垂向裂隙发育，东风井位于陷落柱的长轴延长线上，直线距离850 m左右，在其影响范围之内。因此，东风井突水的直接水源层是C_3-Ⅰ和C_3-Ⅱ组太灰含水层（组），奥灰和寒灰含水层（组）是其补给水源，补给方式为大范围的顶托越流补给，而不是集中通道补给。

（三）矿井出（突）水分析

煤矿突水水源主要是煤系水，由于煤系砂岩含水层（组）没有直接补给水源，为消耗静储量，一般突水后，水量呈衰减趋势直至疏干。当最大突水量较大时，则采取强排的措施，而后自行疏干。煤系水可通过断层、冒裂带、顶板裂隙和井筒导水，当突水通道是断层时，要加强对断层的探放；当突水通道是冒裂带和顶板裂隙时，要加强顶板支护和对顶板的管理；当突水通道是井筒时，要对井筒进行注浆加固。

煤矿历年最大突水量出现在1993年10月3日，最大突水量为642 m³/h，突水水源为太灰水。此次突水由于受2陷落柱影响，东风井车场附近岩层垂直裂隙发育，太灰水通过底板裂隙涌入车场。由于太灰水富水性强，出水量较大，不能短期疏干，可采取注浆封堵的方法。

煤矿曾发生新生界水通过井筒突水事件，此次突水采取重新打钻加强冻结的措施。

二、水害防治专家系统模型

（一）专家系统概述

专家系统是一个用基于知识的程序设计方法建立起来的计算机系统，系统中有一个巨大的知识库，存储着某个领域的专门知识，还有一个推理机构。专家系统的一切结论，都是利用系统内部的知识进行推理后得出的。这种以知识库和推理机为中心的机构，可表示为：知识+推理=系统。比起领域的专家，专家系统的知识便于保存和推广，具有永久性和一致性，不会因为时间过久而消失，不会像人类专家那样易受环境和情绪的影响。专家系统作为一种计算机系统，继承了计算机快速、准确地优势，在某些方面比专家更可靠、更灵活。专家系统由知识库、综合数据库、推理机、知识获取模块、解释器、人机接口6个部分组成。

1. 知识库

知识库是专家系统的核心之一，主要用来存放领域专家提供的专门知识。在这里，知识用某种特定的形式表示。常用的知识表示法是产生式规则，在这种情况下，知识库包含"事实"和"规则"。"事实"是指领域中的定义、理论和实践经验等事实性数据，而"规则"就是有关怎样生成新的事实及如何根据现有事实得出假设的方法。

2. 综合数据库

综合数据库简称数据库，是专家系统中用于存放反映系统当前状态的事实数据的"场所"，主要用于存放系统工作过程中所需领域或问题的初始数据、系统推理过程中有意义的中间结果、最终结论。在专家系统中，综合数据库中数据的表示和组织，通常与知识库中知识的表示和组织相容或一致，以使推理机能方便有效地使用知识库中的知识和综合数据库中描述问题当前状态的数据去求解问题。

3. 推理机

专家系统中的推理机实际上也是一组计算机程序，是构成专家系统的核心部分之一。其主要功能是根据一定的推理策略从知识库中选择有关知识，对用户提供的证据进行推理，直到得出相应的结论。

4. 知识获取模块

知识获取过程可以看作一类专业知识从知识源到知识库的转移过程，能将某专业领域内的知识转化为计算机可利用的形式并送入知识库中，同时还能对知识库进行修改和扩充。

5. 解释器

解释器用于解答用户提出的各种问题，并对系统得出结论的求解过程及系统的当前状态提供必要的清晰的解释说明。

6. 人机接口

人机接口用于实现人机对话，负责把用户输入的信息转化为系统内规范化的表示形式，交由相应的模块去处理，然后将系统输出的内部信息转化为用户易于理解的表示形式显示给用户，实现"用户—系统—用户"这一输入输出过程。

（二）突水水源判别

对矿井突水水源的识别是水害防治工作的基础。判别突水水源包括地下水化学、同位素、水温、水位动态预测和分析等方法，而水化学成分判别水源具有快速、准确、经济的特点。集成了最常用的突水水源的灰色关联度判别、贝叶斯判别和模糊综合判别，通过向系统中输入突水水样中的六大常规离子含量，即可快速得到突水水源的判别结果，并可将结果运用到防治水措施辅助决策模型中，针对各种不同的突水水源，给出相应的水害预防措施、突水治理意见，并提供相似的突水案例以便参考。

灰色关联度方法是根据各因素间动态过程的相似性或相异程度来衡量各因素间发展态势的一种衡量方法，即将研究对象及影响因素的因子值视为一条线上的点，与待识别对象及影响因素的因子值所绘制的曲线进行对比，比较它们之间的贴近度。灰色关联度算法在突水水源判别中的基本思想是，根据标准水样建立突水水源判别中各突水含水层的标准序列，按照一定的方法计算出待判序列与标准序列的关联度，与哪个含水层的标准序列关联度大就判为该含水层。这种方法的优点是能够客观地找到各因素间的密切关系，进行定量分析，且快速简单，客观可靠。

贝叶斯判别是一种概率型的判别分析，在分析过程开始时，需要获得各个类别的分布密度函数和样本属于各个样本的先验概率，建立合适的判别规则进行统计推断。在煤矿生产的实际工作中，需要判别未知水样的归属，这属于判别分析研究的范畴。贝叶斯判别分析的基本思想是将研究对象（某一个体）的各种特征，同它可能归属的各个类型的特征进行对比，以决定其应该归入哪一类。在谢桥煤矿突水水源贝叶斯判别分析中，将各主要充水含水层作为判别的母体，待判水样作为未知样品，判别中选取部分典型水样作为建模使用，同时将所有水样代入已建立的模型用于检验模型精度。模糊综合评判是一种应用数学原理对多因素所影响的事物或现象进行综合评判的方法。其基本思想是通过模糊运算比较突水水质对几个可能水源的隶属度，最大者即为突水水源。对综合评判结果的准确程度来说，因子权重的确定是一个很重要的因素。计算权重的方法很多，在突水水源判别中常用的有超标加权法、偏标加权法、模糊F值法。

（三）水害预防措施辅助决策

矿井水害事故是在一定的地质构造条件、水文地质条件、开采技术条件等多因素的约束下发生的，最重要的两个因素是充水水源和导水通道。二者的配合关系不同，导致矿井水害的发生形式、危害程度及防止水害发生所采取的措施也不尽相同。本模型的功能在于根据不同的充水水源和导水通道的组合，给出相应的水害预防措施。对谢桥煤矿的地质、水文地质条件进行彻底分析后，总结出可能存在的充水水源有地表水体、新生界中含水、煤系水、太灰水、奥灰水、老空水；导水通道有冒裂带、顶板裂隙、底板裂隙、断层、井筒、封闭不良钻孔、岩溶陷落柱。通过对防治水领域的专家知识进行分析可知，矿井水害预防措施和方法众多，主要分为地表水害预防、老空水害预防、井下水害预防，结合谢桥煤矿的实际情况，拟定出谢桥煤矿水害预防措施，作为知识源，通过知识表示，存入知识库中。结合表格特点，可采用较常用的产生式表示方法进行知识表示，即IF（A_1&A_2&…&A_n），THEN（B）。其中A_1，A_2，…，A_n为前提条件，B为结论，各条件是用AND联系起来的复合条件。在知识表示中的产生式规则是以"如果这个（些）条件满足的话，就得到这个结果"形式表示的语句。

1.专家系统中水害预防措施

辅助决策模块的规则定义为IF，THEN（水害预防措施），列举规则如下：

r1：IF充水水源是新生界中含水；

AND导水通道是井筒；

THEN采取措施为：对井筒进行注浆加固。

r2：IF充水水源是灰岩水；

AND导水通道是断层带；

THEN采取措施如下：

①探放：坚持执行"预测预报，有疑必探，先探后掘，先治后采"；

②疏水降压：对疏水降压范围内岩柱厚度比值小于经验值的断层，必须按规定留设断层防水煤柱。

2.突水治理意见辅助决策

为了正确治理水患，实现高速度、高堵水率的目标。每项治水工程，在施工前都必须制定一个明确的治水方案。因此，必须明确界定矿井突水治理的基础条件，分析矿井水文地质条件，研究突水的内在原因，查明突水点层位、突水水源和突水通道。突水治理的基本原则是：必须根据三大不同基础及其所处的地质、水文地质条件，研究、采用针对性的思路和对策。其最终目标是尽快恢复生产、消除隐患和取得最好的封水效果。治水的决策思路主要如下：

①以突水水源为主要线索，查找突水通道。

②以注浆封堵突水通道和注浆局部改造突水通道附近的水源含水层为主要目标，切断突水水源。

③在突水点下游建造水流阻力段，减小流速，为保存和控制浆液创造必要的条件。

④研究、剖析各封堵突水点位的特点，有针对性地确定不同的灌注材料、

浆液配方、注浆工艺和注浆方法。结合《煤矿防治水规定》，分析谢桥煤矿历年突水特征后，将突水程度按突水量进行划分：$Q \leqslant 10$ m³/h；10 m³/h$< Q \leqslant 60$ m³/h；60 m³/h$< Q \leqslant 300$ m³/h；300 m³/h$< Q \leqslant 600$ m³/h；$Q > 600$ m³/h。拟定出的谢桥煤矿突水治理意见，作为知识源，通过知识表示，存入知识库中。结合表格特点，仍采取产生式表示方法进行知识表示，专家系统中突水治理意见辅助决策模块的规则定义为IF（突水水源&突水通道&最大突水量&稳定突水量），THEN（突水治理意见）。

列举规则如下：

r_1：IF突水水源是太灰水；

AND突水通道是底板裂隙；

AND最大突水量60 m³/h$< Q_1 \leqslant 300$ m³/h，AND稳定突水量$Q_2 \leqslant 10$ m³/h；

THEN突水治理意见为：排水，降压，增加泵排能力和排水管路。

r_2：IF突水水源是新生界中含水；

AND突水通道未知；

AND最大突水量$Q_1 \leqslant 10$ m³/h，AND稳定突水量未知；

THEN突水治理意见为：自燃疏放，加强支护，密切观测。

r_3：IF突水水源是奥灰水；

AND突水通道未知；

AND最大突水量为$Q_1 > 600$ m³/h，AND稳定突水量未知；

THEN突水治理意见为：初期强排，保相邻矿井。

利用袋装水泥码砌临时水闸墙分区隔离。抢排水，调动一切可利用的排水设施，同时进行垂直三段式和水平三段式注浆堵水方案。

第七节　矿井粉尘防治

一、矿井粉尘防治技术

（一）矿井粉尘运移规律研究

通过对综采工作面的数值研究，分析表明，通风风速越大，矿井呼吸性粉尘通风降尘率越低，因此通风降尘方法对控制粉尘难以起到显著效果。根据回采工作面粉尘运动规律，采煤机产尘点后方可分为3个粉尘运移带。即以大颗粒粉尘和呼吸性粉尘同时向全断面快速扩散，粉尘浓度达到峰值为特征的粉尘快速扩散带；其后是以粒径较大的粉尘颗粒开始缓慢沉降，粒径较小的粉尘继续向整个工作面空间弥漫，长时间悬浮为特征的呼尘弥漫带；最后以小粒径呼吸性粉尘为主，长时间稳定悬浮在巷道空间，粉尘浓度基本保持不变为特征的稳定悬浮带。同时，各粉尘运移带在工作面方向的存在距离受到风速、断面面积、生产设备、粉尘分散度等因素影响，随着产尘点的移动，各粉尘运移带有一定叠加。粉尘快速扩散带位于产尘点后20 m范围内，是回采工作面降尘的关键区域，提高降尘效果技术措施应在产尘点后10 m内实现。掘进工作面受自身通风条件限制，掘进工作面不能形成循环通风。整个巷道空间既是操作工人的工作空间，也是回风和粉尘弥散的空间。数值模拟研究表明，掘进工作面主要尘源区域为掘进机截割头及左右铲板位置附近，其峰值浓度范围为截割头附近区域，其次是左右铲板附近区域。同时，掘进工作面粉尘在巷道整体分布呈现非对称性。在巷道断面上，一般以过风筒的斜对角线为分界线，其上部空间粉尘浓度较高，其下部空间粉尘浓度较低。风流在掘进机机身至碛头之间10 m左右的区域形成涡旋流场。此区域内的粉尘受风流涡旋流场作用做漩涡扰动，导致这一区域粉尘浓度长时间持续保持在一个较高的值，不易实现降低，粉尘不能迅速排出和沉降。局部持续高浓度的粉尘对此区域内操作工人的职业健康存在着极大的潜在危害。因此，解决这一区域高浓度粉尘的现状是掘进巷道防降尘工作的重点。从数值模拟结果分析，无论回采工作面上还是掘进工作面上，产尘源附近10 m以内是治理粉尘的关键位置。

（二）矿井综合防尘成套技术

1.煤层注水产尘预控

煤层注水通过预先湿润回采的煤体，使煤的物化性质发生变化，增加煤体内的孔隙水含量，增强煤体塑性，降低硬度和抗压强度，从而有效减少煤在破碎过程中的原始煤尘产生量，降低在转载、装运过程中的煤尘。研究表明，煤层注水辅助其他防尘措施除尘率可达90%左右，是减少煤尘产生的最基本、有效的措施。根据现场实际条件与煤质条件，合适的注水孔参数、注水量、注水压力、注水时间等参数对煤层注水效果影响显著，选择合理参数是提高煤层注水效果的关键，是煤层注水发挥减尘作用的基础。

2.降尘新技术设备研究及应用

捕捉沉降喷雾装置多为压水、电力等作为喷雾动力。目前，矿井防尘喷雾系统主要通过静水压力进行单一的清水喷雾。理论上清水喷雾降尘率可以达到50%，但实际情况中清水喷雾的降尘效果是比较差的，对呼吸性粉尘的降尘效果更低，仅仅达到28%的降尘率。为此，需要对气水喷雾为雾化机理的新型气水喷雾设备进行研究。

气水喷雾是以两相流为理论基础，以压力水和压缩空气为双动力的一种新型的喷雾方式。气水喷雾首先是气液两相流体的混合，然后一定气液比的条件下高速气流使自身具有压力的水流充分破碎，液体成为分散相，气体成为连续相，混合空间内弥漫着液滴的气流，液体充分雾化。气水雾化喷嘴的关键技术是在喷嘴前形成气泡两相流，其流态受液体特性、喷孔直径、喷嘴雾化角、气水混合室压力和气液比、供水压力、供气压力、气水混合室长度及直径等因素的影响，其中气液比和喷嘴结构形式对气水喷雾效果影响显著。

冀中能源峰峰集团有限公司所属矿井现场应用了气水喷雾原理的系列化气水喷雾设备，如采掘机外喷雾装置、放炮气水喷雾装置、巷道气水喷雾净化水幕装置等。上述设备分别适用于综掘工作面、综采工作面、炮采工作面、巷道等产尘点与粉尘扩散空间。这些气水喷雾原理的喷雾设备在风压0.4～0.8 MPa，水压大于1 MPa的条件下，耗水量小于30L/min，喷雾有效射程达7 m，有效降尘面积为10 m²。相比仅依靠水静压动力的喷雾设备，耗水量降低，喷雾的有效射程和降尘面积大大增加，有效控制了产尘点和巷道中的粉尘扩散，取得了良好的降尘效果。

在气水喷雾原理设备的应用过程中，研究发现设备研究的设计应在保证设备本质安全的前提下注重设备的实用性，安装的简便性，应用中需满足使用方便、效果良好的技术要求。

（三）降尘新材料技术研究

目前我国煤矿井下除尘主要采用以水为主的综合防尘措施，其中包括煤层注水、湿式作业及各种喷雾系统，其除尘效果关键在于水（雾）对粉尘的降尘效率。这种结果主要是由防尘水与粉尘自身性质及其相互作用方式决定的。在防尘水中添加降尘材料，改善防尘水与粉尘的亲和性，是提高清水喷雾降尘效果的途径之一。

在全面研究井下粉尘性质及其运移和沉降规律的基础上，结合国外先进技术，经过实验室实验和井下现场实验，研究人员研发出了具有降尘高效、添加量低、功能多、环保等优点的粉尘捕捉剂。在综掘机正常作业时，分别测试了相同或相近的工况条件下测尘点（综掘机司机后5 m左右处）在无防尘措施状态、清水喷雾状态和添加粉尘捕捉剂喷雾状态下的粉尘全尘浓度，其结果为：在无防尘措施的情况下，综掘面平均全尘浓度达876.7 mg/m³；清水喷雾状态下，综掘面平均全尘浓度为538.3 mg/m³；清水喷雾配合使用粉尘捕捉剂，改进除尘效果后，综掘面平均全尘浓度为124.5 mg/m³。

可见，粉尘捕捉剂对控制和降低粉尘全尘浓度有显著效果。同时，现场操作工人也明显感受到了伴随粉尘浓度降低而来的呼吸、视野等感官变化。

（四）粉尘在线监测

监控矿井空间中的粉尘浓度的计量内容经历了从数量浓度向质量浓度的转变。检测设备从依靠人工物理称量的检测设备到基于光学原理的粉尘浓度测试仪，再到粉尘浓度传感器的发展。

粉尘在线监测监控系统发展的关键在于技术设备的成熟性。这些设备应安设在回采工作面、掘进工作面、进回风巷道、转载点、煤仓等粉尘产生和扩散的位置。粉尘在线监测监控系统的建设应包括工作面的监测监控、净化水幕的自动喷雾等内容，应实现与现有瓦斯监测系统、人员定位系统的融合，实现测试数据实时就地显示、粉尘浓度超限自动喷雾等监测监控目的。现阶段井下在线监测监控技术设备的工业应用仍需要进一步完善，因此综合防尘成套技术在线监测监控信息化系统的构建需要深入研究。

（五）综合防尘成套技术模块化应用

根据粉尘产生与运移特点，结合粉尘治理技术的特点，运用模块化方法，构建粉尘治理技术体系，将其作为煤矿粉尘治理的技术保障。根据粉尘治理技术体系，针对具体矿井的产尘特点进行防尘技术设计，在峰峰矿井实际应用中，综合运用煤层注水、新型气水动力喷雾等装置、新型降尘材料及粉尘监测技术等，作业现场综合降尘率可达90%以上，显著改善了井下作业地点的环境条件。

二、粉尘防治特点

（一）浅埋煤层粉尘防治特点

某矿区煤炭的生产设备、运输设备以引进为主，功率大，生产、运输能力强，产尘点粉尘浓度绝对量相应较大；煤层内水较高（内水8%~9%，全水15%~17%），为了保证煤质，适应市场要求，传统的湿式降尘技术受到很大限制。通过对各主要尘源点进行调查、测试与评估，结论如下：

①主要尘源点以煤尘为主，SiO_2含量为1.4%~9.5%，均小于10%；

②煤尘爆炸指数为32%~37%，具有极强爆炸性；

③主要尘源点的粉尘大部分属于可吸入人体的呼吸性粉尘，$10\mu m$以下的微细粉尘占66%~80%，潜伏着导致尘肺病的极大可能性；

④主要尘源点60%，全尘、呼吸性粉尘浓度超标，其中采掘工作面割煤、胶带运输破碎及转载时粉尘浓度最大，一般全尘在50~200 mg/m^3，呼吸性粉尘在10~100 mg/m^3，严重超标。

（二）某矿区主要尘源点粉尘浓度偏大的主要原因

①综采工作面、连采工作面产量大，产生的绝对粉尘量大；

②由于某煤层内水高，煤质要求全水必须小于12%～14%，因此靠增加外水降尘受到极大限制，造成综采工作面、连采工作面喷雾不能正常使用，运输各个环节喷雾洒水受到制约；

③连采机本身带有高效除尘器，但如不能按要求及时维修、清理，易造成喷嘴堵塞，过滤网煤泥过多，这样就会严重影响除尘器的使用效果。

（三）浅埋煤层粉尘防治技术

1. 综采工作面粉尘防治技术

综采工作面采煤过程由多道工序组成，在割煤、移架等工序中都会产生大量粉尘，虽然采煤机设备了内外喷雾装置，但降尘效果不理想（使用时全尘仍达150 mg/m³以上），且增加了煤质水分。综采工作面粉尘防治难点如下：

①采煤机组功率大，单产高，滚筒割煤时产尘量较大；

②煤层内水高，传统的湿式降尘技术（煤层注水、喷雾洒水）均会较大程度地增加煤质水分，不适应某矿区防尘要求；

③液压支架设备的喷雾设备无法适应综采工作面大范围、高浓度粉尘的降尘需要。为了降低综采工作面的煤尘浓度，最大程度地保障生产一线员工的身体健康，在使用好原有采煤机和支架喷雾系统的基础上，某公司于2007年7月在保德煤矿88100综采工作面安装使用了负压诱导式除尘系统，并在综采工作面逐步进行了推广。

2. 综采工作面负压诱导式除尘系统组成

（1）供水系统

系统为一自清式水过滤器，将其安放在综采设备列车所设专用主机平板车上，进水口接综采系统静压水管路，水经过滤器过滤后再经调压后送出。

（2）压气系统

压气系统主要部件为1台6 m³单螺杆空压机，将其放在综采移变列车所设专用主机平板车上并固定。

（3）喷雾总成

喷雾总成每2架1组，运输巷1组，回风巷1组。

（4）控制系统

采用手动、自动可转换控制方法，所有控制单元采用电液阀、手动阀两种控制。自动控制信号取自综采机组、随机喷雾，当自动控制部分故障或其他原因时，可转变为手动控制喷雾组工作或停止。

（5）管路系统

管路系统分为供水管路系统和供气管路系统，主管路均采用Φ25 mm钢编高压胶管，接头等部件全部为DN系列管件。

（四）系统工作原理

经过加压后的空气与过滤后的水，通过DN25的2根胶管，供给转载机1组喷雾、支架每隔10架安设的喷雾和回风巷净化喷雾。共安设19道负压诱导喷雾，各喷雾之间采用并联方式，关掉其中1组喷雾不影响其他喷雾使用。从支架间通过DN25变DN13的三通弯头，高压球阀，用DN13的胶管引入支架顶梁，支架顶梁安设了4组喷头，支架上的球阀依靠人工打开关闭，实现喷雾除尘。综采工作面人工操作打开喷雾的方式为：割煤时转载机喷雾、回风顺槽喷雾始终打开，打开60、100、120、140支架喷雾，然后每隔5 d，交替再打开70、110、130、150支架喷雾，其他的关闭。负压诱导式除尘系统的关键技术是支架顶梁上安设的喷嘴，喷嘴可实现气、水混合后雾化，诱导式喷嘴的用水量比自动喷雾的用水量少。

（五）降尘效果

采用滤膜采样法，分别对不使用架间喷雾、使用架间自动喷雾、使用负压诱导除尘喷雾3种情况进行测试。从测定结果对比分析及日常使用情况得知：

①采用负压诱导式除尘系统较普通架间喷雾降尘率在测点1（煤机下风侧第一道喷雾后）提高10.22%，测点2（煤机下风侧第四道喷雾后）提高12.93%，测点3（工作面回风巷）提高22.32%；

②正常生产过程中，在煤机割煤的前后15 m范围内开启的4道负压诱导式喷雾，能有效抑制煤尘的产生量，工作面的雾化效果良好；

③机尾安设的1道负压诱导式喷雾能够在10 m范围内封闭巷道全断面，能够达到降尘的效果，整个负压诱导式除尘系统运行状况良好；

④负压诱导式除尘系统雾化效果好，在降尘效果提高的情况下用水量比普

通架间喷雾少，相应的能减少煤中水分。负压诱导式除尘系统的用水量约为2 m^3/h，按工作面每小时生产1 500 t计算，6组喷头中有4组喷头使用在支架上，假设4组喷头的水量全部浸润在煤里，最多增加煤的水分为0.08%；

⑤由于负压诱导式除尘系统的气压作用，喷嘴堵塞情况较普通喷雾喷嘴大幅度减少，能有效保证系统的正常使用。

（六）连采工作面粉尘防治技术

连采工作面防尘工作的难点是，连续采煤机产量大、速度快、产尘量大；煤破碎、装车、运煤梭车行走到上顺槽胶带分别不同程度增加了粉尘量；喷雾、洒水既会使煤质水分超标，也会导致工作面底板软化，造成行驶困难，影响工作面文明生产。为了降低连采工作面割煤工序的煤尘浓度，确保连采工作面安全生产，保护连续采煤机司机及连采其他作业人员的身体健康，某公司于2006年8月15日在上湾煤矿连采工作面安装使用了负压诱导式除尘系统，并在各矿井的掘进工作面、主运输系统、转载点、风流净化及地面洗选加工中心的胶带运输系统中得到推广应用。

1. 连采工作面负压诱导式除尘系统组成

（1）供水系统

系统为一自清式水过滤器，将其安放在连采工作面给料破碎机后的胶带机尾附近，进水口接连采系统静压水管路，水经过滤器过滤后再经调压后送出，负压诱导式除尘系统的水源直接引自煤机冷却、煤机喷雾供水系统（水管利用连采机供水管，该水管用三通接在连采机冷却水出水侧，不影响连采机冷却用水）。

（2）压气系统

主要部件为1台6 m^3单螺杆空压机和相应长度的气管。空压机放在给料破碎机后的胶带机尾移动平台上，随着胶带延伸，同机尾一起前移；气管利用Φ20mm钢编高压胶管，与连采机供水管绑扎在一起随机拖动。

（3）喷雾总成

喷雾总成共5组，连续采煤机左右截割臂下各1组，连续采煤机运输机转载点1组，进风顺槽1组，回风顺槽1组。其中切割臂前端下部煤机切割滚筒后安设10个喷雾总成，在机体上焊接特制螺母在机件上，然后将喷雾总成用螺栓固定，喷雾总成在16 mm槽钢保护下。

（4）控制系统

采用手动控制方法，在连续采煤机割煤作业前，由给料机司机手动开启空压机，连续采煤机司机手动开启煤机上的负压诱导式喷雾装置。喷雾总成由系统集中控制箱控制，集中控制箱设在司机座前的遥控器面板上，尺寸为长×宽×高=430 mm×360 mm×150 mm。

2. 工作原理

水系统在原有的静压水路上增加两个高压自清过滤器，过滤器接在原静压水管与高压水管连接点上，换步前移连接口与原来的高压胶管相同，高压过滤器的外形尺寸为长×宽×高=800 mm×400 mm×500 mm，应用时由静压水管安装人员换步前移，应用压力<1.6 MPa水管管路。

3. 降尘效果

通过对连续采煤机司机作业处连续测尘，证明负压诱导式除尘装置降尘效果好，全尘降尘率达到85.26%，呼尘降尘率达到85%。

（七）主运输系统粉尘防治技术

运输系统的产尘点主要包括运煤胶带、破碎机、转载点（机头、机尾）、落煤点（煤仓、溜煤眼）等地点，具有点多、线长、影响范围广的特点，对此采取了封闭控尘、喷雾降尘、风流净化、撒布岩粉、冲洗巷道等综合防尘措施。

1. 封闭控尘

封闭控尘主要安装于破碎机、转载点、落煤点等产尘集中地点，通过安设封闭罩（角钢或钢管等刚性材料加工成框架，井下回收的废旧风筒布利用黏结布固定带制成罩面），控制扬尘扩散；少量扬尘被转载点上、下胶带所安设喷雾装置捕获。对封闭罩积尘视程度进行定期清扫，达到综合防尘目的。封闭控尘的优点：封闭罩制作简单、使用方便；可随安装地点的变化而移动，具有复用性；防尘效果显著。

2. 底胶带喷雾

在主运输巷道的胶带机头、机尾及胶带机中部的胶带非受煤面安设喷雾装置，并在机尾滚筒前的胶带非受煤面安设清扫器，胶带非受煤面的喷雾装置在胶带运行时保持喷雾状态，胶带运行过程中非受煤面经湿润后减小了与托辊、机头和机尾滚筒的摩擦，胶带的回煤在喷雾水的作用下经清扫器后全部清扫机尾前，防止了胶带回煤经滚筒破碎产尘环节，达到了胶带启动和运行过程减少煤尘产生的效果。

3. 其他防尘措施风流净化

应用于井下存在扬尘的通风巷道（胶带运输机巷、辅助运输巷、回风巷），通过高压雾化水净化巷道风流，达到降低浮尘浓度的目的。喷雾器布置以水雾雾化巷道全断面为原则，并尽可能靠近尘源，缩小含尘空气的弥漫范围。随巷道用途不同使用不同设备，胶带运输机巷以自动化设备为主，其他巷道则采用手动设备。为了降低因实施该防尘技术而造成煤炭水分的增加，在胶带运输机巷实现水幕自动化（胶带输送机运行则启动，停止则关）的同时，还在胶带输送机架上安设了20~30 m的防护罩。

（1）冲洗巷道

利用自动洒水清扫车对行车巷道进行定期洒水和清扫，抑制粉尘飞扬；车到不了的地方通过人工实现定期冲洗及清理，防止粉尘堆积。

（2）撒布岩粉

某公司在2002年建成1年产3.5万吨的岩粉厂，始终坚持对容易积尘的巷道、硐室、密闭（包括房采支巷临时密闭）前后5 m范围内，煤仓口、溜煤眼口附近等按要求撒布岩粉，使巷道内沉积的煤尘灰分增高，起到防止煤尘爆炸的作用。

（3）个体防护

井下各生产环节采取防尘措施后，仍有少量微细粉尘悬浮于空气中，所以加强个体防护是综合防尘措施的一个重要方面。个体防护的主要工具是口罩，要求所有接触粉尘作业人员必须佩戴防尘口罩。

（八）辅助运输系统粉尘防治技术

辅运平硐及辅运大巷是主要进风巷，又承担了辅助运输任务，某矿区全部实现了无轨胶轮运输，巷道底板为水泥路面，因此车辆通过时有扬尘，污染进风风流。经实验室测试，全尘6~26 mg/m^3，呼吸性粉尘3~16 g/m^3，小于10 μm的粉尘占72.4%。这些微细粉尘部分随风流进入工作面，不仅影响了工作人员的身体健康，而且有较大的爆炸性危险，因此必须采取控制技术，降低粉尘浓度。采取的主要措施为：在辅运平硐及辅运大巷设置专门的防尘管路，疏通排污水沟，每隔300～500 m设置全断面封闭式自动水幕，实现水幕净化风流，当水压达到1.5 MPa时，全尘降低85%，呼吸性粉尘降低80%。部分矿井配备了大巷洒水车、清扫车，定时、定点对大巷洒水消尘、清扫浮尘。没有配备的矿井实施人工清扫，防止粉尘二次扬尘。地面入井车辆要经过检查，合格后方可入井，升井车辆进入辅运大巷时，在井下固定洗车点用高压水枪清洗后方可升井。

第八节　矿井顶板事故防治

采煤工作面顶板事故的原因及防治措施如下：

（一）采煤工作面冒顶事故类型及发生的主要预兆

煤矿冒顶事故按冒顶的范围不同，一般可分为局部冒顶事故和大面积冒顶事故。局部冒顶事故是指冒顶范围不大，伤亡人数不多，经济损失较小的冒顶事故。大面积冒顶事故是采煤工作面冒顶范围大，伤亡人数多的冒顶，一般是由于基本顶周来压时造成的压垮型冒顶、大面积直接顶突然冒落导致的压垮型冒顶、顶板破碎导致的大面积漏垮型冒顶等。工作面发生冒顶事故的预兆一般主要表现为顶板压力变大、顶板岩层下沉、顶板断裂、顶板掉渣、顶板漏渣、工作面及巷道片帮增多、煤壁变软、顶板的淋水量明显增加、用"问顶"的方法检查顶板时顶板发出"空空"的响声、工作面支架负荷增大，支架变形严重，有的被压坏或折断，并发出响声等。

（二）发生冒顶事故的原因分析

煤矿冒顶事故发生的原因有的属于对客观事物的认识有限，没有根本有效的方法彻底查清井下地质构造及有关隐患，也有的属于主观思想上没有重视，工作中存在失误采取措施不当。

1.地质构造条件复杂

我们同大自燃做斗争本身就困难重重，加上目前没有根本有效的方法彻底摸清地下构造及有关隐患，在矿井生产建设过程中危险往往防不胜防，容易发生事故。再加上人们工作中客观存在的失误，本应查清的地质构造没有查清或误判。地质构造不清等易发生冒顶事故，如松软破碎的顶板支护不及时常有小的局部冒顶发生，坚硬难冒的顶板处理不当会发生大冒顶，采掘过程中遇到了断层、褶曲等地质构造，采取措施不及时更容易发生冒顶事故。

2. 顶板整体性遭到破坏致顶板破碎

由于对围岩地质、回采、爆破等生产作业因素考虑不周全，导致顶板围岩破碎，完整性受到破坏，易发生顶板事故，如爆破作业时未采用光面爆破崩坏了围岩，工作面周期来压，工作面支护强度不足等，这时发生冒顶的可能性最大。

3. 工作面现场管理不到位、支护质量不合格

生产作业前未进行班前告知会，作业过程中未能严格检查和验收支护质量，采掘作业通过破碎带、地质复杂地带未采用前探支架、加密支架等，对失效或不合格的支护未按规定修复或更换等，更有严重的存在空顶作业，这些都会导致顶板事故的发生。

4. 未严格落实"敲帮问顶制度"

落实"敲帮问顶制度"是防止冒顶事故的有效方法，在工作面的施工、生产中，新暴露的顶板、煤壁、两帮的应力都要重新分布，在应力重新分布过程中，工作面周围的煤岩就有可能慢慢地脱离"母体"，开工前要对工作面安全情况进行全面检查，严格执行"敲帮问顶制度"，每位作业人员也必须及时对自己工作地点的顶板和帮体进行检查，把危石、片帮处理掉，将可能出现的威胁处理掉，就会杜绝事故。

5. 对围岩变化状况的监测不力

一般顶板事故不是在极短的时间一下发生的，而是在发生前周围围岩都有较明显的变化，如果我们及时对周围围巷及相邻工作面和巷道进行监测，提前掌握它们的变化情况，再通过其变化的规律就能有效预测发生冒顶事故的隐患，有效提前预防。

6. 作业人员业务素质不高

煤矿工人大部分来自农村，文化水平低，业务水平不高，尤其是本次资源

整合矿井的人员来自四面八方，素质参差不齐，作业过程中往往存在干部违章指挥，工人违章作业的情况，这是造成顶板事故最直接的原因。

7. 施工作业规程不合理

采掘作业规程是井下作业的规范性文件，其中规定了采掘作业的工艺过程、顶板管理工艺、巷道支护顺序，这些都是井下工人作业的依据，如采掘作业规程不合理，施工顺序不当，会对顶板管理造成困难。

（三）预防工作面顶板事故的措施

1. 查明地质状况

加强地质勘查工作，对矿井内的地质和水文地质摸清查明，如将井田范围内的大小断层、陷落柱、采空区等隐蔽致灾地质因素查明，并将其全部绘到各采掘工作平面图上，并做好相应的预测预报工作。要不断了解掌握顶板活动规律，对顶板来压进行观测，对顶板预测预报；对于坚硬大面积悬空的有冒顶危险的大面积顶板要采取高压注水措施；对坚硬顶板要进行强制放顶。

2. 充分维护巷道的围岩的完整性

要根据围岩的地质条件，煤岩层的倾角，巷道的服务年限等来设计巷道的方向，巷道的形状、工作面的推进方向的设计，要尽可能避免对围岩造成过多的破坏，爆破作业应采用光面爆破等先进的技术，有利于巷道的长期稳定。

3. 完善工作面支护方案、确保工作面支护质量

每次作业前要召开班前会，对当班支护质量进行技术交底，作业过程中要严格检查和验收，确保支护达到作业规程的要求，工作面过破碎段或地质复杂地带时，要采取加强工作面支护、超前支护、前探支护等专门措施，确保支护强度。及时发现和更换不合格的支架，保证支架完整可靠。

4. 严格执行"敲帮问顶"制度、严禁空顶作业

采掘工作面要严格执行煤矿安全规程和作业规程，认真落实"敲帮问顶制度"，及时发现和清除围岩中的活石浮矸，防止冒落；严禁空顶作业，未按规程措施要求使用前探梁等临时支护或冒顶高度超过0.5米不接实的不得作业。

5. 开展地质地层及围岩压力变化监测工作

通过在线监测控制系统，对巷道围巷、采空区、工作面前方实体煤等围巷

的压力变化情况进行监测，从而判断围岩的稳定状态，发现异常情况及时采取相应的支护措施；在揭露老空或接近小煤窑采空区前，要编制相应的探查安全技术措施，预留安全煤柱，必要时采用专门的监测手段，如顶板离层仪、巷道变形观测等，为顶板控制提供依据。

6. 优化作业规程、规范施工程序

要不断优化采掘作业规程，作业规程是井下作业人员的行动指南，而井下的作业现场是不断变化的，只有不断优化作业规程，才能使作业规程更有效地指导现场作业，针对性就会更强。

7. 加强从业人员的培训工作

切实抓好对职工的顶板管理知识教育和培训，不断提高其专业技术水平，尤其是班组长、安监员、质量验收员、爆破工、支架工、端头维护工等重要人员，所有人员要经考试合格后持证上岗，不合格不准上岗作业。

第四章　煤矿爆破安全管理

第一节　煤矿爆破安全现状

作者在组织全国煤矿爆破安全调研期间，对各类煤矿爆破事故与技术设备的关系进行了认真分析研究，认为只要快速淘汰造成事故的落后技术、设备，实现真正的"煤矿许用"和"本质安全，不安全就不爆破"，就能够快速杜绝90%以上爆破事故，促使煤矿安全形势根本好转的目标早日实现。

一、我国煤矿爆破安全现状

（一）技术设备落后是爆破事故的主要原因

技术设备落后是造成煤矿爆破事故最主要的原因。当其他行业、专业，全面进入"互联网+"时代，全力建设智慧城市、智慧矿山的时候。煤矿爆破作业还处在"刀耕火种"的时代。爆炸物品和爆破设备的技术落后，导致大量爆破事故。

煤矿许用炸药不达标，引起爆炸事故。煤矿许用炸药的"煤矿许用"标签是指爆炸时不引起瓦斯或煤尘爆炸，但现实情况是造成了大量的瓦斯、煤尘爆炸事故。目前执行的是煤矿许用炸药的1、2、3、4、5安全等级标准。其中，1、2级炸药的用量为20%～30%，3级炸药用量为70%～80%，4、5级用量为0。1、2级炸药规定是没有瓦斯的岩石巷道爆破使用的炸药，其实并不具备煤矿安全性。3级炸药根据一些国家的经验是可以达到不引爆瓦斯和煤尘的真正的"煤矿许用"标准的，但由于我国相关产品质量标准和检验标准太低，造成我国煤矿3级炸药事实上不能达到真正的"煤矿安全"等级标准。

因此，应宣布1、2级炸药不是煤矿许用炸药，停止在煤矿应用。提升3级炸药质量标准和检验标准，使之达到任何情况下都不引爆瓦斯、煤尘的"煤矿许用"目标。应加快智能炸药和4、5级炸药的研究，实现对炸药质量、使用、管理的数字化和信息化。应研发现场检测炸药质量的便携式设备，加强使用前的质量监控。

（二）煤矿用雷管稳定性差、造成盲炮事故

现在使用的煤矿许用电雷管是8号铜质或者铁质外壳的敏感型雷管，脚线有铁质和铜质两种。存在的问题是，雷管之间的电阻值相差太大，达到1～2 Ω，由此造成爆破时产生盲炮。特别是较远的距离、一次起爆达到数十发以上雷管时产生大量盲炮。同时，雷管的检验标准与现场起爆条件相差太大，造成检验合格的雷管现场使用时不能起爆，不合格。

因此，应尽快提高雷管标准，保障电阻差值铜质脚线的0.2 Ω，铁质脚线的0.5 Ω。检验方法应采用标准冲能发爆器和大串联检验，应开展无盲炮的矿用智能雷管研究和推广工作。

劣质煤矿许用发爆器，事故罪魁祸首62%的爆破事故与煤矿许用发爆器有关。许多重大特大事故都是发爆器质量不合格造成的。

一是产生短路电火花直接引起瓦斯爆炸事故。接线柱、母线短路产生4 000 ℃左右的高温强力电火花，引起无数次的瓦斯爆炸事故。

二是误起爆事故。误起爆是指母线连接接线柱时，没有充电没有按起爆按钮就突然起爆；或者起爆过程中，充了电按了起爆按钮反而不起爆，不知怎么突然又起爆了。误起爆是由机械开关造成的。机械开关质量不稳定，使用30～50次后，就会出现失灵误起爆，造成大量事故。

三是随意爆破事故。操作发爆器时不受任何闭锁限制，操作人员不按《煤矿安全规程》操作，随意人员、地点、时间，随意瓦斯、通风、供电、煤尘等安全环境，无自动闭锁，随意起爆，酿成事故。事故调查分析认为，所有爆破事故都是违章指挥、违章作业的结果，也就是随意起爆的结果。

四是发爆器质量不稳定。因此，应尽快提高发爆器的质量标准，禁止引起瓦斯爆炸事故、误起爆事故，禁止随意起爆事故的发爆器的使用，设备使用不产生火花、不误起爆、多功能闭锁、能够预防盲炮等功能的新一代智能（信息）发爆器，杜绝发爆器造成的事故。

不使用标准爆破母线而造成的爆炸盲炮。调研发现大部分矿井都不使用标准爆破母线，采用普通的没有安标的双绞线做母线，甚至由工人自己采购和保

管。非标准母线不具有标准母线的电感、电阻等技术指标，更不具有抗恶劣环境的防护质量，破皮裸露多，接头多。由此造成的事故，一是短路火花引起瓦斯爆炸事故，二是盲炮事故。

因此，需要使用标准爆破母线，并进行集中统一发放管理，杜绝相关事故发生。

不合格炮泥和水炮泥，造成爆炸事故。在炸药达不到真正的"煤矿许用"安全标准的条件下，炮泥和水炮泥就是唯一能够在起爆过程中浇灭爆炸火焰，降低爆炸气体和颗粒温度，避免引起瓦斯、煤尘爆炸的安全屏障。这个屏障一旦损坏，就会带来灾难性后果。所有爆破引起的瓦斯爆炸、煤尘爆炸都肯定没有用好炮泥和水炮泥。

因此，应采用合格的炮泥（采用炮泥机制作用保鲜膜包装，统一发放）和合格的水炮泥，保障足够的用量，对炮泥、水炮泥的使用过程进行视频监控，不合格，就闭锁不能起爆。

煤电钻炮眼施工设备引爆瓦斯。煤电钻在打眼过程中，因电气失爆引爆瓦斯。例如，2014年"7·12"重庆奉节县板桥沟煤矿，电煤钻电缆使用明接头失爆产生电火花，发生瓦斯爆炸事故，死亡4人。

因此，应淘汰煤电钻等电动钻眼设备，采用风动、液动打眼机械湿式打眼，实现水与打眼的闭锁。

因此，应完善井下爆炸物品库房存储、运输、发放标准，建立相关监控系统，实现"领用退"过程自动闭合监控。

爆炸品存运容器随意，造成较大事故。2014年"1·6"四川广安葛麻湾煤矿的爆炸物品爆炸较大事故，是因为爆炸物品存放工具和位置不合理，支护钢梁垮塌砸响雷管、殉爆炸药，引起掘进工作面积聚的瓦斯参与爆炸，死亡4人。

因此，应制定井下专用运输车辆和箱子的标准，并对运输过程进行监控。

质量检测仪器不合格，造成检验错误。爆炸物品、爆破设备质量检验仪器没有或者不合格，造成不检验或者检验错误。大量不合格的炸药、雷管、发爆器等在井下使用，引发爆炸事故。

因此，研发推广智能炸药、雷管、发爆器等的质量检测仪，并自动监控检验过程。

爆破过程中缺少监控，造成违法违章。爆破过程十分复杂，据统计有5个大步骤，77个小步骤，参与人员多，影响范围广，稍有不慎就可能发生事故。

因此，应适应科技进步的要求，按照"互联网+"的技术思路，采用本质安全，不安全就不能爆破的理念，设计爆破过程监控系统，使相关人员必须遵章作业，确保安全。

只要技术设备达到真正的"煤矿许用"标准，达到"本质安全，不安全就不能爆破"的标准，90%甚至更多的爆破事故将被杜绝，1、3以上的重大特大事故就会避免，煤矿安全实现根本性好转的目标就能快速实现。

（三）培训不到位是爆破事故的重要原因

人员素质差导致爆破事故。所有爆破事故都存在违法操作、违规操作、违章操作问题。相关事故暴露了人员素质的如下缺陷：一是，煤矿矿长、科长、区长、班长等各级管理人员和现场操作人员，对爆破作业的危害性认识不足，将爆破作业当成比爆竹更简单的儿戏。二是，不懂正规操作流程，任意操作。三是，煤矿爆破技术人员严重缺失，没有达标的爆破员、爆破助理工程师、爆破工程师、爆破高级工程师等，爆破技术管理水平无法提高。四是，煤矿爆破安全监察人员，对爆破安全知识知之甚少，没有足够的能力进行监管监控。

（四）对培训内容、手段和验证的建议

一是，全员爆破专业警示培训，提高对爆破作业危险性的认识。让煤矿全体矿工和管理者熟记爆破作业各个工序中造成的各类事故危害，及基本的应对措施。二是，对管理人员、安监人员、操作人员，分类进行培训。三是，对爆破员和相关工程技术人员进行爆破专业的培训，并进行爆破技术专业的晋升。四是，加强拒绝违章指挥，杜绝违章作业的培训。鼓励揭发违章指挥，拒绝违章指挥。

要想快速增强职工爆破安全意识，在几个月内完成对600万矿工及相关监管、管理人员的培训，就需要有新的组织措施和培训手段。除了采用传统课堂、课本教学以外，应积极推广三维警示教育片、如何正确操作的三维教学片等基于现代电视电影技术和艺术的教学形式，积极采用网络，特别是基于互联网和手机视频、微信等微型的视频教学片进行全天候培训。对于培训结果的验证，除了课堂考试以外，大力推广交互式培训的自动效果检验和网络自动效果验证，实现自我培训、自我检验。

（五）管理缺陷也是造成事故的重要原因

爆破队伍管理的缺陷：一是将爆破员当爆破工管理，降低了准入门槛，堵死了相关人员的晋升渠道，造成爆破操作人员，素质差，水平低，没有前途，没有人愿意干。二是爆破技术、管理力量严重不足。煤矿往往将爆破作为一个辅助工序不予重视，技术上和行政上没有晋升机会，造成没有专业水平的技术员、工程师。细看爆破过程，它比任何一个工序都复杂很多，危险很多，理应受到足够重视，给相关人员技术和行政的晋升机会，吸引优秀人才从事爆破作业。但是实际情况恰恰相反。三是爆破员分散管理，爆破员散落在各个采煤掘进区队，收入与采掘单位直接挂钩，大大增加了违法爆破的风险。四是外来施工单位自己爆破，但他们人员流动非常大，根本没有合格的爆破员。五是其他爆破安全相关人员管理不到位，素质不到位，很多人员难于胜任爆破安全工作。爆破队伍管理的缺陷造成的恶果，就是"违法指挥，违法作业"使得事故不断。

解决办法与效果预计：一是将获得公安认证的爆破工按照公安部爆破的行业规矩定为爆破员，给予技术员待遇。对于新进入人员严格标准，按照爆破工技术系列晋升要求，让优秀爆破员通过考核考试，能够晋升到助理工程师、工程师、高级工程师。二是矿井设立爆破技术人员岗位指标，明确相关职务人员数量，形成择优竞争上岗机制，优化爆破技术队伍。三是集中管理爆破队伍，形成标准系列，实现专业化，并为爆破人员提供晋升通道。四是统一管理外来施工队伍爆破作业，外来队伍无权直接爆破。五是必须加强对爆破相关矿长、科长、区队长、安全监察员等的培训考核，使他们真正有能力管理爆破作业。预计实施各项措施后，爆破队伍素质将大大提高，爆破事故将大大减少。

二、煤矿生产中的爆破安全管理

煤矿生产离不开安全管理，而安全基础管理薄弱是当前我国煤矿安全生产的突出问题。我国大多数矿井都是井工开采，煤矿掘进开采爆破作业不同于地面上的水利、建材、国防和城市建筑物的拆除爆破作业，爆破作业与井下环境相互影响。当采掘工作面的瓦斯或粉尘浓度超限时实施爆破作业容易引起瓦斯、煤尘爆炸，严重地威胁矿井安全生产。因此，加强煤矿生产中的安全管理，显得十分重要。

（一）煤矿生产中爆破安全管理存在的问题

1. 爆破人员责任心不强、安全意识淡薄

在一些煤矿企业，有关人员安全意识淡薄，责任心不强。没有建立完善的爆破器材管理制度或没有严格按照制度执行，疏于对井工爆破器材的管理，在爆破器材的领用、运输、储存和使用环节出现诸多问题：对已发放而未用完的爆破器材没有进行回收处理；发放的电雷管和炸药混装，由普通工人运送；在采掘工作面，炸药、电雷管不按规定分箱存放，乱扔、乱放。

2. 爆破崩人

实施爆破前，警戒距离不符合要求，警戒标志不齐全，使个别人员误入放炮区域内，出现崩人事故；在多次放炮的情况下，接炮人员和放炮人员之间的联系，有时图省事而以习惯代替正规的操作程序，造成因失误而崩人。

3. 崩倒支架爆破参数选择不合理

采煤工作面炮眼位置不合适，炮眼角度大，间距不均匀；掘进工作面炮眼多，掏槽小，炮眼的排列与煤（岩）层硬度不适宜，有大块崩出来；炮眼过浅，装药量过大，炮泥装得少而软，导致放炮崩倒支架。

4. 爆破引燃瓦斯

爆破形成的冲击波具有非常高的压力，能够使瓦斯气体迅速升温，如果工作面有障碍物时，冲击波的压力可以增加数倍。当爆破产物中的炽热固体颗粒或当炸药爆炸不完全使一部分尚未完全分解正在燃烧的炸药颗粒从炮眼飞出落入"瓦斯—空气"混合物中时，会继续反应被空气介质氧化而燃烧，进而引燃瓦斯，酿成事故。

（二）典型案例分析

2003年3月18日12时50分，黑龙江某矿一半煤岩巷掘进工作面因违章放炮作业发生特大瓦斯、煤尘爆炸事故，死亡27人，伤6人，直接经济损失达90万元。3月18日7时30分，副井长召开班前会，布置当班的生产任务和安全注意事项。8时共有49人陆续下井并开始工作。12时50分，在井口工作的工人听到一声巨响，看到主井井筒冒出一股黑烟，并立即向上级汇报，矿有关领导立即组织人员入井探查，到达井底车场时，烟雾很大，现场发现5名受伤工人，将其迅速升井，送到医院进行救治。紧接着矿山救护支队到达现场进行抢险救灾，经奋力抢救，22人生还，27人遇难。事故原因分析如下：

（1）直接原因

由于该工作面局部通风机停风，造成了瓦斯积聚，煤尘大量堆积，工人违章爆破，引起瓦斯、煤尘爆炸。

（2）矿井通风系统不完善

在没有完全形成全负压通风系统的情况下，强行采煤，采煤工作面和掘进工作面形成串联通风。

（3）通风瓦斯管理混乱

该矿未设专职瓦斯检查工，井下无瓦斯检测点，爆破作业不执行"一炮三检制"，随意停开风机的现象常见。

该矿没有防尘系统和防尘设施，无定期清扫冲洗煤尘制度，粉尘堆积现象严重。

（4）爆破器材管理混乱

炸药随地乱扔乱放，装药不使用水炮泥，爆破母线采用多种线，明接头联线。

（5）安全培训和安全教育存在薄弱环节

工人不懂安全知识，违章指挥、违章作业、违反劳动纪律的现象严重。

（三）煤矿生产中爆破安全管理的措施

在一定环境条件下的生产过程中，管理方面存在的不足或缺陷加上物的不安全状态就形成了事故隐患。事故是环境不安全条件、管理上的缺陷、物的不安全状态和人的不安全行为的集合。在上述4个因素中，人的因素是主导，管理因素是关键，物的因素是根据，环境因素是条件。

1. 加强安全教育和安全培训工作

加强从业人员的技术技能培训和安全知识教育是一项长期的艰巨的任务。煤矿工作要做到安全生产和文明生产，因此对从业人员素质有一定的要求。而目前的多数一线工人都是来自农村的农民协议工，对他们的技术技能培训和安全知识教育就显得十分重要。

2. 建立健全爆破安全作业制度

井下爆破人员，包括爆破工、班（组）长、井下爆破器材库保管员、送药和装药人员必须熟悉爆破器材性能和《煤矿安全规程》的有关规定，爆破人员必须严格遵守爆破器材的领退制度和运送制度，防止爆破器材的丢失，正确使用爆破器材。这就要求所有的井下爆破人员，必须树立高度的责任心，强化煤矿井下爆破安全责任意识，熟悉爆破器材的主要技术性能。

①井下爆破工作必须由专职爆破工担任，必须持证上岗，在煤与瓦斯突出矿井的掘进工作面爆破前后距工作面20 m的巷道内必须实施洒水，专职爆破工必须固定在一个工作面，爆破作业必须执行"一炮三检制"。

②加强井工爆破器材的管理，井工爆破器材应严格按照《煤矿安全规程》的规定对储存、运输、井下运送各个环节加强管理。工作面不得乱扔、乱放雷管、炸药、发爆器等。

③采掘工作面支架的支护质量应符合有关规程的要求，放炮崩倒支架的主要因素有：采煤工作面迎山不够，劲木不全，有空顶或棚腿打在浮煤上等；掘进工作面因支架帮顶刹得不牢，楔子打得不紧，缺少劲木，或柱窝没有在实处等。

3. 安全爆破技术

在爆破施工中，除了要根据工程要求、安全要求等正确选择爆破材料、设计网络外，还必须注意选用同厂同批次生产的电雷管，用专用仪器剔除断路或电阻值不稳定的雷管，做到同批次同网络康铜丝雷管的电阻值不超过0.3，镍铬丝雷管的电阻值不超过0.8。

爆破母线与起爆电源或起爆器连接之前，必须检测整个线路的总电阻值。常见导致爆破网络总电阻值不准确地原因有接头连接质量不好；网络线路接错或漏接雷管，裸露接头间距太近；搭线或接头与岩石和水接触造成短路等。

个别炮眼在通电以后没有爆炸，即拒爆。产生拒爆的原因是多方面的，主要有电路问题（电源、网络、桥丝）；雷管炸药质量问题，爆破人员操作问题。处理拒爆必须严格执行《煤矿安全规程》第342条的规定。由于连线不良造成的拒爆，可重新连线起爆；在距拒爆炮眼0.3 m以外另打与拒爆炮眼平行的新炮眼，重新装药起爆；严禁用镐刨或从炮眼中取出原放置的起爆药卷或从起爆药卷中拉出电雷管；处理拒爆的炮眼爆炸后，爆破工必须详细检查炸落的煤、矸，收集未爆的电雷管；在处理拒爆完毕之前，严禁在该地点进行与处理拒爆无关的工作。

炮眼中炸药爆炸形成的爆生气体沿炮眼喷出即防空炮，造成防空炮的原因：充填炮眼的炮泥质量不好；炮眼密集系数不合理；炸药性能与爆破对象不匹配。炮泥质量、充填深度应符合《煤矿安全规程》的规定；合理确定爆破参数，正确布置炮眼；不使用受潮、硬化变质的炸药，处理空炮常采用的方法是在拒空炮炮眼0.3 m以上的地方重新打眼爆破。

炮眼封泥，应采用水炮泥，水炮泥以外剩余的炮眼部分应用黏土炮泥或用不燃性的、可塑性松散材料制成的炮泥封实。无封泥，或封泥长度不足或不实的炮眼严禁爆破，严禁裸露爆破。

第二节　煤矿爆破安全技术管理

一、煤矿爆破安全技术管理

煤矿爆破安全技术管理，是指煤矿在整个爆破作业过程中为了防止与放炮有关事故的发生而进行的一系列组织活动。它是以爆破技术为主的安全管理措施，是根治爆破事故和瓦斯煤尘爆炸事故发生的重要一环。统计表明，在瓦斯煤尘爆炸事故中因爆破作业而引起的约占到三分之一，在冒顶、透水事故中相当多是由爆破作业引起的。另外，爆破事故发生的过程比较短，人为因素比较多，给安全管理工作带来了很大困难。这也是爆破事故同其他事故的主要区别。因此，熟悉爆破材料的性能，掌握有关爆破作业的安全技术知识，遵守《煤矿安全规程》《作业规程》《操作规程》，加强爆破安全管理，才能实现安全爆破，达到安全生产的目的。

（一）煤矿许用炸药

通常情况下，炸药按其组成成分分为化合炸药（单质炸药）和混合炸药两类。TNT（即三硝基甲苯）、黑索金（RDX）、硝化甘油（NG）等均为单质炸药。混合炸药是由两种或两种以上化合炸药组成的。炸药按使用条件分为煤矿许用炸药、岩石炸药、露天炸药等。煤矿许用炸药是指经国家检测机关按特定的实验条件检验合格，允许在井下有瓦斯、煤尘爆炸危险条件下进行爆破作业时的炸药。它对爆炸生成的有毒有害气体、炸药的威力、爆温、火焰长度及持续时间有严格规定。岩石炸药只有对其生成的有毒气体量有限制。露天炸药的限制条件少。

《煤矿安全规程》规定，有瓦斯或煤尘爆炸危险的煤层中，采掘工作面都必须使用取得产品许可证的煤矿许用炸药。目前煤矿许用炸药主要有以下几种：铵梯炸药：主要由氧化剂硝酸铵、敏化剂TNT、疏松剂木粉和食盐等组成。硝酸铵是铵梯炸药的主要成分，占到70%左右。硝酸铵很钝感，一般不能用雷管和导爆索起爆，可用作化肥；材料来源丰富，成本低廉；爆炸后无固体残留物，为含氧较多的正氧平衡炸药。硝酸铵极易溶于水，在空气中易吸潮结块，结块后感度更低。TNT，淡黄色，不溶于水，爆轰感度高，是铵梯炸药中的敏化剂。食盐在铵梯炸药中起两方面作用：一是消焰剂，当炸药爆炸时，添加在炸药中的食盐被熔化，能吸热降温，抑制火焰长度；二是阻化剂，它能够抑制瓦斯的连锁反应增大感应时间。但食盐易受潮，有惰性，影响炸药的爆轰感度和爆轰稳定性，用量不宜过多。为了提高炸药的安全性能，又不影响炸药的爆轰性能，以2号煤矿安全炸药为药芯，装入42 mm的石蜡纸筒内，在药卷与纸筒内用食盐填装封存做成被筒炸药。它能够用于高瓦斯或煤与瓦斯突出的工作面。

含水炸药是由氧化剂水溶液制成的炸药。现在煤矿上使用的有水胶炸药和乳化炸药两种。水胶炸药是在浆状炸药的基础上发展起来的一种新型炸药，由氧化剂的水溶液、敏化剂和胶凝剂等基本成分组成的混合炸药，呈凝胶状态。它的敏化剂采用的是甲基胺硝酸盐（如硝酸甲胺等）。水胶炸药的威力高，抗水性能好，保管使用安全，有毒气体少，可用一支8号雷管起爆，理化性能较好，但制造成本高。乳化炸药是含水炸药的新发展，由氧化剂水溶液、乳胶体和充氧剂等组成。乳胶体是一种油类经乳化而成的油包水的物质。乳化炸药和水胶炸药的内部结构是不相同的。水胶炸药的水溶液为连续相，悬浮的固体颗粒为分散相，即水包油型结构；乳化炸药则是氧化剂水溶液被乳化成微细液滴分散地悬浮在连续的油相中，构成油包水型乳胶体。乳化炸药的材料来源丰富，成本低，具有良好的抗水性能，加工使用安全，可实现机械化，但威力较低。离子交换炸药：它是以硝酸钠和氯化铵的混合物为主要成分，再加敏化剂硝化甘油而成。硝酸钠和氯化铵称为离子交换盐。在炸药爆炸瞬间产生的雾状食盐，作为消焰剂和阻化剂高度分散在爆炸点周围，起到降低爆温和抑制瓦斯燃烧的作用。同时生成的硝酸铵继续参与爆炸反应。离子交换炸药具有较好的储存安定性，管道效应小，低温不会冻结等优点，是现有的煤矿许用炸药中安全性最高的品种，特别适用于有煤与瓦斯突出危险的工作面。

（二）煤矿许用电雷管

煤矿许用电雷管是指经国家的检测机关，按特定的实验条件检验合格，允许在井下有瓦斯煤尘爆炸危险条件下进行爆破作业时的电雷管。电雷管按作用时间可分为瞬发电雷管和延期电雷管两类，延期电雷管又可分为秒延期电雷管和毫秒延期电雷管。井下只允许使用瞬发电雷管和毫秒延期电雷管中的煤矿许用电雷管。瞬发电雷管（从通电开始到起爆时间小于13 ms）由起爆药、猛炸药和电点火装置三部组成。起爆药普遍采用二硝基重氮酚（DDNP）。它的纯品为黄色针状结晶，挥发性小，化学热稳定性好，难溶于水，火焰感度高，爆发点为150 ℃，但爆炸威力低。为了克服硝基重氮酚的这一缺点，雷管里加装猛炸药来提高雷管的起爆能力。猛炸药多为黑索金，它是一种白色结晶粉末，不溶于水，感度较低，但爆力（600 mL）和猛度（25 mm）高。电点火装置有两种形式：一种是直插式，另一种是药头式。它主要由脚线和桥丝组成，药头式还有发火药头。由于电点火装置形式不同，瞬发电雷管可分为直插式和药头式两种。电雷管一般用硫磺柱和塑料柱作封口。延期电雷管是在瞬发电雷管的基础上增加延期装置而成。延期装置就是在电点火装置和起爆药之间插入了延期引爆元件（第一段除外）。毫秒延期电雷管的延期装置为特别配制的延期药，有一定的精度要求。延期电雷管的电点火装置均为药头式。《煤矿安全规程》规定使用煤矿许用毫秒电雷管时，最后一段的延期时间不得超过130 ms。其主要原因如下：

1. 试验证明

瓦斯浓度在爆破后160 ms为0.30%～0.5%，260 ms为0.3%～0.95%，360 ms为0.65%～1.6%。如果延期时间过长，当前段炸药爆炸后，瓦斯和煤尘的浓度开始增加，到了一定程度，后段装药随之爆炸就很容易引爆瓦斯煤尘。

2. 生产雷管厂家制造精度问题

每段电雷管除了合理误差外，还要防止产生意外误差。

3. 考虑了爆破工程上的需求

全断面一次爆破分次起爆段数一般不会超过五段。在检测电雷管时需要弄清两个概念，才能做到心中有数，行动准确。电雷管的最大安全电流：通电时间足够长，不会使雷管爆炸的最大电流值。国产电雷管最大安全电流为150～450 mA，规定检测电雷管的仪器工作电流不得超过50 mA。最小发火电流：通电时间不加限制，能使雷管爆炸的最小电流值。4 ms发火电流：通电时间4 ms使25发电雷管都能连续发火的最小电流值。此数值对实际安全工作具有重要的意义：因为最先爆炸的雷管炸药所产生的爆轰波及其所引起的岩石移动，可能破坏供电网路，但都发生在4 ms之后，而后爆的电雷管所需的电能在4 ms内已经供足，断电后仍能继续引火和传导，故能满足网路中所有雷管的供电要求。如果4 ms后，即使电爆网路被破坏，发生网络导线线头相碰时，也不会产生电火花或电弧，所以就不会引起瓦斯或煤尘爆炸。

（三）做好放炮员的管理工作

做好放炮员的管理工作是煤矿爆破安全管理的主要内容。井下放炮工作必须由专职的放炮员担任。担任放炮员的条件：从事两年以上采掘工作；取得放炮合格证。

要取得放炮合各证，必须经过不少于一个月的培训，并经考试合格。1991年某矿发生煤尘爆炸，死亡35人。经调查，全矿放炮员参加培训的时间最长不超过1天。只有经过培训，通过考试选拔，才能保证相对有素质有经验的人员担任爆破任务。美国"矿山安全和健康管理局"规定必须从事一年以上采掘工作的人才能担任放炮员。

放炮员的安全职责如下：

①严格执行"一炮三检制"和"三人连锁放炮制"；

②遵守领退制度，保证爆破材料不丢失；

③遵守运送制度，保证沿途安全；

④遵守安全放炮各项操作规定，保证放炮过程安全；

⑤遵守处理放炮故障及特殊情况下放炮的规定和要求，防止放炮事故的发生。

（四）正向起爆和反向起爆

《煤矿安全规程》规定："在高瓦斯矿井中放炮时，都应采用正向起爆。低瓦斯矿井采用毫秒爆破时，可反向起爆，但必须制定安全措施，经局总工程师批准。"装药时，若先装药卷，最后装引药，聚能穴都朝向眼底，这种装药为正向装药，以这种方式起爆的为正向起爆；若先装引药，后装药卷，聚能穴都朝向眼口，这种装药为反向装药，以这种方式起爆的为反向起爆。毫秒爆破是间隔时间极短的连续爆破，为防止毫秒爆破过程中，由于某些意外原因发生的炮眼切割（带炮）现象，使引药抛出炮眼外，引起瓦斯煤尘爆炸事故，可采用反向起爆。反向起爆的引药在炮眼深处，即使发生带炮现象，也不会将起爆药抛至炮眼外部。而正向起爆，引药位于眼口这边，如发生带炮则很容易将起爆药包抛至炮眼外。因此，从引爆瓦斯、煤尘的角度来看，认为毫秒爆破中反向起爆比正向起爆安全；同时又能充分利用炸药能量，提高炮眼利用率，加快进度，提高质量，降低炸药消耗，不易产生残药。例如，德国、英国、美国、俄国等国都开展了反向起爆的研究，并且先后在安全规程中明确规定毫秒爆破起爆方式改为反向起爆方式。

由于考虑到我国煤矿的实际情况，为慎重起见，暂时先在低瓦斯矿井中采用毫秒爆破时反向起爆方式。正向装药引药以外的药卷为盖药，反向装药引药以里的药卷为垫药。盖药和垫药在装药时严禁采用。因为它们大多数情况下不传爆，易形成残爆或引起爆燃，不仅浪费炸药、影响爆破效果，而且威胁着煤矿安全。

（五）炮泥和封泥长度

煤矿井下一般用两种炮泥，一种是聚乙烯塑料袋中充满水的水炮泥，长约250～300 mm；另一种是粘土炮泥，它是用黏土和沙子按1：3的比例混合而成，加含有2%～3%的食盐水，长约100～150 mm，不得混入石子。炸药爆炸要求有一个坚固的外壳，周围介质对炸药药包密封得越坚固，就越有利于炸药爆生的高温、高压气体的产物的积聚，延缓其膨胀扩散，使得后爆炸药分解的更完全，传爆速度也更快，从而大大提高了整个炸药药包的爆炸威力。

由此可以看出填塞炮泥的作用：

①保证炸药充分反应，使之放出最大热量和减少有毒气体生成。

②降低爆生气体逸出自由面的温度和压力，使更多的热量转变为机械能，提高爆破效果。

③阻止灼热的固体颗粒从炮眼中直接飞出。

④阻止部分爆生气体从炮眼中逸出直接与瓦斯或煤尘接触，防止瓦斯煤尘爆炸事故的发生。从炮眼封泥的作用可以看出，封泥的质量好坏，不仅影响爆破效果，更主要的是直接影响到爆破安全。由于炮眼不封泥、封泥不足或质量差而造成的爆破事故甚至瓦斯煤尘爆炸事故是比较多的，这种情况下必须严禁放炮。严禁用煤粉、块状材料或其他可燃性材料作炮眼封泥，主要因为它们具有可燃性，消耗炸药中的氧；燃烧后飞向空中，易引起瓦斯煤尘爆炸；没有可塑性，起不到炮泥的作用。

（六）"一炮三检制"和"三人连锁放炮制"

一是目前它们是爆破安全中行之有效的管理措施；二是要使人们理解它、记住它，更好地去落实、去执行。《煤矿安全规程》规定，在瓦斯矿井中放炮作业，放炮员、班组长、瓦斯检查员都必须在现场执行"一炮三检制"和"三人连锁放炮制"。"一炮三检制"是在采掘工作面装药前、放炮前和放炮后，放炮员、班组长、瓦检员都必须在现场，由瓦检员抽查瓦斯，放炮地点附近20 m以内风流中的瓦斯浓度达到1%时，不准装药放炮；放炮后瓦斯浓度达到1%时，必须立即处理，并不准用电钻打眼。无数次瓦斯爆炸事故说明，无论是高瓦斯还是低瓦斯矿井的采掘工作面，绝不应忽视放炮前的瓦斯检查。

执行"一炮三检制",正是防止放炮前瓦斯漏检,避免在瓦斯超限的条件下放炮的有力措施。"三人连锁放炮制"就是放炮员、班组长和瓦检员三人必须同时自始至终参加放炮工作的全过程。放炮前放炮员将警戒牌交给班组长,由班组长派人警戒,下达放炮命令,并检查顶板与支架的情况,将自己携带的放炮命令牌交给瓦检员。瓦检员经检查瓦斯、煤尘合格后,将自己携带的放炮牌交给放炮员。放炮员接到放炮牌后,才允许将放炮母线和连接线联接,检查网络正常,发出放炮警号,进行放炮。放炮后三牌各归原主。执行"三人连锁放炮制"可以防止放炮混乱,放炮警戒不严或警戒不落实造成放炮崩人事故;放炮前认真检查顶板与支架情况,可以避免因放炮而引起的冒顶事故。总之,只有提高与爆破有关人员的素质,做好安全管理工作,才能实现安全生产。

二、煤矿爆破技术的施工安全管理措施

爆破是对煤矿进行开采的过程中的一个重要环节,如果出现安全事故,就会造成设备损失及人员伤亡等,具有较大的危险性。从当前情况看,煤矿安全事故频发的重要原因之一就是爆破安全问题。

(一)事故和发生原因

1. 爆炸

除爆破电源外的其他杂散电流会提前将炸药引爆,造成安全事故;引爆脚线和起爆电源之间进行连接,如果操作不当存在别的接地时,会提前引爆;如果起爆雷管遇到热源或者是压力的影响,也会提前引爆。

2. 拒爆

炸药质量存在问题或者是过期会发生拒爆现象。引爆电流比较小;电路短路或者是断路;起爆电雷管数量超出发爆器额定引爆数;雷管断连。

3. 崩倒支架

可能存在支护质量问题;炮眼的排列方式不适应煤层的硬度及采高,从而导致大块煤被崩出来,最终使得支架崩倒;炮眼角度太斜,炮眼比较浅,装药量比较多,炮泥比较少;在回采工作面中,炮道比较窄,与支架之间的距离比较短。

4. 冒顶

顶眼装药量比较大；在采掘工作面中，顶眼眼底和顶板之间的距离比较小；在遇到地质构造的时候，顶板出现松软破碎的情况，没有采用少装药放小炮的方式；炮眼角度不合理，在爆破时支架被崩倒，空顶现象严重，没有及时架设支架支护顶板；在一次爆破作业中，炮眼的数量太多，与作业规程不符，导致空顶面积比较大，没有及时架设支架或者是一炮一放的时候没有在将支架崩倒的情况下及时恢复起来。

5. 炮烟熏人

在爆破之后炮烟没有彻底排净，人员就进入工作面作业；通风量与通风系统存在问题；炸药质量存在问题，爆燃不充分，一氧化碳等有毒有害气体超限；回风道与引爆位置之间的距离太近，导致撤离不及时。

（二）安全管理措施

1. 做好准备工作

组织专业的钻孔打眼工施工炮眼，机械设备及器材要保证供应充足。按照作业规程要求和标准进行打眼，确保其安全性。在进行钻孔的过程中，要避免断杆及断气管现象。在开钻的时候，要站稳，防止跌倒。在进行爆破作业之前，要对电雷管进行导通实验，确保每发起爆雷管质量合格，采用毫秒爆破技术，实现全断面一次性的爆破。

2. 对炮孔做好检查验收工作

在装药之前，要对炮孔做好检查和验收工作，确保炮孔的质量。第一，对孔位及孔深和孔距等方面进行检查，若是不符合设计要求，就要重新进行打孔，若是和设计之间差异比较小，就要结合具体情况对装药量加以调整。第二，对炮孔内有没有水进行检查，如果有水，就要采取措施防水，避免炸药失效或者是出现拒爆现象。如果在井下开采及竖井掘进还有水下等比较恶劣的状况，需要利用具有抗水效果的电磁雷管，其具有安全性且使用比较方便。在雷管中，都有环状磁芯，没有导线裸露在外面，桥丝回路闭合，避免由于杂散电流导致爆炸，也能防止因为漏电造成的瞎炮。在使用的时候，网络敷设也比较简单。

3. 做好装药工作

装药人员需要经过爆破作业相关知识的专门培训，同时要有技术人员进行指导装药。在安全性比较高的地方制作起爆体，如果在制作起爆体的时候采用铵梯炸药或者是水胶炸药，则需要在药卷头部位置采用铜或者是木锥子扎雷管孔，其位置要在药卷头部及沿着轴心的方向。要确保准确地装药量，也就是要对所有的炮孔做好检验工作，准确计算单孔的药量。结合工程自身特点，确定安全距离。在药室中装上起爆体之后，要确保雷管引出母线具有绝缘性，如遇异常状况，应立即停止作业，撤离人员，防止早爆事故。

4. 做好起爆工作

在完成装药工作之后对起爆网络进行敷设，依据起爆体的编号，从爆破的地点连接到电源的方向。注意母线接头去锈并将其拧紧，避免用力拽拉母线，裸露的接线头要朝上，避免其直接触地或接触其他导电物体。爆破母线不能和别的电气设备进行连接。在敷设完放炮母线之后先短接，认真检查并确认起爆网络完好后再连接到起爆器上。

5. 注意安全警戒及起爆信号的作用

爆破作业必须执行"一炮三检制"和"三人连锁放炮制"，在起爆之前发出预备信号，设立警戒线揭示警示牌，安排专人将警戒区内的无关人员全部撤离。警戒人员要佩戴明显的标志，如手拿小红旗及佩戴相关袖章等。在起爆之前1 min要发出起爆信号，保证相关人员及设备等都已经从危险区中撤离后，确认已经具备了安全起爆的相关条件，这时爆破指挥员开始发出起爆口令。之后由相关技术人员做好检验工作，确认安全之后发出解除警报的相关信号。

6. 在完成爆破工作之后做好安全检查的相关工作

待炮烟吹散后，爆破工、瓦检员、安检员、班组长等相关人员首先进入爆区之中做好检查工作。他们主要检查的内容有：第一，检查工作面通风、瓦斯、顶板及支护等情况，有没有顶、帮不稳固，因为活煤矸容易掉下来对工作人员造成伤害。第二，检查拒爆及半爆现象是否发生。在检查之后，若是存在拒爆或者是不确定是不是全爆，这时指挥员不能发出警报解除的相关信号，警戒人员坚守岗位，禁止无关人员返回到爆破作业现场。导致丢炮的原因比较多，如发爆器没有充足的能力，起爆电流比较小，网络接触电阻比较大，接线存在问题等，若是通电后拒爆，必须把母线从起爆器上拆除下来并扭接成短路，再等一定时间（使用瞬发电雷管时至少等5 min，使用延期电雷管时至少等15 min），才可沿线路检查，找出拒爆的原因，按煤矿安全规程规定进行处理拒爆、残爆问题。

第三节　煤矿爆破有害效应管理

一、矿山爆破有害效应分析

近年来，露天矿山的安全事故频发，造成了巨大的财产损失及人员伤亡，其中，中小型露天矿山事故发生率占全国非煤矿山事故发生总量的近一半，这些事故的发生均和矿山的爆破有密切关系，大多数的中小型矿山都是规模较小，在开采的过程中基础设备简陋，爆破时主要采用药壶爆破、浅孔爆破等方法，由此引发了有毒气体、分散物、冲击波等有害效应，针对这些有害效应，采取对应的治理措施非常必要。

（一）中小型露天矿山爆破的有害效应

1. 冲击波

在露天矿山爆破的过程中，一般都是将炸药埋在岩体中进行爆破处理，在此过程中会产生一些高温高压的爆炸物，一旦岩石出现破裂，这些爆炸物便会冲起，散落到空气中，形成压力巨大的冲击波。由于冲击波本身的巨大压力和流速，其散落到空气中会对爆破点周围的建筑物造成破坏，如果人员不在安全距离之外，还会导致人员出现损伤。

2. 爆破飞散物

在进行爆破时，岩石爆炸后的散落是无法控制的，由此使得一些飞石散落到比较远的地方，尤其是在处理一些岩体构造较为薄弱的断面时，这些地方的飞散物会产生强大的气体能量，导致这些飞散物向更远的地方飞出，对周围的爆破设施及人员造成巨大伤害。根据统计分析，露天煤矿爆破由于飞石散落伤人的事故发生率占所有爆破事故的三分之一。

3.有害气体

对于中小型露天矿山的爆破处理，使用炸药是必不可少的，当前用于爆破的炸药成分包括有机和无机的硝铵化合物、含碳化合物、硝基化合物等，此外还有一些含硫和含氯酸盐的炸药，如果用这些炸药进行爆破，产生反应后会形成一氧化氮、二氧化氮、二氧化硫等有害、有毒气体。如果在含硫矿上爆破，还会产生硫化氢和二氧化硫这些有毒气体，如果吸入这种气体，严重的则会导致死亡。

4.火灾

在矿山爆破处理的过程中，会产生大量的含氧气体，并随着飞散物散落到矿山周围，如果周围停放的是车辆或者机械，一旦这些含氧气体或化合物与车辆中的汽油接触，则会导致火灾发生，而且会形成大面积的火灾，控制起来非常麻烦。此类事故会给矿山安全及机械设备造成巨大损失。

（二）中小型露天矿山爆破的应对策略

1.加强施工人员安全培训

要想推动中小型矿山的运营，对露天矿山进行爆破处理是必需的手段，由此也就导致安全隐患无法得到有效控制，要想将露天矿山爆破造成的危害降低，将人员伤亡降到最低，就必须加强施工人员的安全培训和教育。首先，加强施工人员安全教育，向施工人员详细讲述露天矿山爆破的原理及可能造成的危害，在进行爆破前做好各项防范准备，确保所有人员均位于安全距离。其次，合理设计爆破流程，并做好爆破各个流程的技术交底，在完成一个程序后，后续人员能够及时进行危害处理，将危害引发的连锁反应降到最低。最后，虽然中小型矿山企业的经营具有一定难度，缺乏资金和高素质人才，但其仍旧需要不断改进爆破设备，对外引进爆破技术，从根本上将爆破造成的危害减小。在企业发展过程中，人是第一生产力，因此，要想保证矿山施工的顺利进行，加强人员培训，减少人员伤亡才是保证中小型矿山运营的首要条件。

2.建立相应的安全责任制度

中小型露天矿山爆破导致的有害效应是无法避免的，因此，要想保证在爆破过程中将有害效应降低，就必须建立相应的安全责任制度。根据相关调查显示，大多数的露天矿山企业在爆破过程中对现场的机械及人员管理并不重视，很多施工人员都存在违规操作的情况，这在一定程度上会增加爆破难度，同时还会扩大爆破造成的危害。对此，施工企业应当建立健全完善的安全责任制度，将爆破过程中的每一个岗位职责具体到个人，一旦出现爆破安全事故，则要分析问题，找出原因，并针对个人进行严厉惩罚，以此保证爆破的顺利进行，也能将爆破造成的危害降到最低。

3. 建立应急救援体系

中小型露天矿山爆破造成的有害效应是无法消除的，因此也就使得安全事故的发生率无法降到零，对此，建立相应的应急救援体系就非常必要，通过构建应急救援体系，针对由于爆破造成的安全事故进行紧急救援，将人员伤亡及财产损失降到最低。首先，矿山企业应当就露天煤矿爆破的影响因素进行分析，如安全爆破点，适当的爆破距离，爆破现场留守几人，可能发生的安全事故等，通过分析这些影响因素，建立一套可操作性强的应急方案，同时配备相应的救护设施及救护人员，如果在爆破过程中有人出现损伤，则立即进行救治，对于由于爆破造成的有害气体则及时进行处理，避免扩散。其次，矿山企业还应当组织施工人员定期进行爆破应急救援演练，提升施工人员的救助和自救能力，从而确保在实施爆破后，施工人员能够按照自身所学习的爆破知识进行事故处理，将爆破对周围造成的危害减小。

（三）案例分析

经山寺矿山是一个非常典型的露天矿山，高硬度而且深凹，矿体分布比较散乱，具有矿体小、环境复杂、工作量大的特点，而且矿山上含有大量的氧化矿，这些氧化矿的质地非常松软，导致其中掺杂了各种岩石夹层，结构复杂，爆破难度较大。但由于矿山建设需要，对此矿山进行爆破处理已经迫在眉睫。针对此矿山的具体情况，施工企业首先就矿山爆破组织施工人员进行演练，并根据矿山特点，制定了三种爆破方案，选取其中以减少人员损伤，并在爆破后及时处理有害物的方案进行爆破处理。最终完成爆破处理后，矿山现场无人员伤亡，有害效应并未造成大面积的损害，爆破效果较好。由此可见，针对中小型露天矿山的爆破特点，分析其中存在的有害效应，并组织施工人员进行爆破演练，掌握其中可能造成的危害，能够保证施工企业正确处理爆破过程，减少爆破后有害物造成的损失，从而保证矿山运营的顺利进行。

二、煤矿爆破震动及爆破地震波有害效应的控制措施

（一）爆破震动的控制和降振措施

此次爆破震动事故，引起矿领导及安全监管部门的高度重视，为确保周围重要建筑物和设施安全，必须把爆破震动危害控制在《爆破安全规程》（GB 6722—2011）允许的范围内。

1. 爆源的控制措施

炸药品种的选择：质点振动速度的大小与炸药的爆速有关，炸药的爆速越高，爆破产生的振动就越大，爆速是指炸药爆炸时爆轰波在炸药中的传播速度，爆速除与炸药的种类有关外，还与装药直径和装药密度等有关。煤矿日常爆破作业应选择适宜的炸药品种，这样就可以达到减震的效果。炸药爆速在3 600 m/s时产生的振动速度要比爆速为2 200 m/s的炸药高40% ~ 60%。

目前，露天煤矿使用最多的炸药类型为铵油炸药（爆速在2 592 ~ 3 000 m/s）、乳化炸药（爆速在3 500 ~ 5 000 m/s）。鉴于本矿特点，故使用铵油炸药既可以减小爆破震动，又经济合理。根据煤矿实际情况及《爆破安全规程》，现场爆破作业的岩石为中硬岩石，K值取150 ~ 250，α取1.5 ~ 1.8，五虎山瓦斯发电站为砖混结构，V值取2.5 ~ 3.0，齐发爆破总药量控制在8 000 kg以内，超过这一用量时，采用微差爆破技术，控制最大一段药量，使得爆破震动峰值在《爆破安全规程》允许的范围内。实践证明，采用此方法后，再没发生爆破震动事故。

2. 改变装药结构

采用分段装药能很好地降低振动。分段装药是指在保证矿岩充分破碎的前提下，将炮孔所装药量分成若干段，用空气间隔器、岩渣隔开，这样不仅能有效降低爆破震动效果，还能降低大块率和减少根底。实践证明，集中装药的爆破震动强度要大于分段装药。在日常爆破作业中分段装药得到广泛应用，取得良好的效果。

3. 最小抵抗线方向的影响

大量的爆破实践证明，爆破地震波的强度在爆破区域各个方向分布不均匀，最小抵抗线的后方作用最强烈，而侧面较小。最小抵抗线是爆破时岩石阻力

最小的方向，对爆破质量有很大的影响，在这个方向上岩石运动速度最高，能量也最集中，最小抵抗线过小时，就会造成爆破过分破碎形成超挖。因此，在日常爆破作业过程中，确定合理的岩石抵抗线，是减小爆破震动危害和提高爆破质量的有效途径。

（二）爆破地震波在传播过程中的控制措施

根据波的特点可知，地震波在岩石中传播，当遇到节理面、层理面、自由面和断层面，或者是在传播过程中介质性质发生了变化，就会导致地震波的一部分能量从交界面反射回来，而另一部分则折射过交界面进入另一种介质，而且地震波由波阻抗大的介质进入波阻抗小的介质时，折射波的能量会大大衰减。因此开挖一条具有一定宽度和深度的减震沟，其深度最好超过建筑物基础，这样就可以有效降低爆破震动对其影响，减震沟的减震效果与其深度和位置有很大关系，在相同的爆破条件下，减震沟的减震效果随距离的增加而减弱，在爆源周围的减震效果可达50%以上。

（三）对保护对象采取的控制措施

爆破震动频率是评定爆破震动危害的一个非常重要的因素，爆破产生的震动频率与相邻构筑物的频率接近或者一致时，就会导致构筑物剧烈振动、倒塌，发生事故。美国矿业局的相关资料显示，大部分一至二层结构的民用建筑物，固有频率在4~12 Hz，中国实测的2~6层砖石、砖木结构房屋，固有振动频率在3.0~9.0，而爆破产生的振动频率一般在10~300 Hz，应避免爆破产生的震动频率与相邻构筑物频率接近或者一致。爆破地震波振幅受距离、爆源深度和药量等多种因素的影响，爆破地震波频率受延迟间隔时间的影响，通过对地震波形的研究可以发现，采用微差爆破震动的频率较高，而采用齐发爆破震动的频率较小，频率高的地震波振幅小，衰减也较快。日常爆破作业过程中，通过选择合理的微差时间间隔，提高爆破地震波的频率，这样就可以避免与周围建筑物自振频率相接近。

第四节　煤矿爆破材料安全管理

一、煤矿爆破器材的安全管理

煤矿爆破器材是煤矿生产建设中重要而又特殊的物资，它直接关系煤矿生产建设的安全。目前，我国的矿井建设和煤炭生产机械化程度还不是很高，在很大程度上还是依靠爆破作业来完成矿井建设和煤炭生产任务的。因此，煤炭行业是民用爆破器材用量最大，实施爆破作业最为频繁的行业。所以煤矿爆破器材的安全管理显得尤为重要，它的采购、运输、储存与保管、使用、销毁都有严格的规定。

（一）采购

煤矿爆破器材属于国家计划分配物资，县级厂矿企业所需爆破器材应向上级物资主管部门提出申请计划，由上级物质主管部门按照国家计划签订爆破器材供销合同，到指定供方（厂家）采购。并把合同副本及时送所在地县、市公安局，以备检查，严禁自由买卖。

（二）运输

爆破器材的运输必须有公安部门签发的爆破器材运输证明，按照运输证明上指定的品种、数量、规格和行车路线进行运输。若采用汽车运输，必须是专用运输车，还必须由专门经过培训的安全员、保卫人员押运，运输车辆必须有运输危险品标志。性质相抵触的爆破器材不能混装在同一车厢，车厢内不准载运人员和其他易燃易爆物品。在公路上运输爆破器材时必须限速行驶，前后车辆应保持避免引起殉爆的距离。运输爆破器材在途中停歇时，要远离建筑设施和人员稠密的地方，并有专人看管，装卸时要轻拿轻放。

（三）储存与保管

民用爆破器材必须储存在专用的爆破器材库内。爆破器材库房储量不能超过设计储量。地面爆破器材库，堆垛不宜过高过大，每垛之间应有通风道，堆垛与库房墙之间要有一定的距离，每垛要挂牌，标明品名、规格、批号、生产日期及入库日期等，以便清点。严格执行先进先出制度，库房必须有相应的防护措施，做到"十防"和"十一无"，即防潮、防热、防冻、防雷、防洪、防火、防击、防虫、防盗、防破坏；库内无尘、无水汽凝结、无漏洞、无渗水、无事故差错、无包装损坏、无锈蚀霉烂、无鼠咬虫蛀、库边无杂草、库周围25 m内无易燃物、水沟无阻塞。

常用的防护措施有消防措施（地面库）、防爆土堤（地面库）、避雷措施、二次防雷措施、照明与通信设施。

保管员必须经过严格的培训之后再上岗，必须认真执行爆破器材的发放、清退等各项制度，做到账、卡、物三相符。雷管发放前必须进行全电阻检查及编号。

（四）使用

煤矿爆破器材主要用于煤矿采掘爆破工程，爆破器材的使用一定要根据采掘工程量的大小来申请，经过主管班队长的审批，由放炮员领取。放炮员领取的爆破器材的品种、规格，一定要符合采掘工程的实际条件并严格执行《煤矿安全规程》中有关爆破作业的规定。放炮员一定要由政治合格，经过严格培训，且有2年以上采掘工龄的人员担任。爆破作业时一定要严格执行"一炮三检制"和"三人连锁放炮制"的规定，确保爆破作业的安全。

（五）销毁

煤矿爆破器材的销毁就是将生产、使用过程中出现的不合格产品，存放时间过长或因某种原因已没有保证的爆破器材通过安全经济、不造成污染危害的处理途径，使之完全失去爆炸危害性。

1. 销毁对象

销毁对象主要是超过储存期或因其他某种原因使性能不能达到要求的爆破器材，经过检查确定不能使用的爆破器材，从煤和矸石中捡出来的爆破器材，放炮员交回的严重损坏的或受潮的爆破器材，保卫部门收缴的爆破器材。

2. 销毁程序

销毁前需编写申请报告，注明销毁爆破器材的名称、数量、销毁原因、方法、场地、时间及采取的相应防护措施，报告要报送主管部门批准，并在所在地县、市公安局备案。

3. 销毁方法

爆破器材的销毁方法通常有爆炸法、焚烧法、溶解法和化学法四种方法：

①雷管及少量有爆炸性的炸药应用爆炸法；

②对没有或失去爆炸性能的应用焚烧法；

③对严重吸湿变质不能起爆也不能燃烧的硝铵炸药应用溶解法。

④化学法是用化学试剂与其反应生成非爆炸物质，这种方法很少应用。

另外，销毁时要更加注意安全防护工作，这是销毁爆破器材工作中的重中之重。以上从几个方面论述了煤矿爆破器材安全管理工作中非常值得重视的问题。只要我们做好以上几方面工作，煤矿爆破器材的安全管理水平就会提高，煤矿安全生产就有保证。

二、正确使用煤矿爆破器材，确保煤矿安全爆破

我国煤矿生产，目前除部分采掘工作面采用机械化采掘外，大部分采掘工作面仍采用钻爆法采煤、掘进，在相当长的时间内，爆破作业仍将占相当比重。目前，国内煤矿瓦斯重特大爆炸事故屡有发生，其中因爆破而发生的瓦斯爆炸事故占有一定比例。所以安全是煤矿爆破作业的前提条件，正确地使用煤矿爆破器材，采用正确的爆破方法，杜绝煤矿井下爆破事故的发生尤为重要。以下就如何做到煤矿井下安全爆破进行阐述，为煤矿井下安全爆破提供一些帮助。

（一）煤矿爆破器材的选择

正确地选择煤矿爆破器材是做好煤矿安全爆破工作的关键条件。煤矿爆破器材分为煤矿许用起爆器材和煤矿许用炸药两大类。

1. 煤矿许用起爆器材的选择

一般煤矿井下起爆器材均采用电雷管，在有瓦斯、煤尘爆炸危险的采掘工作面必须采用最后一段延期时间不超过130 ms的煤矿许用毫秒电雷管，禁止使

用秒或半秒延期电雷管。因为在采掘工作面放炮地点附近20 m风流中的瓦斯浓度达到1%时，严禁放炮。经测定，在瓦斯矿井爆炸后160 ms时，瓦斯浓度为0.3%～0.5%，260 ms时为0.3%～0.9%，360 ms时为0.35%～1.6%，而130 ms仅约为360 ms的1/3，所以选用煤矿许用1～5段毫秒电雷管具有足够的安全系数。

2. 煤矿许用炸药的选择

由于矿井瓦斯等级的不同，对煤矿许用炸药的要求也不同。煤矿瓦斯等级高的要求使用安全等级高的煤矿许用炸药，安全等级低的炸药在爆破时容易引起瓦斯、煤尘爆炸。目前，国内煤矿许用炸药有一级、二级、三级，一级、二级煤矿许用炸药只能用于低瓦斯矿井，而在高瓦斯、高煤尘（"双突"矿井）的煤矿井下必须采用三级或三级以上的煤矿许用炸药。目前，国内粉状炸药中很难达到三级，只有一级、二级，含水炸药可达到三级或三级以上。所以在高瓦斯矿井中必须使用以煤矿许用三级水胶炸药或乳化炸药为代表的含水炸药。就目前的煤矿井下安全形势来说，建议煤矿井下全部使用含水炸药，因为水是很好的消焰剂，可以大大降低炸药爆炸后高温、高热气流对瓦斯、煤尘的冲击。

（二）正确的使用方法

1. 电阻检查

电雷管发放前必须逐个测定其电阻，排除断路、短路、电阻特大或特小的电雷管，以防止因断路、短路或电阻差大而发生拒爆和丢炮。同一网络的电雷管电阻差不得超过0.25～0.3 Ω，以防止串联丢炮。

2. 做炮头

用一根直径略大于电雷管直径的尖端木棍或竹棍在药卷顶部的封口处扎一圆孔，将电雷管顺着药卷中心线全部插入药卷中，然后用电雷管脚线将药卷缠住，不得用电雷管代替竹、木棍扎眼。

电雷管必须由炸药的顶部装入，严禁将电雷管斜插在药卷的中部或捆在药卷上。

3. 装药

在装药前，用炮棍插入炮眼里检验炮眼的角度、深度、方向和炮眼内的情况。待装药的炮眼必须清除眼内的煤、岩粉，以防止炮眼堵塞，使药卷不密接或装不到眼底，影响炸药能量的爆炸传播，造成残爆、拒爆、爆燃或留下残眼。煤粉是可燃性物质，极易燃烧，火焰喷出孔外，有点燃瓦斯、煤尘的危险。

装药时，用炮棍将装入眼口的药卷一个个轻轻推入炮眼，使药卷与眼底、药卷与药卷互相密接，不能用炮棍冲撞药卷、炮头，以免发生损坏药卷、捣破电雷管的脚线塑料皮或捣断脚线，尤其危险的是有可能捣响雷管，发生爆炸事故。

高瓦斯矿井必须采用正向爆破。装药时不能装错毫秒电雷管的延期段数和跳段装药。

4. 封孔

装炮泥时，最初的两段应慢用力轻捣动，以后各段炮泥须依次用力逐一捣实。装水炮泥时，水炮泥外边剩余部分，应用黏土炮泥封实。

严禁使用煤粉、块状物质或其他可燃性材料作炮泥。这些材料不是可塑性的，起不到炮泥堵塞炮眼的作用，达不到堵塞密实的要求，阻止不了爆生气体的外逸，容易造成"放空炮"，炸药爆炸时，将使燃烧的煤炭颗粒等可燃材料抛出，易引起瓦斯、煤尘爆炸。

5. 电雷管脚线末端扭结

装药后，必须把电雷管脚线末端悬空，严禁电雷管脚线、放炮母线同运输设备及采掘机械等导电体接触。

6. 严禁"盖药"

正向起爆药卷以外的药卷为"盖药"。盖药不仅浪费炸药，影响爆破效果，而且容易产生残爆和爆燃，而爆燃最容易引爆瓦斯和煤尘，对安全极为不利。

7. 装药量不宜过大

其一，装药量过大，爆炸瞬间在炮眼内产生大量的高温高压气态产物，是引爆瓦斯或煤尘的根源。其二，装药量过大，爆破后的炮烟和有毒有害气体相应增加，容易熏人，也延长了排烟时间，影响职工身体健康。其三，装药量过大，破坏围岩的稳定和崩倒支架，造成工作面冒顶，造成人员伤亡。其四，装药量过大，会造成煤、岩过于粉碎，增加装煤、岩的困难，影响回采率，增加吨煤成本。

8. 放炮母线的要求

放炮母线应采用铜芯绝缘线，要有足够的长度，大于规定的距离。放炮前，放炮母线必须扭结成短路。母线接头不应过多，以免增加电阻、断线、漏电或短路故障。母线外皮破损时要及时包扎，以防漏电、短路或接触放电，发生意外事故。放炮母线使用后，要升井干燥，在井下时要放在干燥安全的地点，并定期作电阻和绝缘性测定。

9. 联线

联线前必须认真检查瓦斯浓度、顶板、两帮、工作面煤壁及支架情况，确认安全后方可进行。联线时，联线人员应把手擦干，将电雷管脚线接头裸露铁丝擦净，以免增加接头电阻和影响接头导通。接线时脚线不够长，可以用同规格的脚线连接，两根脚线须错开，并用胶布包好，防止脚线短路和漏电。联线接头须扭紧牢固，要悬空，不得与任何物体接触。

联线方式采用串联接线，操作简单，不易漏接或误接，速度快，便于检查，通过网络的电流较小，运用于放炮器放炮，使用安全。

10. 放炮

放炮前必须检查瓦斯，在放炮地点附近20 m以内风流中瓦斯浓度不得超过1%。放炮要严格执行"一炮三检制"和"三人连锁放炮制"，采用符合要求的放炮器进行放炮。

放炮通电工作只能由爆破工一人完成。爆破工放炮前应用导通表或爆破电桥或欧姆表检查网络是否导通；若网络正常，爆破工须发出放炮警号，至少再等5 s方可放炮。

11. 放炮后工作

通电后炸药不响，爆破工必须先取下放炮钥匙，并将放炮母线从电源上摘下扭结成短路，再等至少15 min才能沿线路检查，查找原因。发现瞎炮，必须在班组长直接领导下进行处理。

爆炸后，所有人员必须再等至少15 min才能进入放炮地点，检查现场通风、瓦斯、煤尘、顶板、支架、瞎炮、残爆等情况，如有危险情况必须立即处理。确认正常后，由布置警戒的班组长撤除警戒，发布作业命令。

（三）故障的原因、预防及处理

1. 拒爆的原因、预防及处理

拒爆的原因可能有：炸药或雷管的质量不合格；装药、装炮泥未按规定进行操作；电雷管脚线折断或绝缘不良，电阻丝折断，造成不通电或短路；联接的电雷管数超过放炮器的起爆数；放炮器的电流小或有故障，不能引爆电雷管；连接线连接不实，或与水、金属、岩体等导体接触造成短路、断路、漏电。

拒爆的预防措施是：不领不合格的炸药和雷管；按规定装药，封炮孔；选用能量足够的放炮器；接线头要拧紧，放炮母线要完好；联线后爆破工要全面检查一次，以防错联或漏联。

处理拒爆应先用电桥或欧姆表检查网络，查明短路、断路原因，再重新通电起爆。若网络导通，可重新放炮；若网络不通，说明有断路，需逐段检查，查出问题加以处理，然后重新放炮。

2. 丢炮的原因、预防及处理

丢炮的原因可能有：使用了未经电阻测试的电雷管；同一网络的电雷管的电阻差值大，造成通电后能量分布不均；爆破网络连接不合理，有错接或漏接；爆破网络联接的电雷管太多，超过了放炮器可以起爆的数量；电雷管的脚线、联接线或母线受潮，联接不合要求，电阻大、漏电。

为预防丢炮，爆破工不领未经导通检验的电雷管；做炮头、向炮孔内装药和封炮泥时，要小心谨慎；装药时不盖药；注意检查放炮母线、联接线和脚线及联接是否符合要求，有无错接和漏接的地方。

发现丢炮时，在检查完工作面顶板、支架和瓦斯无问题后，再进行处理。当发现一起连接的炮眼未爆时，可重新连线放炮；如果不响，再采用单个放炮的方法，这样可以最后检查出瞎炮。

放炮后，若出现隔三跳五的炮眼不响，则必须对每个电雷管用电桥重新检查，如都导通，可重新连线放炮；如不通，即做瞎炮处理。放炮崩出的炸药和电雷管，先要检查药卷内是否有电雷管，如有，应轻轻地将电雷管取出，再收集并妥善保存好，下班交回药库。

3. 瞎炮的处理

由于联线不良造成的瞎炮可重新放炮，或在离瞎炮至少0.3 m处另打同瞎炮平行的新炮眼，重新装药放炮。严禁用镐刨或从炮眼中拽出跑头或拉出电雷管；严禁将炮眼残底继续加深；严禁用打眼的方法往外掏药；严禁用压风吹瞎炮炮眼。

处理瞎炮的炮眼爆炸后，爆破工必须检查炸落的煤、矸，收集未爆的电雷管和炸药。在瞎炮处理完毕前，严禁在该地点进行同处理瞎炮无关的工作。

三、煤矿爆破材料应用分析

（一）爆破材料

煤矿以多孔粒状铵油炸药为主爆破炸，药辅以乳化炸药，均为非雷管感度炸药，以中继药包非电雷管导爆索构成起爆系统。

1. 多孔粒状铵油炸药

铵油炸药本矿用量最多，用的是山西长治矿山机械厂生产的铵油炸药，混装车现场混制直接装入炮孔，效率达450 kg/min，主要组分为多孔硝铵，密度为0.820 85 g/cm^3，吸油率在7%~9%，其可燃剂已采用柴油与废机油的混合物。此技术已申请国家专利，被受理柴油使用的标号随季节不同有01、02、03、05炸药，性能经煤炭科学研究总院抚顺分院国家安全产品质量监督检验中心检测，符合国家规定的技术要求。

2. 乳化炸药

本矿采用的乳化炸药是山西长治矿山机械厂生产的乳化炸药，混装车现场混制直接装入炮孔，效率达280 kg/min。其主要组分是硝铵、水、柴油、司本80和其他添加剂，采用化学发泡。实践中测定发泡前密度为1.31 g/cm^3，加入发泡剂后发泡10~23 min发泡结束，发泡后密度为1.10 g/cm^3。在直径250 mm的炮孔中测得爆速5 350 m/s，其各项性能经煤炭科学研究总院抚顺分院国家安全产品质量监督检验中心检测，符合国家标准。该炸药有自流性好的特点，遇裂隙岩体中的炮孔会造成渗漏，装药高度随时间延长而降低。因此在裂隙岩体的炮孔中应改用铵油炸药装填，以降低爆破成本，提高爆破质量。

3. 其他起爆器材

其他起爆器材是指构成起爆系统的导爆索、非电导爆管雷管、岩石炸药和起爆药柱等，这些产品全部从定点厂家外购。几年的应用证明其性能是可靠的，满足了我矿的爆破需要。

（二）炸药与起爆器材的配合使用

1. 铵油炸药的起爆

黑岱沟露天煤矿起始采用大同产的黑梯药柱做中继药包，但在应用中发现用8雷管起爆有拒爆现象发生，造成系统不能可靠起爆，后来从经济和实用的角度出发，几经实验改用2岩石硝铵炸药为中继药包。既取得了经济效益又取得了满意的爆破效果，经实验测定以2岩石硝铵炸药为起爆药包时最佳起爆药量为350 g，实验中以120 mm纸筒约束，结果以350 g2岩石炸药起爆铵油炸药效果最好，爆速达3 400 m/s，起爆药量小于350 g时，随起爆药量增加爆速提高，多于350 g爆速呈下降趋势。因此在实际爆破中以2岩石炸药为中继药包，起爆铵油炸药时选卷335 mm150 g的药卷组成药包较为经济实用，2岩石炸药用非电导爆管雷管引爆经济可靠。

2. 乳化炸药的起爆

现场混制的乳化炸药温度较高，因此采用纸筒包装的2岩石炸药做起爆药包是不合适的，应用起爆药柱，因为熔铸的黑梯药柱的耐高温性要好。起爆药柱的起爆经验证明用导爆索（12 g/m）是安全可靠的。

（三）炸药的适用性

就爆破作业总体而言，煤矿爆破岩石属较坚硬到软岩范畴的岩石，普氏硬度系数$f=18$，其中较硬岩石（$f=57$）约占爆破总量的20%，中硬岩石（$f=34$）占40%，软岩占40%，区别不同的岩性选择不同的炸药，对取得良好的爆破效果和降低成本都是有益的。煤矿自制的铵油炸药作为主爆破剂是适应该矿爆岩性质的，但自制乳化炸药除用于水孔外还应用于个别坚硬岩地段和大抵抗台阶，以发挥其高威力的特点。

（四）炸药性能对爆破的影响

炸药质量与性能的优劣对爆破效果、经济效益、生产效率都至关重要，如果炸药性能达不到规定的标准很容易造成拉底，产生大块甚至整体爆破失败。采用炸药混装车现场混制炸药既有优点也有缺点，优点是装药效率高，适应现代化露天矿大规模爆破的要求，缺点是由于设备本身的原因易造成质量波动。因此为保证炸药质量和炸药性能的稳定，必须做好以下工作：

①加强原材料的检验，保证不合格的原材料不投入生产。

②因为山西长治矿山机械厂生产的BCLH15型铵油炸药车和BCRH15型乳化炸药车都存在计量系统不稳定的问题，随季节、温度、液压、油温等变化大，因此抓好炸药混装车的标定工作是保证炸药配比准确的关键。

③由于煤矿在铵油炸药生产中利用了废机油，实验测定可燃剂，由50柴油和50废机油组成铵油炸药的性能最好，因此在配制混合可燃剂时一定要做到计量准确。

④加强工序管理，保证各工序半成品都符合技术要求。

⑤要按规定进行成品性能测试，不合格时要认真分析原因，及时采取措施并进行连续跟踪测试直到稳定。

（五）改进建议

应区别不同岩性，确定适应现有爆破材料的爆破参数，装药结构、延期间隔，认真做好每次爆破设计；

采用最佳起爆药量，起爆点放在距孔底1 m处，电雷管聚能穴朝上；

利用多段毫秒管，选取适宜的起爆顺序和时间；

加强炸药质量控制，进一步完善检测手段，确保炸药质量稳定优良；

加强火工品采购管理，确保起爆器材的质量，并积极采用有利于提高爆破质量降低成本的新材料、新器材；

加强穿爆施工管理，严格按设计作业，保证爆破材料发挥应有效能。

第五章　煤矿机电安全管理

第一节　煤矿机电安全管理理论分析

一、基本概念及其相互关系

（一）安全的基本概念

安全是指不会发生损失或伤害的一种状态。它是系统运行过程的状态描述量，是人类所面临的系统的状态对人类的生命财产和环境可能构成的危害低于当前所能接受的最低限度。其实质就是防止事故，消除导致死亡、伤害、急性职业危害及各种财产损失发生的条件。

（二）安全与事故、危险、隐患的辩证关系

安全与危险是一对矛盾体，系统在安全状态时并不能保证不发生事故，事故不发生也不能否认系统不处于危险状态，隐患是评价系统危险状态的基本因子，事故只是表现安全与危险状态的一个侧面，隐患是事故的基本组合因子，要消除事故，就必须消除隐患，无法消除隐患时，应找出影响事故发生的主要隐患因子，降低其危险性，从而降低事故发生的可能性。评价系统是否安全与危险状态的目的是预防事故。

（三）保障机电系统安全的前提

煤矿机电安全工作的最终目的是消除机电事故，保障机电系统全方位、全过程安全。隐患是事故的组合因子，是导致事故发生的根源，是潜在因素。因此有效的隐患管理成为安全管理工作的重中之重，必须全面把握煤矿机电隐患的特性，开展隐患辨识、发现隐患，继而消除隐患；在无法消除隐患时，应找出影响确定系统事故发生的主要隐患因子，采取相应的控制措施，降低其危险性，避免事故发生。

（四）隐患产生原因与分类

构成事故的隐患是多层次的，有些隐患是事故的主导因子，有的则和事故构成间接关系。事故不是由单一隐患触发的，而是由很多隐患叠加在一起引发的。从系统工程的角度出发，人、机、管理和环境这四种因素在一定的时间和空间上相互交叉作用导致系统产生隐患，因此隐患产生的原因可从这四个方面来分析。人为因素在导致事故隐患发生中占很大的比例，很多隐患产生的根本原因都是人的不安全行为。据统计预测以及分析资料和事故分析表明，大量的不安全行为都是由于人的主观和客观方面的影响因素导致的。现实中对安全问题的认识，个体与个体之间存在着人的自身素质、安全意识、个人的性格、能力及个人工作能力、文化程度等差异，很容易促发人违反劳动纪律、安全规程等不安全行为。另外，个体的客观因素，如人际交往、家庭问题、人均收入等客观方面的干扰，容易造成个体在生产过程中不能全身心地投入，导致误操作、误判断等失误行为的发生。设备制造、运输、安装等方面的原因，或者是磨损、老化、疲劳等方面的原因，年久失修，运行、保养、检修不当，人员操作不当等都会造成设备隐患，出现设备失效、不安全运转等不正常现象。环境因素不良，环境温度、湿度、安全过道缺陷、采光照明不良、涌水和自然灾害、风雪、视野、噪声、振动和通风换气等环境因素都会间接引起设备故障和人员失误，使系统产生隐患。管理者对安全生产管理复杂系统的认识不足，不改进管理手段与方法，沿用刻板的旧体制，不注重与安全方面的软学科相结合，或者即使引入了科学的安全管理制度、规程和措施，但停留在表面，未深入落实。安全生产和安全管理上存在薄弱环节，缺少标准化的作业指导、习惯性违章时有发生。

（五）煤矿机电隐患的特性

1.潜伏性

潜伏性隐患具有不易被发现、隐秘性强和不确定性的特点，隐患尚未造成后果时，隐患的征兆还不明显，系统看似处在一种"平静"和"安全"的状态。隐患的潜伏状态给人们认识隐患、预防事故的发生都带来了很大的困难，这就迫使人们不断总结和吸取事故教训，从事故反推隐患，查找隐患可能留下的蛛丝马迹。学习过哲学的人都知道事物发生发展过程必经的几个状态，其中一个就是从质变到量变的渐变性转化过程。隐患导致事故发生的过程就是遵循这样的渐变规律。隐患向事故转化无外乎两种情况：隐患自身不断恶化，由小隐患发展成为重大隐患而导致事故；隐患本身没有发生变化，但是会诱发或触发系统的其他部分产生新的隐患，产生连锁反应，危害系统的安全。诱发性隐患有时会在很长一段时间内保持相对稳定的状态，给人一种安全的误导，使人对其放松警惕。这也是我们的作业人员和安全管理人员有时对小隐患听之任之的原因。然而一旦出现了满足隐患向事故转化的诱因条件时，隐患会在极短的时间内引发重大事故。

2. 双重性

一方面我们为了杜绝不安全状态而查找隐患，另一方面我们又可以借助隐患因子来进行系统的安全性评价。在实际的煤矿安全生产中，各类隐患的有机组合状态是衡量煤矿安全与否的标准。

二、煤矿机电隐患辨识

（一）隐患辨识的重要意义

隐患辨识即识别隐患的存在并确定其性质的过程。生产过程中，隐患不仅存在，而且形式多种多样，很多隐患不是很容易就能被人们发现的，人们要采取一些特定的方法对其进行识别，并判定其可能导致事故的种类和导致事故发生的直接原因，这一过程就称为隐患辨识。隐患辨识是控制事故，消灭隐患的第一步，只有识别出隐患的存在及导致事故的根源，才能从根本上有效地控制事故的发生。辨识隐患时应着重识别出隐患的分布、伤害方式和途径，以及重大隐患。通过隐患辨识可达到如下目的：识别与系统相关的主要隐患因子，抓住主导因素，找准治理对象鉴别产生隐患的原因，并及时地消除隐患，控制隐患在一定的时间内向事故方向转化，估算和评价隐患的后果，将隐患分级，为预防事故提出合理有效的治理对策，提供理论依据。

（二）隐患辨识的方法及改进

1. 现场检查法

现场检查法着眼于在工作、生产开始和过程中，通过将工作过程中的人、机、物的实际状态与预先制定好的标准进行对比，工人如果发现有偏差，及时地将其记录下来，分析偏差是否构成隐患。现场检查时还应特别地关注工作环境，及时地检查出工作环境中可能对人、设备、材料和工艺流程之间关系不利的区域是很重要的，因为不适宜的环境很可能会使工作人员感觉不适，而根据事故致因理论，人是导致事故发生的最终原因，这就等同于诱发了事故的致因，这种情况下危险、事故、伤害的发生将是不可避免的。

2.应用现场检查法需要注意的地方

大部分的工作场所，环境条件都是复杂多变的，就检查流程而言，可能两者在一定程度上不能完全相匹配。在这里举矿山作为例子。矿山的生产过程是动态的，随着工作面的不断拓展，工作场所和周围的环境也随之不断变化，处在不稳定的状态中。因此，在进行检查之前应大致规划出检查的流程和采用的方法。在检查时，根据流程大致检查，再标出某些需要特别关注的地方进行重点检查。以往我们的检查大都是以计划的方式进行，这种计划检查给了工作人员充分准备的时间去营造一个安全的环境，掩盖了环境和人员等方面的隐患，现实的安全情况不能真实地反映出来，有违检查的初衷和目的。相反，非计划突击检查的结果可能更真实可靠，更有效。因为在非计划检查时，现场的工作操作条件等可能更接近正常实际情况。它是克服在实际工作现场检查中一些报告分析出现偏差的一种方法。检查时与现场工作人员进行充分的交流是得到支持的最好办法，以便使现场和系统得到一个开放公正的评价。尽可能地让更多的人参与进来，因为劳动者的参与将加大找出可能推荐的正确行为的可能性。

相比强制工作被迫地接受新的方法和理念，工人和安监人员支持的理念和方法会使流程改变更简单，以便使人更易接受。将平时熟悉特定现场情况的检查人员换成不熟悉特定现场的人员进行检查，因为不熟悉现场，他们就会向现场的人员进行咨询，交流。这种信息交流的结果是会获得潜在收益——增加隐患辨识的机会，从而提高安全水平。因为现场的危害及潜在的隐患和事故因素很可能会被作业人员和检查人员因为太熟悉或不以为然而忽视。现场检查法是在现行生产系统中运用比较广泛成熟的方法，它的优点在于简便可行，检查结果直观，需要借助的其他手段少，随时随地可以实行。但是此法也存在着一定的缺陷，如将主要的致灾隐患与一般隐患混同，不能突出重点，不能将过去没有经验的问题考虑进去，检查时未免会遗漏隐患。

（三）动态监控法

如今大多数的煤矿都实现了现代化和信息化，井下直接安装监控设备，利用安全监控系统随时监测井下隐患，其中隐患监控装置通过传感器采集现场设备环境的相关数据，将数据传输至中央控制系统，与正常参数对比，管理人员能够很快察觉隐患，做出反应。

（四）以机电设备监控系统为例

通过采集机电设备的状态信息，再由上位工业控制计算机完成实时动态的存储、记录和传输。对机电设备系统采用连锁控制，延线急停，通信远程监视，通过工业控制计算机监视机电设备，可对故障进行详细的检测和显示。系统安全辨识方法伴随系统安全工程被引入，该方法逐渐成为隐患辨识的主要方法。系统安全辨识从安全的角度出发，进行整个系统的辨识，通过揭示系统中可能导致系统故障或事故的各种因素及其相互关系来辨识系统中存在的隐患。既可以用来辨识可能会带来严重后果的事故隐患，又可以用来辨识没有事故先例的系统的隐患。很多系统都具有复杂多变的特性，越是这种情况，越凸显了引入系统安全分析方法的必要性。目前，常用的系统安全分析方法主要有预先危害分析法、事故后果分析法、故障类型和影响分析法、危险性和可操作性研究法、事件树分析法、故障树分析法，以及管理疏忽和危险树分析法、因果分析法、人的可靠性分析法、人机环系统分析法等。

（五）隐患辨识方法的局限性

传统的隐患辨识方法具有较大的局限性，检查结果带有极大的主观性，对检查人员的经验和自身业务水平依赖度很大，结果随检查人员的不同波动很大，不能对存在的问题得出客观的结论。基本凭经验和感性认识去分析、处理生产中的各类隐患，只重视表面的现象，被动地处理和解决已经发生或即将发生的隐患和事故，难以对安全状况做出预测和预控。检查缺乏定量性，带有针对性，预先可知性，使得现场人员提前做好了准备，检查反映的情况是"静态"的，不能客观真实地反映煤矿生产现场的"动态"面貌，由此带来的后果就是检查结果失真，违背了检查的目的和初衷。

（六）完善隐患辨识过程的一些建议

1. 确定隐患的分布

将隐患因素进行综合归纳，通过仔细分析得出系统中存在哪些类型的危险、隐患及隐患最可能出现的地方及分布状况等。

2. 确定隐患的内容

为了全面有序、方便地进行分析，防止遗漏，应按工作面、采区、设备、物质、生产工艺、作业环境等几部分，分别分析隐患因素，并分类列表详细记录。

3. 确定危害方式、途径和范围分析

隐患会带来的事故和后果，包括人身伤害、设备损伤、财产损失等重大不良影响，以及造成这些后果的途径和方式。

4. 确定主要隐患因子、因素

对导致事故发生负有主要责任的直接原因和诱导原因要进行重点分析，从而为确定评价目标、评价重点、划分评价单元、选择评价方法和采取控制措施、计划等提供理论和实际依据。

5. 确定重大隐患因素分析

要防止遗漏，特别是对可导致重大事故的隐患要特别给予关注，不得忽略或和其他一般隐患等同对待。另外还要注意，在分析时不单要考虑当生产正常、机器设备完好、操作正确时可能出现的隐患，还要考虑当机器设备已经出现故障、带病作业、工人误操作时可能连带发生的隐患。

（七）煤矿机电系统隐患辨识

辨识煤矿机电隐患必须将现场检查法、动态监控法和系统安全分析法三个方法结合起来，综合分析。现场检查法一般可考虑从以下几方面进行识别辨识：当机电设备的工作环境属于爆炸和火灾危险的环境，属于粉尘、潮湿和腐蚀环境时，检查机电设备的相应要求是否满足这些工作环境。机电设备是否具有国家指定机构的安全认证标志，尤其是矿用防爆电器的防爆等级是否满足矿井实际状况。机电设备是否为国家规定的淘汰产品或明令禁止使用的产品或者是质量不合格的产品。用电的负荷等级是否能足够满足电力配置的要求。触电保护、漏电保护、短路保护、过载保护、绝缘、机电隔离、屏护、机电安全距离等是否可靠。安全电压与作业环境和条件选择是否匹配，安全电压值和设施是否符合规定。防静电、防雷击等机电联接措施是否可靠。事故状态下的照明、消防、疏散用电及应急措施用电是否可靠。自动控制系统的可靠性，如不间断电源、冗余装置的可靠性。动态监控法辨识隐患，主要通过状态检测、故障诊断定量地掌握机电设备运行工况参数，对机电设备的安全可靠性和工作性能做出预测，并对异常原因、部位、危害程度等进行识别和评价，确定应采取的对策，即状态检测、故障诊断既检测现状、识别现状又预测未来及时发现机电隐患。例如，无线遥控采煤机，端头站控制，电控箱面板控制和冷却系统的温度监测、保护，截割功率监测，恒功率控制和过载保护，牵引电极的电流监测和负载控制，在线监测输送机运行速度、功率、张力、速度、输送带撕带、载荷分布和加载量控制等。系统安全分析方法：机电隐患辨识中的应用主要利用预先危害分析法、事故后果分析法、故障类型和影响分析法、危险性和可操作性研究法、事件树分析法、故障树分析法及管理疏忽和危险树分析法、因果分析法、人的可靠性分析法、人机环系统分析法等多种方法相结合分析机电系统安全状态，查找机电隐患。

第二节 煤矿机电安全管理系统开发

一、煤矿机电安全管理信息系统体系的建立

（一）体系建立的必要性

煤矿安全管理信息系统体系就是指在制定煤矿安全信息总体发展规划、实施办法和策略时要充分考虑煤矿的发展远景，有利于现有和今后开发的新系统的集成和优化，使各部分能够相互结合、补充，更好地拓展系统的功能。相反，如果缺乏相应的经验，对系统的建设目标考虑不够清楚，不够合理，也不够长远，很容易导致开发出来的信息管理系统应用层次不清，归纳程序不高、不科学、不规范，不能满足企业的有效需求和长远需求。煤矿机电管理是矿井管理的重要组

成部分，除了机电设备管理之外，还包括人员、财产、事物的管理。为了更好地发挥机电管理的最大效用，需要利用系统论观点，通过一系列的计划、组织、协调控制手段，健全组织机构，维护好管理网络，提升机电职能管理的作用。构建合理的机电信息管理三维体系模型可以对煤矿安全信息系统建设和安全信息技术的应用起到很好的指导性作用，帮助安全管理人员树立良好的信息观念。帮助煤矿机电管理人员和系统开发人员从煤矿机电的现状和今后发展情况出发，分析管理层次和业务层次机电安全信息的传递、处理、利用有哪些功能需求，根据功能需求设计管理信息系统的相关功能模块。另外，在开发使用时依照科学规范的统一规划，便于开发者、改进者和用户达成共识。

（二）体系模型构成

三维企业管理信息系统体系模型，即针对煤矿机电安全管理系统结构建立了新的煤矿机电管理信息系统三维体系模型。

（三）机电信息管理三维体系模型组成

机电信息管理三维体系模型具体组成如下：

第一个维度划分是管理维，该维度可分为三个层次，即业务管理层、运行管理层、战略管理层。从已有的计算机应用系统的功能来看，可将采煤、割煤、掘进、运输等自动化生产系统、设备监测监控系统等列入业务管理层和运行管理层，将机电自动化系统、安全评价系统、计算机辅助决策系统归入战略管理层。

第二个划分的维度是业务维，业务维根据各个煤矿机电职能部门划分的不同而不同。一般的煤矿机电专业大致可以细化分为以下几个部门：井下机电科、运行科、发供电科、综合科、节能办、三电办、监测监控科等。此维度的划分可根据煤矿实际职能体系结构来划分，此维度是信息系统集成的核心。其技术基础主要是利用数据库，对整个部门业务需求进行系统全面的学习、认识、分析和设计，是信息系统实现的关键。专业信息具有一定的规律性、系统化、规范性、程式化，集中体现了专业领域知识和组织规范，信息处理工作深入机电管理业务所涉及的所有对象、对象联系及精细层次。

第三个划分的维度是信息处理的功能维。数据处理层次，负责采集、整理、处理与储存从生产现场或者业务范围内直接收集来的数据，是较原始的数据源信息形成层次。此层次的作用主要是把经数据处理层次处理过的数据结果加以汇总和分析，储存可利用的信息，形成信息报表问题分析层，对煤矿企业机电安全现状进行分析，将各项反映机电安全的指标实际值与正常参照值进行对比，利用评价模型分析计算，得出评价结果，并进行结果分析决策层次，充分利用信息系统提供的功能，即正确产生决策信息，形象表现决策信息，高效使用决策信息，为部门和个人指挥决策服务。例如，将安全信息完整而系统地管理起来，构建数据仓库，以供决策分析。为了方便决策分析，不仅需要事先建立常规的决策分析方法库、模型库，而且还要创建各专业需要的专门分析方法、模型或专家系统，同时，还要提供各种信息表现工具，如数字地图、分析图等。安全管理人员应用信息的效果和意义可以从这层得到最终体现。

提出这样一种三维体系模型是为了在规划信息系统时，先有一个对部门信息活动的统一的看法和框架，这样就不至于使眼界固守在一个管理层次或某一类已有的信息系统类型，而能有一个全方位的观点。这里所说的每一个模块，并不限于计算机的处理，它可以是人工处理，因为在使用计算机之前，人已经在进行这些工作了，还可有这样一个总体结构框架：我们可以在规划工作的开始，先按部门的现状与今后发展远景，从管理运行层次职能部门来分析整个企业信息的流通、处理、利用都要满足哪些功能要求，从而确定都需要哪些模块，每个模块做什么工作，先不管是否由计算机来做。这样对部门安全信息的全局便有了完整的理解。然后再看哪些模块或环节已经由计算机在做工作，哪些目前是由人来做的，二者又是怎样衔接的。由于发展水平不同，有可能一个企业已有一大片包括矩阵中若干行、列已经计算机化了，也可能只有星星点点的几个计算机应用"孤岛"。但经过这样一分析，对计算机应用的现状已经是放在全局中来审视了，人与计算机的关系也清楚了。

下一步规划是如何开发新的系统，首先看这样一个现有的总体结构是否合理，为符合企业进一步需要，是否需要按部门组织与业务过程的调整而有所改变。其次考虑怎样将需要计算机化的环节按整体与相互联系的观点确定下来，这样就进入了从整体与各部分功能出发实现系统总体规划阶段。由于现在的企业信息系统力求跨部门、跨功能，所以是一种集成化的信息系统，或称一体化的信息系统，它应该将已有的各类系统融合为一体，使各层次有所贯通，使各种功能能够相互结合。从现在这样一种三维总体结构出发，便能做到这种结合，而达到高屋建瓴、势如破竹的境界。但企业信息系统的开发有时又是分期分批实现的。为了避免前后的不一致、相冲突，应该统一规划。如果按三维总体结构规划，便可对哪些已经计算机化，哪些应该尽快计算机化，哪些容易实现，哪些还不具备条件，放到今后去开发，做到成竹在胸。

二、开发环境和开发工具

（一）工作流规划原则

功能规划围绕信息输入、输出和处理规划系统，工作流规划则沿着完成一项任务所经历的所有活动环节进行规划。工作流规划强调信息流的简洁、畅通、高效、实时性。为了提高工作流程的效率，在安全管理中，有必要仔细分析各种业务流程，改造不合理的环节，删除不必要的环节，简化处理环节，寻求用信息技术加快处理效率，跟踪和反馈信息流动过程，确保任务不断线。在系统规划中，制定了如下工作流规划原则：工作流上任务必须事先明确规定工作流跨越多个环节或部门，有始有终，工作流各个环节必须具有明确的定义，工作流上的任务必须流经每个环节，处理工作流要简洁、畅通、高效、实时性强，工作流和管理职能分开，工作流具有通用性、典型性、稳定性。

（二）信息流规划原则

信息传递过程就形成信息流，信息流动过程中并没有增加新的信息量。工作流必然是信息流，但信息流却不一定是工作流。因为工作流承载、处理和完成一项任务，产生了新信息，并同时形成了信息流动，根据信息系统规划概念框架，一方面信息可沿着信息主体横向流动，形成横向信息流，实现信息主体有效交流，另一方面信息可沿着信息主体纵向流动，形成纵向信息流，实现信息主题的逐级综合或分解。纵向信息流和横向信息流纵横交错，构成了全维信息流网络。因此，在规划信息流时，提出了如下两条规划原则。

1. 突出长期稳定的主要信息流

随机临时性的信息传递，如隐患信息库数据词典的主要条目。

2. 建立数据词典

建立数据词典是建立系统的基础，只有事先建立好数据词典，数据管理、查询、统计、汇总等诸多模块才能建立。数据库的逻辑结构，数据对象之间的关系及数据的约束条件和特征都需要通过数据词典来实现，举例如下：

①编号；

②名称隐患信息库；

③简述录入隐患信息，具有标准格式；

④设备名称，缺陷内容，缺陷状态，超时小时，被通知专业，限定时间，鉴定人，整改负责人，整改方案。

（三）系统的功能设置

系统的功能设置主要是通过对煤矿企业生产现场的机电工作在过程进行调研、走访、分析、规划，对涉及机电方面的安全管理进行论证和剖析，明确系统需求的基础上，开发针对煤矿机电的安全管理信息系统。该系统以煤矿机电隐患信息查询和安全评价为主要功能，辅以隐患信息分析统计、事故预测和安全方案决策等一系列附加功能。此系统分为三个主模块和若干子模块。

（四）系统主要功能模块介绍

系统共包括三个主模块及若干子模块，详细内容如下：

1. 使用者及用户权限管理

此模块设置用户权限管理，对用户名、密码和访问权限进行管理和分配，提供使用、新增、修改等权限管制方法。

2. 评价模型模块

（1）机电安全评价模块

①层次分析法模型库；

②多层次模糊综合评价模型库；

③多目标模糊综合决策模型库。

（2）机电隐患预测模块

编制由预测模型、评价模型和评价体系组成的模型库。其中利用预测模型来辨识系统中隐患的变化及其对现场安全造成的影响，用评价模型检验预测结果的准确性和正确性，而评价体系包括人、机、环境隐患指标，包含灰色关联聚类分析模型库。

（五）数据库设置

1.机电系统信息管理模块

此模块主要包含安全基础数据、煤矿基本信息、隐患信息数据库。该模块是动态的，可根据实际的变化情况不断地更新和修改完善，实现以下几方面的功能。

（1）矿井机电基本数据、基本信息管理

对煤矿机电的基本信息数据进行输入、维护，包括矿上机电平面布置图、机电设备分布位置图及各种安全许可证，煤矿生产管理人员的相关信息培训情况、技能等级、安全认证，特种作业人员的基本情况、安全培训、作业种类、技能等级、持证上岗情况等项内容，可以作为基本数据提供给其他模块进行调用，即企业基本信息界面、安全管理机构与人员界面。

（2）隐患检查与整改管理

此项内容即帮助企业对生产中物质的不安全状态、人的不安全行为及安全管理不规范等事故隐患进行输入、修改、删除、查询，以便企业安全管理负责人能够全面、动态、及时地掌握企业的各种事故隐患信息，提出隐患整改措施，预防事故的发生。事故隐患信息主要包括隐患地点、隐患状态、发现时间、超时、被通知单位、整改措施、限定整改时间、验收情况、鉴定类型、消除单位。并且通过设置背景色和字体颜色效果来显示隐患的处理情况，如超时未处理的隐患选用红色为背景色，警示管理人员尽快监督，消除隐患；处理完毕等待验收的隐患采用紫色为背景色，提醒验收部门加快验收，验收合格的隐患采用绿色为背景色，表明隐患已处理好，状态安全；验收不合格的隐患采用黑色为背景色，提醒危险依然存在，还需继续处理隐患。这样的设置在视觉上给管理人员进一步的提醒，清晰地表明隐患的处理情况，使管理人员做到心中有数，目标明确。

（3）隐患分类查询与统计

系统提供按隐患发生时间、隐患发生地点、隐患的类型、隐患整改验收与否等多种查询条件的查询方式，帮助管理人员随时获得所需的隐患信息。查询按键用来进入条件数据的查询，查询对象用于建立查询的基本模块，通过创立查询来查找符合指定条件的数据，更新或删除记录，或对数据执行各种计算。选择查询条件，点击查询按键，查找符合条件的记录，系统随后显示查询结果，用户可根据需求选择查找的内容和输出方式，并可对隐患进行统计分析，生成隐患报告书、隐患整改报告书及隐患验收报告书等，便于管理人员即时了解隐患的状况，为治理隐患提供依据。

（4）自动生成图形报表及打印功能

可根据隐患的分类及发生时间等自动生成相应的图表，此种方法可更直观地反映隐患情况，可方便地对隐患资料进行整理，根据需要随时打印隐患报表、隐患整改报告书、隐患验收报告书，以便进行部门之间的传阅和归档保存。

2. 数据处理模块设计

（1）系统输入模块设计

要对机电隐患进行有效的管理，对机电隐患信息清晰归类，及时了解机电隐患状况，就必须建立机电隐患信息库。机电隐患信息数据库必须详细记载机电隐患信息的全部情况，其中包括隐患发现地点、发现人、隐患发现时的状态、隐患整改措施、限定整改时间、整改责任人、超时、整改鉴定人等。输入设计注意事项，为了提高系统的运行效率，实现计算机本质上的快捷、方便等特点，输入界面应尽可能以简捷、输入量小、省时、易操作为前提条件，保证数据的一致性要好。数据输入可检验纠错原则，尽早对输入的数据进行检查，离原始数据的发生点越近，错误就越容易被发现，得到及时的纠正，从根本上保证所输入数据的可靠性和准确性。

（2）系统输出模块设计

系统输出通过调用已建立的数据库的数据，生成用户需要的查询信息，分析统计结果和评价结果，以文字、表格、报表、图形的形式输出，给用户直观的印象。在数据输入设计上要注意确定用户所需输出数据的格式，有以下几个原则：输出界面的设计力求简捷、清晰，尽可能最大程度地满足用户的需求，输出内容方便用户理解与使用，避免产生理解障碍。输出格式应与输出设备相匹配，能够方便快捷地实现文档、报表、图形的打印等功能。输出设计要充分考虑将来系统的改进，要具有可扩展性和可修改性，能够满足新的要求，方便将来的系统的升级和改进。

（3）系统模型及界面设计

系统在开发矿井机电安全管理信息数据库的基础上，以该信息库为数据提取源，设计数据、指标录入和评价结果显示界面。

（六）程序开发的原则

在程序设计时，用户界面简单明了，尽量使用标准界面，便于操作，再加上为提高运行速度，回避了一些不必要的装饰。该数学模型的应用受输入数据的影响很大，因此，程序中的变量数组均采用可动态管理即时分配内存即时释放内存的方法，利于程序的高效运行。由建模过程可知，存在大量的数学矩阵运算，遵循结构化设计的思想和信息隐蔽原则，避免重复编码，程序的主要流程代码均是以函数与过程的方式实现的，这也使程序的执行思路清楚易懂，易于修改和维护。界面的加载与卸载也是以节省系统内存空间为出发点，力求减轻系统的负荷。在编码过程中，对循环语句进行了代码优化，循环体及循环变量尽量使用常数，加快循环执行的速度。

第三节 煤矿机电设备管理问题及措施

一、我国煤矿机电设备管理存在的问题

根据发展需求，煤炭企业不断对产能进行调整，引进了先进的技术和机电设备。受煤炭企业生产环境影响，煤炭企业对机电设备管理提出了高的要求。通过对几个大型煤炭企业的调研发现，煤炭企业普遍存在着如下问题：

（一）管理观念陈旧

一些企业只注重煤炭开采生产效率，而对机电设备管理的重视程度远远不够，企业管理的重要内容中无机电设备管理工作这项内容，主要的机电设备单纯地作为一种辅助工具来管理，管理手段与管理制度不健全，相关规章制度未能有效地执行。更突出的是，这些企业只能看到眼前的蝇头小利，使得企业的机电设

备管理理念缺乏，机电设备管理停滞不前，机电设备管理靠事后维修来完成，由此造成的损失不积极地去分析，使得企业的发展每况愈下。

（二）机电设备管理不够重视

从现在的煤炭企业的运转情况分析，能够保证企业正常生产即可，促使企业的机电设备使用寿命延长。机电设备高负荷运行、机电设备带病作业的现象司空见惯。而煤炭企业的环境普遍较差，空气中的灰尘难以得到控制，在机电设备的运行、存放过程中，必须采取防潮、防生锈、防尘、防腐蚀等措施，否则会缩短机电设备的寿命。再加上机电设备不及时更新换代，生产效率得不到提高，机电设备就会出现超负荷运转，另外，陈旧的机电设备未能及时维修保养，不能及时排除机电设备存在的安全隐患，对企业的安全生产带来了威胁。

（三）维修手段落后

在当今工业技术迅猛发展的环境下，煤炭企业想要取得可观的经济效益就离不开机电设备的稳定安全运行。所以现在的煤炭企业对机电设备的维修手段提出了更多的需求。目前煤炭企业的机电设备维修工作以计划性维修为主导，没有对其进行优化，造成许多机电设备没有维修到位，完好率和实动率偏低，对煤炭企业的发展带来了一定的影响。

（四）安全管理不到位

受人、机电设备、环境、成本等诸多因素的影响，相当一部分煤炭企业没有对机电设备的管理工作进行太多的投入，再加上机电设备管理工作强度不高，机电设备的更新换代较为落后，很多企业存在机电设备超年限使用，超负荷使用的情况。机电设备的老化给煤炭企业的安全运行带来了隐患，经常性地发生机电安全事故，机电设备的安全工作没有落实到位。随着我国工业技术的大力发展，同时涌现出各种新工艺、新产品、新材料、新技术，煤炭企业的原有机电设备已经满足不了企业发展的要求，更留下了安全隐患。

（五）多数操作人员素质低

煤炭企业机电设备事故的发生离不开人员的操作和管理因素，经大量事故经验分析统计，主要原因为人员的技术水平不够，安全意识淡薄，一起事故的发生，除了机电设备自身的问题，更主要的原因在于操作员的违章操作，没有按照企业规定的操作规程作业。加上现在的煤炭企业存在一人多岗的情况，技术水平不高，导致企业的安全生产面临许多的问题。人的管理是最烦琐的，也是最难管理的，一些操作人员专业水平一般，不善于钻研本岗位的知识，不愿受苦，不愿意从事一线工作，文化涵养低，整体素质有待提高。

二、煤矿机电设备管理措施

（一）建立健全管理制度和流程

管理制度和流程是规范、协调企业内部业务和职责的有效手段，是企业法制化管理的基础依据，也是企业传达管理理念、企业文化、价值观的重要工具。煤炭企业建立健全了自身制度和规范，小到企业职工的着装设计，大到企业的长远发展战略部署。可是，在煤炭行业发展新形势下以及煤炭企业不断调整自身产业链的同时，企业现有的管理制度和管理流程已经不能完全适应企业自身发展的需要，需要进行调整和改进。传统的企业根据自身的业务需求划分成不同的基层部门、职能部门和主管部门，根据不同部门的业务和分工，建立健全了企业的规章制度，强化了各个部门单位和每一个员工的职能、义务和责任，但是并没有对企业的运营增值起到显著的作用。分析其原因，制度不是执行力，也不能提高执行力，制度的落实与执行主要归结于企业或个人如何理解制度的内容和意义。制度的制定人往往是专业化的，而制度的执行人却往往是体验型的，二者的差异使得制度在制定与执行衔接时容易出现偏差，导致企业的运行出现混乱现象。流程是明确和规范企业活动的管理行为，是约束企业活动的重要手段，其目的与制度一样，都是让企业营利。流程的制定者根据制定的制度，依据企业状况，将各个活动环节灵活设计；而流程的执行者根据已制定的流程，以及自己的岗位规范、职责和义务进行经营活动。制度的建立健全和流程的设计优化，必须依据煤炭企业自身发展的状况和需要，始终坚持策划、实践、修正、验证、超越的先进管理理念，借鉴同行业的管理经验，同时"取其精华，去其糟粕"，将企业自身的价值观和企业文化渗入管理制度当中，将人文管理与制度管理有效结合，转变企业的思维管理模式，使得企业的制度更加人性化、合理化和科学化，使得企业的职能管理逐步向流程管理发展。

管理制度的体系建设涵盖机构设置、运作方式、人员配置、权责划分、管理体制等方面，是一项系统工程，是企业最基本的工作内容。管理制度的体系建设是一个不断修正与完善的过程，因此其不可能一劳永逸，需要不断地建立和健全。因此煤炭企业应该将管理制度和流程的建设作为自身发展的战略根本，在企业发展的过程中突出管理制度和流程的重要性，并且加强员工的认识高度，形成良好的制度执行和遵守氛围，加强企业内部的凝聚力和向心力，使得企业的职工能够对企业的管理制度和流程具有义务感、认同感。

（二）加强机电设备维护

1. 日常保养与维护

煤炭企业机电设备运行的环境较为恶劣，经常受到各种各样的因素影响，因此需有针对性地做好保养与维护工作。

（1）温度和湿度

机电设备不能运行在温度偏低的环境下，否则会导致机电设备的缓慢启动，影响正常的生产，如果系统带有连锁保护，工艺系统很难启动；机电设备不能运行在温度过高的环境下，否则容易加速机电设备的老化，机电设备在运行过程中会产生一定的热量，如果热量不能及时排除，造成积聚，会导致机电设备出现异常现象，甚至发生火灾。所以机电设备运行的环境温度必须在规定的范围之内。如果环境湿度较大，则会对机电设备的电路绝缘性造成影响，发生短路的可能，不利于机电设备的正常运行。

（2）粉尘

因为煤炭企业的特殊环境，空气中存在着大量的粉尘，还不能有效地控制。机电设备本身存在着静电，静电对粉尘有一定的吸附作用，粉尘会通过机电设备的缝隙被吸入内部。粉尘的积聚会造成机电设备电路板的电阻量增高，甚至出现粉尘导电的可能，直接烧坏机电设备，所以应避免机电设备工作于粉尘较大的环境，否则应采取相关措施。

（3）振动

机电设备的运行一定会产生振动，但是振动超出了控制范围，会影响机电设备的正常运行，如机电设备线路接触不良、机电设备损坏等现象。为了避免振动带来的困扰，可以尽量地将振动消除，为机电设备提供稳定运行的环境。

综上所述，机电设备只有处于良好的环境当中，才能使得机电设备稳定安全运行。所以煤炭企业应为机电设备提供良好的工作环境，并根据工作环境加强日常保养与维护工作。

2. 有效的维修策略

（1）维修方法

机电设备发生故障是不可避免的，但是煤炭企业必须有针对性地采取适当的策略及时排除故障，确保机电设备出现故障后能及时得到维护，并快速投入使用。下面介绍一些机电设备故障的排除方法：

观察法。通过前人和自己总结的工作心得体会，利用人体感官判别机电设备的运行状况，能够利用感官判断机电设备的外观是否出现扭曲、变形、裂缝、松动、变色、滴漏等现象，是否有异味或者异音。通过观察法可以简单直观地了解机电设备的运行状态，及时排除安全隐患，保证机电设备的安全稳定运行。

复原法。这种方法适用于机电设备没有损坏的情况下，若零部件没有损坏，但是机电设备运行时间过长，则会导致功能程序紊乱。这种故障状态通过停送电或者程序重新下载安装即可完成恢复。

替换法。这种方法适用于机电设备本没有故障，而是携带的零部件出现问题的情况，通过更换零部件完成对机电设备故障的修复。一般的故障排除可以先使用观察法，然后使用替换法，这样可以快速地排除机电设备故障。

（2）注意事项

要想保证维修的准确性和安全性，机电设备维修工作中需掌握以下几点内容：机电设备检维修之前，必须切断电源，并悬挂警示工作牌，告知相关人员该机电设备处于的状态，避免误操作带来的伤害。机电设备的金属外壳都有接地保护措施。机电设备检带电检维修作业，还应该注意：首先，设置专人监护；其次，按规定要求穿戴好劳动保护用品，特殊作业还需佩戴特殊劳动保护用品，严禁使用无绝缘或者绝缘效果差的工器具；最后，采取有效的防范短路措施，确保维修人员的人身安全。

（三）构建风险预控管理体系

在企业生产规模快速发展、安全生产压力不断增加的环境背景下，企业内部开始研究和实施了风险预控管理体系。2004~2006年，我国煤矿行业的机电设备安全事故频发，安全问题日益严峻，煤炭企业和党中央国务院对此类事件高度关注，并给予了严重警告和惩戒。企业作为煤炭行业的龙头，国家煤矿安全监察局和国家安全生产监督管理总局（现已合并到应急管理部）对企业给予了厚望。企业开始对煤炭企业的安全管理进行系统的研究和分析，建立了适合煤炭企业的安全管理体系，运用全新的安全管理体制和办法促进自身企业安全管理水平的提升，进而引领煤炭行业安全管理水平的提高。企业于2005年对安全管理体系进行了立项，经过长达两年的时间，对安全管理理念、风险预控管理、体系构建的基础元素、基本理论等进行了研究分析，构建了适合煤炭企业的风险预控管理体系。企业在构建了风险预控管理体系后在52个煤炭生产企业内部进行了推广和应用。2011年，风险预控管理体系被列为国家安全生产行业标准，2011年8月国家煤矿安全监察局和国家安全生产监督管理总局发出重要文件，开始在全国范围内进行推广。

1.风险预控管理体系

风险预控管理体系以风险预控为核心，以危险源辨识为基础，以人的不安全行为和机电设备的不安全状态为重点，制定相应的管理标准，并根据管理标准制定针对性的管控措施，对制定的管理标准和管控措施进行预控处理，发现仍然存在风险的，对管理标准和管控措施进行修订，进而保证煤炭企业安全运行。煤炭企业的风险预控管理体系一般包含的主要内容有一个流程、两个理论和五个部分。

（1）一个流程

一个流程即风险预控管理的流程，其通过五个步骤实施。第一，危险源辨识。全员参与，对自己工作岗位即作业环境的危险源进行分辨，发现不安全网络进行记录和统计。第二，风险评估。对煤炭企业员工辨识出来的危险源进行评估，明确管理的重点，划分哪些是低风险，哪些是一般风险，哪些是中等风险，哪些是重大风险，哪些是特别重大风险。第三，风险管理标准和管控措施。根据划分后的危险源等级，从"人、机、环、管"四个方面制定危险源的管理标准，确定如何能减小或者避免危险源发生，再通过"管理措施、技术措施和教育措施"等管控措施制定危险源的管理标准。第四，危险源监测。在煤炭企业的正常运行中，观察记录的危险源是否受控，同时检验制定的管理标准和管控措施实施的效果。第五，危险源预警。监控危险源的控制情况，发现异常及时预警，重新制定管理标准和管控措施，预防事故的再次发生。

（2）两个理论

一是海因里希法则。这个法则说明，在机械生产过程中，每发生330起意外事件，有300件未产生人员伤害，29件造成人员轻伤，1件导致重伤或死亡。通过该法则可以确定风险预控管理工作的基本准则，只有将小的事故和隐患排除，才能防范甚至消除大事故的发生，将安全管理的重点下移，变被动预防为主动预防，改变事后惩处安全管理模式为风险预控管理模式。二是内外因事故致因理论。该理论描述了能量意外释放的原因，安全事故的发生不是偶然，是内外因一起作用下的结果。所以要想控制事故的发生，必须对事故发生的内因和外因进行控制，彻底将煤炭企业安全生产事故的因果链剪断。风险预控管理体系就是建立在这两个基本理论基础之上。

（3）五个部分

风险预控管理体系的设计原则是系统化。该系统由五个子系统构成，分别是人员不安全行为控制、危险源辨识与管理、生产系统控制、预保障机制及综合要素管理。五个子系统相辅相成，既独立又互相紧密相连，为管理工作提供了有力的依据。

2.体系建设与实施风险预控管理体系

通过借鉴先进的管理经验，与煤炭企业自身实际相结合，将工作任务细化，从基层、科队逐步建立风险预控管理体系，以保证体系运行时的可操作性与执行力，使得体系在煤炭企业内部有效实施。

（1）机构成立、体系推进措施制定、任务分解

成立机构、分解任务，责任到人。风险预控管理体系建设领导组需设定第一责任人，根据组织机构部署设置机构图，明确各组织机构的职能和实施方案，

同时做到任务已经具体分解划分，根据时间节点，不断推进风险预控管理体系的建设工作。

（2）制定措施、保障体系顺利实施

下发明确风险预控管理体系的安全控制目标和方针的文件，分配各项任务节点完成时间；在实践中不断规范体系建设流程及规章制度；完善各类作业技术标准，制定安全生产隐患治理及排除整改制度，做到对各类安全隐患的有效控制。

（3）全员参与、树立风险预控观念

加大风险预控管理知识的宣传力度，全员参与，努力营造学习风险预控管理的氛围，将风险预控的学习日常化；通过开展"用、识、辩、记"的活动，加强对风险预控的认知；定期开展风险预控管理知识的安全考试，巩固风险预控管理知识，强化员工记忆，掀起全员学习的热潮。

4. 强化机电设备管理

1. 加强员工技能培训

员工技能培训是安全生产基础管理的一项重要内容，是提高机电设备管理工作的管控措施，是提升员工技能水平和安全意识的有力武器。现在很多企业部门，对员工培训比较漠视，不愿投入，致使员工技术水平低下，安全意识淡薄，进而导致机电设备故障率高，出动率低，安全隐患高居不下。从表面上看，一个企业的市场竞争能力依靠资源、资金、环境等客观条件；而实际上，企业的市场竞争能力主要由人来决定。企业中最重要的资源就是人力资源，可说人力资源就是企业的第一资源。但是人力资源需要开发和发展，而教育培训是其根本手段和有效途径。对员工进行教育培训，是企业人力资源增值的关键途径，是企业人力资源开发的关键部分，更是企业提升效益的有效途径。员工的教育培训是一种增强其技术水平，提高其文化涵养，加强团队意识、凝聚全员战斗力的工作，任重而道远。通过对员工的教育培训，可以使得员工对组织的认同感加强，并增强团队和企业的凝聚力。通过教育培训，能够带动员工积极地学习业务知识和技能，进而提高员工的创新能力，在企业中形成一种浓厚的学习氛围，让其成为一种企业的化。培训教育的目的就是为了提高员工的技能水平和素质，提高员工对企业的责任感和使命感，提高团队的向心力，进而间接提高企业的市场竞争力。但是教育培训必须有针对性，根据每一个岗位和工种的需求进行教育培训，如果培训工作没有给员工和企业带来优势，培训工作就会成为企业的负累，虚有其表。首先员工培训要分层次、分重点，对不同工作岗位、不同工作环境的员工要进行不同层次、不同侧重点的培训。

例如，企业中的技术人员，有从事开发的，有从事研究的，也有从事设计的，但他们的一个共同点就是使用技术知识排除技术难题。有些人培训时候侧重点应该放在新技术、新工艺、新产品、新材料的发展与应用，培养其运用先进生产力的能力，改变其知识结构，即从事具体作业活动的员工，他们的工作就是按时、高效率、高质量完成自己的作业活动，针对其工作性质，应将提高员工的技能水平作为其培训的重点。另外，企业应根据自身发展的需要制定不同的培训课程、培训计划、培训方式。

2. 做好前期管理

工作企业应该严把机电设备选型和机电设备质量关。企业应该根据生产实际情况进行机电设备选型，并对机电设备管理的责任进行划分，落实到每一个岗位和每一个人员，并涵盖机电设备管理的每一个环节，对机电设备的购置、入库、运用、监控、维修、报废全生命周期进行跟踪，并保证完整的技术资料。其次，机电设备的安装质量要保证，尤其新机电设备的投入使用，更要加强安装和验收内容，做好新机电设备的运行评估，做到有开工报告、调试报告、竣工报告、试运行报告和验收报告的内容，确保新机电设备合格，能够投入正常使用。

3. 现场管理精细化

精细化是一种追求精益求精的过程，所以并不新鲜，从古至今，精致型的人都在做。老子提出："天下难事，必作于易；天下大事，必作于细。"

可惜的是，中国人没有很好地继承古代传统的思想精华。现如今的精细化管理，以精细管理和精细操作为特征，以科学手段为基础，通过企业各种资源的有效利用，提高每一名员工的素质。保证机电设备的现场管理精细化，控制机电设备的"跑冒滴漏"现象，严格控制费用成本，提高企业的经济效益和安全效益，进而提高企业的市场竞争能力。从宏观角度来看，精细化管理就是从粗放型管理向集约化管理的变革。管理是企业的基础，更是永恒的主题，而现场管理是企业基础中的基础，是企业永远的管理重点和落脚点。现场管理精细化就是在条件允许的情况下，安全可以保证的状况下，对作业现场的全部要素实现最优化配置。

将精细化管理在工作现场落实"精、准、严、细"，主要表现如下：

（1）管理理念的精细

将确定的管理理念延伸到管理的各个方面、各个环节和各个领域，实现全覆盖。企业的中层干部在现场管理中起着举足轻重的作用。首先必须重新认识自己，有的中层领导干部认为目前的现场管理已经足够完善，没有继续上升的空间让自己发挥；有的中层领导干部认为人员少、条件差不能在现场管理实现精细化，这都是在企业中进行管理精细化的拦路虎。如何才能杜绝这种思维方式，唯有与标杆单位找差距，找到自己企业与标杆单位的异同，亲自感受这种差距存在的根本原因，找出精细化给标杆单位带来的优势，抹去消极思想，树立实施现场管理精细化的信心。其次要不断学习精细化管理知识，做到术业有专攻，只有这样才能在现场管理中科学合理地布置生产。

（2）管理标准的精细

标准的精细就是完成由粗放到精细、由缺陷到完美，从无到有的变化。对企业的规章制度重新修订和梳理，添加有益的规程和制度，放弃无实际意义的制度和标准，有效地进行整合，让现场管理做到有法可依和有章可循，使得标准在企业的管理中生根发芽，具有一定的可操作性和规范性。

（3）管理责任的精细

对每一个管理者、每一个管理部门和每一个管理环节进行责任细化，层层落实到位。每一个岗位都有自己的义务和职责，通过建立岗位安全生产责任制和岗位规范对企业管理工作进行量化，进而实现从大到小，从上到下，从企业到单位部门，从单位部门到班组，从班组到个人，任务进行层层分解，每一个岗位的责任要明确，使得每一个人员养成"耐心、细心、细致"和"亲自干、勤思考、敢负责"的作风习惯。严格把控企业生产运行的各个环节，理顺工作流程，明确目标任务，细分工作职责，不留盲点和死角。

（4）坚持走技术创新路线

随着社会分工越来越细化，个人单打独斗的时代已经结束，即便是再有名的篮球运动员也需要队友来一起打比赛，技术创新同样需要构建一支拥有真才实学，应变能力强，思维敏捷，能够标新立异，充满激情和活力的团队。挖掘团队中每一个成员的潜能，学历与能力并重，学校学的知识，在生产实践中磨炼出来的才能，是"能力"。能力是一个从能到力，从知识到技术再转化成产品或产业的全过程。企业应充分注重工程技术人员独立思考运用知识的能力，处理大量信息的能力，奋勇争先、追求卓越的能力。鼓励员工积极参加创新活动，创新不是专业人士的专利，不要因为自己岗位的平凡，身份的普通就停止创新的脚步。小人物只要给你一个支点也可以撬动地球，一个人的分量就看你的努力程度，创新让你从小人物变成单位乃至行业的知名人士，所以创新须激发团队中的所有成员。创新靠团队，只有让团队的智慧闪耀光芒，才能实现创新的目标。文化是一种软实力，一个国家不能仅靠严刑重典、刀枪马炮治天下，一个企业也一样，必须使文化的统合力融入每一个人的血液中。企业文化是公司最核心的竞争力，从本质上来讲企业文化是员工在共同生产工作中形成的一种共有的观念、价值取向及行为习惯等外在的表现形式，是一种氛围。让安全成为一种信仰，让质量成为服务之本，让成本成为生存方法，让创新成为一种习惯，让和谐成为一种氛围。创新是价值创造和提高生产效率及降低成本求得生存发展的迫切需要。所以通过创新提升技术优势，才会获得新的竞争力，而且技术优势也会消除成本对企业的巨大压力，成本优势要依靠技术优势的支撑。因此，企业要想健康长远发展，必须始终坚持走技术创新路线。

（五）制度化与规范化管理

机电设备科学化管理的强化，能够使得企业现代化被有效推进。企业要树立"以人为本，安全为天"的管理意识，转变传统观念，增强企业员工的使命感和责任感，保障企业的机电设备管理工作能够顺利开展。而机电设备管理工作的顺利开展，必须有相关规章制度的支撑。企业必须建立健全相关规章制度，而制度必须在企业的正常生产运行中进行完善。企业的规章制度和规范化管理不是领导意志的体现，也不只是约束企业员工的手段，没有规矩不成方圆，它是企业走上规范化、科学化管理道路的重要工具，是企业健康稳定发展的必要条件。如果员工对企业制定的规章制度不认同，就会出现上有政策、下有对策的局面，钻企业规章制度的空子，使得企业的规章制度失去了其建立的意义，那么企业将会走向倒闭，最终被行业所淘汰。因此企业必须在实践中逐步完善规章制度，使得企业的各项管理工作能够合理化、规范化，提升企业的管理水平，进而使得企业的发展蓬勃向上。

（六）机电设备的安全管理

安全无大小，机电设备的安全管理工作同样不能忽视。机电设备的安全管理是对机电设备全生命周期的监控管理，从机电设备购买、入库、调拨、出库、调试、运行、维护到报废等各个环节，安全管理需要全部渗透进去。企业的经济效益和安全效益与机电设备的安全管理工作息息相关，是企业健康稳定发展的最大保障，企业应在内部形成全员意识，重视机电设备的安全管理。机电设备的安全管理，首先应对机电设备的申购做好管控，确保机电设备满足企业的生产需要和安全需要。验收时，对机电设备的各项性能指标进行分析，查看其与企业的技术指标是否相一致，客观地分析机电设备的安全性能，避免安全隐患的遗留。正常运行时做好日常检查工作、维护工作，并定期进行拉网式排查，查找运行过程中的薄弱环节，及时发现风险，并制定管理标准和管控措施，将风险降到最低甚至排除，全面拒绝任何安全事故的发生，保证企业安全的文化形象。

（七）积极应用

新产品、新工艺、新技术。在现代化技术高速发展的今天，企业如何能够与时俱进，如何能够保持其在市场中的竞争力？唯有创新。大众创业、万众创新不仅是小微企业生存和兴盛之道，更是大型企业的长远发展之路。一个现代化的企业，必须有先进的机电设备，先进的工艺和先进的技术，如此才能优化资源配置，优化企业的产业结构，确保企业的技术水平处在一定的位置，立于不败之地，推动企业的经济效益提升。所以企业可以通过运用新产品、新工艺、新技术为企业的发展提供源源不断的动力。而对于企业的机电设备管理，必须加强工艺创新、技术创新和管理创新工作，在企业生产运行步入正轨的情况下，在工作中运用新技术、新工艺，为企业的机电设备运行提升时效性，为企业的发展提供一分力量。

（八）运用全新管理法

当前有一种有效的、科学的机电设备管理方法，即从经济手段、技术手段等方面，采用周期性管理方法对机电设备进行综合性管理。首先，管理人员必须对所管范围内的机电设备充分了解，从掌握的生产运行数据制定机电设备维护保养的周期，制定机电设备大修的计划和技术方案，及机电设备更新换代的规划。其次，操作人员、检修人员和管理人员要做好机电设备的使用、维修维护和管理工作，通过企业制定的规章制度和工作流程，实现对机电设备的精细化管理，充分发挥机电设备的效能。计划性管理是机电设备管理的另一种有效手段，已经在企业的管理中得到了广泛的应用。通过掌握机电设备技术参数和运行参数，合理地制定其维护保养计划，并结合企业的物力、财力、技术水平和职能部门的意见等，合理、科学地对计划进行调整，去除不客观、不标准的内容，从而实现企业平衡性的发展。在计划性管理这一管理过程中，必须加强制度和流程管理，或者建立健全平衡制度，使得计划性管理能够顺利开展和实施。

第六章 煤矿安全文化建设

第一节　煤矿安全文化现状分析

本节通过探索性因素及验证性因素分析等分析了安全文化各维度及其相互作用机制，验证了安全文化各因素包括安全绩效、安全习惯、安全环境和安全价值观，各因素显著相关，并呈正相关关系。通过描述性统计分析发现，煤矿安全文化总体处于中下等水平，安全绩效、安全习惯、安全环境和安全价值观均低于中间值，煤矿安全绩效、安全习惯、安全环境和安全价值观等方面存在的问题较严重，整体安全文化水平较差，但也接近中等水平。其中，安全环境要明显高于其他项因子，说明煤矿对安全管理的重视程度较高，但其水平还需要加强，这也是由煤矿行业的特殊性所决定的。通过对人口学统计变量对安全文化的差异分析发现，矿工年龄、岗位工龄、文化程度、婚姻状况、职务和用工形式等对安全文化均具有显著性差异。

一、从安全文化建设现状分析

经过十几年的实践和理论研究，在核能源、电力、铁路、煤矿、石油化工等各个行业，安全文化建设初具规模，并形成了各具特色的安全文化建设理论。煤矿安全文化建设是一项复杂的系统工程，要进行安全文化建设，首先必须对煤矿安全文化现状进行分析，只有认清了现状才能有的放矢，才能从根本上改变目前煤矿安全文化建设的不足。

（一）安全绩效方面

由于近年煤矿事故频发，伤亡人数较多，造成社会对煤矿安全的担忧。有很多煤矿对事故发生、处理方式透明度低，隐瞒、虚报事故状况数据。

（二）安全价值观方面

大部分煤矿没有安全文化建设具体的工作规划和年度计划，没有一系列清晰一致的安全理念。而且煤矿倡导的安全理念和安全目标还没有深入人心，没有形成矿工的行为习惯。但大部分煤矿能在决策程序、规章和会议议程中，把安全作为第一考虑事项，而且班组内气氛比较和谐，班组与班组之间合作也愉快。

（三）安全习惯方面

从安全服从行为方面，目前大部分矿工能够用正确的安全程序来执行生产工作，但都是较麻木机械地执行安全操作规程。矿工安全意识不强，但有较强烈的安全动机，在工作时能够穿个人防护服，并确认操作设备和仪器都没有问题后才开始工作。在安全参与方面，矿工能够经常彼此提供并交流安全信息，会在危险的情况下帮助工友，但安全活动和安全会议的参与积极性并不高。

（四）安全环境方面

只有部分煤矿有明确的安全口号和安全标志，安全宣传工作做得比较到位。大部分煤矿不能够积极遵守政府安全法规，不配合政府在安全方面的政策，更没有专门的部门或管理人员跟踪国家安全标准的变化并及时更新煤矿规范和规章制度。而且大部分煤矿没有健全可行的安全制度，没有公平公正的奖惩制度，没有不受任何责备的公开报告制度。煤矿各项设施如生产、存储、运输的装置等的设计并未考虑安全因素。但现场对一线矿工能保证人人配发安全帽、防护罩等安全保护工具。

二、安全文化建设问题分析

（一）缺乏对安全文化的深刻理解

对安全文化作为一种新的管理理论的性质认识模糊，缺乏对安全文化实质和安全文化发挥作用的内在机制的理解。多数煤矿在进行安全文化建设时只注重某一层面的建设，将安全文化等同于规章制度，依靠强制性来贯彻经营者的思维与理念。有的煤矿片面地把安全文化与安全价值观混为一谈，把安全文化独立于矿工行为习惯之外单独存在，孤立于矿工思想意识领域，忽视了矿工在安全文化建设中的主体作用。在安全文化建设过程中，没有将安全文化作为一种能够促进煤矿长期稳定发展的管理手段和管理思想，致使矿工对安全文化与社会文化的关系、安全文化与企业管理的关系、安全文化的表层形式与安全文化实质的关系等问题的基本认识出现了偏差。

（二）模式陈旧、消极惯性盛行

煤矿安全管理模式依然停留在传统管理阶段，安全管理理念落后，单凭经验式管理和事后处理，缺少先进的安全管理方法，安全管理模式内容覆盖面小，对安全目标管理与安全培训的重视投入不够，仍然采用经验管理为主导的模式，缺乏激励机制与协调机制，安全管理弹性机制严重失灵，煤矿管理者与矿工安全生产理念发生错位。矿工行为安于现状、不思进取、固守老一套的思想作风和价值观念，传统思维和工作定式难以在较短时间内改变，消极思维习惯产生的行为习惯与煤矿发展不相适应，沉淀下来的行为模式不能客观反映煤矿的生产活动，成为刻板的教条，导致煤矿对环境变化反应迟钝或失当，安全文化建设没有落实到对矿工安全行为习惯的改变上来，对煤矿生产没有实质改变，使安全文化建设成为空中楼阁。

（三）煤矿倡导的安全文化与矿工价值观难于契合

煤矿倡导的安全文化与矿工价值观之间是两层皮。煤矿在价值理念上没有明确的价值取向，多以内部主体以外的价值观或社会文化价值观为取向，基本不符合煤矿生产发展需要。因此，安全文化建设尽管通过各种管理手段促进煤矿价值观的形成，矿工价值观与煤矿倡导的安全文化仍然很难吻合。即使矿工价值观与煤矿倡导的安全文化在静态上契合，即相似性很高，也可能由于各种原因而匹配得不好，矿工不认同煤矿倡导的价值观，二者不能从矿工、煤矿互动发展结果上达到契合。另外，安全文化建设中导向文化与现实文化严重脱节，两个层面不仅方枘圆凿、难以配套，而且导向文化与煤矿内部制度缺乏一致性，与外部环境存在冲突，阻碍安全文化积极作用的发挥，使安全文化建设在浅尝辄止之后流于形式。

（四）缺乏动力机制

矿工安于现状，固守原有的行为惯性，长期形成的习惯很难改变。煤矿安全文化变革最困难的是改变煤矿行为习惯，而习惯的改变需要足以克服组织原有习惯惯性力的动力。安全文化建设失败的重要原因是文化变革缺乏变革动力。安全文化建设没有矿工群体的参与，不是以矿工为本位，没有给矿工带来激励力量，没有矿工参与的痕迹，使安全文化建设成为一种灌输式的行为，缺乏动力机制的保证，很难实现安全文化变革。

（五）缺乏对准军事化管理的正确理解

煤矿各种会议精神、文件、指令在传达执行过程有中间梗塞的现象，执行力弱，政令不畅，有令难行，甚至有令不行，政策落实有"雷声大雨点小"的状况。而且某些煤矿开展准军事化管理，安全管理工作完全依赖严格监督检查，通过事故后的严肃责任追究来强化安全生产责任制，偏重于技术控制隐患，以粗放化、制度化管理为主，以人管人、制度强硬管人，推行的这种错误的准军事化管理方式，使矿工人性化需要得不到满足，抵触情绪很大。矿工的心理压力无法有效释放，逐渐演化为心理衰竭、工作怠慢，进而造成安全生产形势严峻的局面。

（六）煤矿安全文化内部关系模型

通过回归分析可以发现，安全价值观、安全习惯、安全环境和安全绩效依次进入对安全文化的回归方程，说明安全文化四个因素具有相互促进的递进关系。具体而言，如果有较佳的安全价值观、安全习惯和安全环境，将有助于改进整体安全绩效，进而安全文化通过安全绩效的实现来发挥其功能。另外，安全文化的建设有助于煤矿从安全价值观到在全体矿工中形成自觉安全行为的转变过程，通过安全习惯和安全环境提高煤矿安全价值观，进而提高煤矿安全绩效。安全文化与安全绩效不是孤立存在的，而是相互依存的，安全文化通过安全绩效来落到实处，安全绩效通过安全文化来改进操作方式，二者相辅相成。这一结果对于指导煤矿如何在安全生产中依据安全文化理念，改善煤矿的安全文化氛围，指导安全绩效的实现方向，从而促进安全绩效的提高具有重要的参考意义。

第二节　我国煤矿安全文化体系构建

一、我国煤矿企业安全管理现状

我国是产煤大国，已探明储量为万亿吨，从1987年起我国原煤产量已跃居世界第一位。煤矿是我国的主要能源，煤矿企业是基础产业，在我国国民经济发展中有着举足轻重的作用，煤矿企业的持续高速发展保证并促进了我国国民经济的持续高速发展。而安全则是煤矿企业稳定、持续、高速发展的根本保证，是关系煤矿职工生命安全和身心健康，关系国家和集体财产不受损失的头等大事，历来受到党和政府的高度重视，也是煤矿企业从管理部门到生产部门首先要考虑的头等大事。在安全的基础上实现煤矿生产高产高效是煤矿生产的核心。安全生产关系人民群众的根本利益，关系改革开放、经济发展和社会稳定的大局，是经济发展和社会进步的前提和保障。然而，由于煤矿开采属地不作业，生产环境恶劣，生产过程复杂，作业环境特殊，受水、火、瓦斯、煤尘、矿压和冒顶等多种自然灾害因素影响，部分煤矿生产、管理水平低，不具备安全生产基本条件，致使煤矿生产安全问题较其他行业更重要、更复杂、更难解决。由于我国煤矿安全工作的基础比较薄弱，虽然经过努力，已大幅度降低了煤矿生产的百万吨死亡率，但与美、澳大利亚等先进产煤国家相比较，我国还有很大的差距。另外，每年因事故和职业病带来的经济损失也十分惊人。

（一）我国煤矿安全管理现状

1. 管理落后

（1）安全管理观念落后、安全意识不强

现行安全管理在企业管理中还没有得到足够的重视，没有真正处理好安全、生产、效益之间的关系，没有认识到安全管理也能创造效益、创造利润，没有理解安全管理与企业可持续发展的关系。

（2）安全管理方法和手段相对落后

煤矿企业的管理工作，无论是行政技术管理还是生产安全管理，多年来都有了长足进步，但相对于时代发展要求或其他行业而言仍处于落后状态。例如，注重安全事故事后处理，事前预防与控制做得少。有些中小煤矿企业片面追求产量，忽视生产中存在的安全隐患，甚至无视职工提出的安全问题而造成严重伤亡事故的现象仍然存在。

（3）安全管理技术落后

在煤矿经营管理上，以美国为代表的发达国家的煤矿管理模式先进、高效，这缘于美国管理层面的基本技术、管理方法是成熟的。激烈的市场竞争、多元化的企业结构、高新技术的广泛应用、法治的传统，使美国煤矿企业形成独特的管理模式、管理风格和企业文化，机构精干，权力分散，生产经营以成本管理为核心，安全管理实行严格的逐级负责制，把安全贯彻到一切工作中。而纵观中国煤矿安全生产管理，个体、集体煤矿基本停留在人民公社时期的生产队管理上，国有重点煤矿大部分还在延续20世纪80年代总承包制，可以说层层承包是大部分煤矿的选择。

2. 预防缺位

在安全科学的理论研究中，有一条被称作事故法则的"海恩法则"，即每一起严重事故的背后，必然有29次轻微事故、300起未遂先兆以及1 000起事故隐患。也就是说，任何的严重事故都不是偶然的，几乎所有的灾难都是多个事故隐患和安全漏洞的叠加。中国地质大学（北京）工程技术学院院长、国内知名的安全生产专家罗云教授指出，从安全经济学的角度，安全生产预防性的"投入产出比"大大高于事故整改的"投入产出比"，这是1∶5的关系。除了国家在事故预防方面需要加强投入、明确责任外，还必须提高全民安全素质，形成人人预防事故的社会氛围圈。中国企业的管理多处于被动的"事故追究型"。企业在建设生产性项目时，往往由于投资不足或"节省"的考虑，而不能保证项目中配套的安全卫生设施。我们的工作思路应该从过去的被动处理事故向事前主动防范转变，对于事故的预防和控制，应该从安全技术、安全教育、安全管理三方面入手，采取相应措施。遏制安全事故频发的势头，"惩后"重要，"惩前"更是根本。只有把二者结合起来，防患于未然，"安全第一、实行'安全优先'预防为主"是我国安全生产工作的基本方针，是治本之策。对于安全生产的管理，主要精力不仅要放在事故后去抢救、调查、处理和分析上，而更应该按照系统化、科学化的管理思想，按照事故发生的规律和特点预防事故的发生，将事故消灭在萌芽状态。人才缺乏，煤矿工作风险大、报酬低，难以吸引人才，安全管理和工程技术人员相对缺乏，管理层次难以提高。部分企业领导存在重生产、轻安全思想，特别严重的是某些地方煤矿实行矿长责任制以后，个别经营决策很容易急功近利，缺乏从后劲着眼的人才培训和人才储备战略。

现今煤矿企业的职工，从业人员整体素质偏低，大多是农民工、轮换工、合同工、协议工和临时工，一线采掘工人整体文化水平不高，又没有专业技术，心理上缺乏市场考验的能力、主人翁意识和集体观念，不能适应高强度的集约化、机械化采煤作业。

（二）我国许多小煤矿经营者没有基本的安全生产管理技术知识

我国国有煤矿从业人员每天工作时间大都在10~14 h，其他煤矿的从业人员工作时间还会更长。长期超时从事高强度的劳作，势必会降低从业人员的风险意识，加大误操作的概率及发生事故的概率。培训不够，计划经济时代，我国煤矿企业管理部门与煤矿企业建立了一个比较完整的煤矿安全培训体系，为全国煤矿和管理机构培训专业人员，这对改善我国的煤矿安全状况起到重要的作用。近年，随着国家经济体制与管理体制改革的不断深化，计划经济体制下的一套安全培训模式已经越来越不适应形势发展的需要。目前存在的主要问题如下：

1. 安全培训流于形式

每期安全培训下达培训指标后，不少部门或企业在选送学员时，不管被选送者素质能否适应培训教学的要求，也不管选送人员被培训后要做什么，仅仅以完成指标人数为目的。

2. 培训内容脱离生产实际

培训教学所用教材及所讲内容，不少与生产现场实际相脱节，而有些在生产中早已普及使用的先进设备，在安全技术培训的课堂上却未涉及。

3. 培训师资力量逐渐老化

受经费及其他因素的制约，不少煤矿培训机构师资进修、业务交流受到限制，知识更新滞后于煤矿科技的发展，从而影响安全培训的教学水平。

4. 乡镇煤矿人员接受安全培训的比率低

一些乡镇煤矿安全责任不落实，矿井层层承包或多次转让，安全管理失控。在目前的煤矿生产过程中，没有系统合理的培训体系支持。安全教育和培训力度不够，导致矿工文化素质普遍低下。大量事故案例分析表明，事故发生在班组，事故由违章指挥、违章作业和设备隐患未能及时发现和消除的人为因素造成，即人的不安全行为引发了事故。有的小煤矿片面追求经济效益，大量招收没有经过正规培训的农民工，无形中埋下了安全隐患的种子。

通过上面的分析可以看出，我国煤矿企业的安全管理现状不够乐观，问题主要出在企业安全观念培养、员工安全素质提高等企业文化层的因素上，企业安全文化建设不规范成为造成安全形势严峻的主要原因。而在这种情况下单纯加大安全管理的资金投入等物质建设已不能满足企业的需要，企业安全文化建设开始逐渐登上舞台，它的好坏成为企业为保障安全生产所要关注的重中之重。

二、我国煤矿企业安全文化建设存在的问题

企业能够顺利地进行安全生产离不开安全文化的保障，可以说安全文化是企业安全生产的基础。可是分析了诸多煤矿企业现状后笔者发现，到目前为止我国煤矿企业安全文化的基础还很薄弱，在建设过程中存在着诸多问题需要解决，具体来说有以下两方面：理解存在误差。企业安全文化未被充分重视的一个很重要的原因是人们对企业安全文化存在误解。这些误解主要有三种：企业安全文化无用论、企业安全文化万能论、企业安全文化简单论。企业安全文化无用论认为企业安全文化建设毫无用途，企业安全文化是务虚的东西。这些企业觉得一直以来都没有建设安全文化，企业还是实现了安全生产，因此认为没有建设企业安全文化的必要。企业安全文化万能论无限夸大企业安全文化的作用，认为企业不管有了什么安全问题，都能够用企业安全文化来解决，从而忽视了企业安全文化真正的意义和作用。甚至有的领导认为企业安全文化是万能的，只要抓好了企业安全文化，其他的安全工作都不用管，忽视了企业安全生产管理制度的执行。企业安全文化简单论，就是简单地将企业安全文化与某种特定的文化形式等同起来。例如，有的企业认为安全文化建设就是搞文体活动；有的企业则认为安全文化建设就是报纸上登几篇文章，电视里播出几条新闻；有的企业则热衷于在墙上写标语；有的企业则是用华丽的辞藻堆砌企业安全文化，让员工倒背如流；有的企业则把企业安全文化细化成一条条的管理制度，使文化失去了本身的活性和生命力。文化形式是安全文化建设必须采用的手段，但是它必须是被员工发自内心地接受，而不是流于形式。还有些企业对安全文化建设有畏惧心理，认为自己企业不可能搞安全文化，理由主要是社会各界对安全不够重视，企业基础薄弱、条件不具备，没有资金投入工作，没有时间和精力等。

（一）方法有待改进

虽然国内有些企业在安全生产实践中积累了大量的朴素的安全文化，但绝大多数的企业还没有形成系统的、科学的现代企业安全文化建设体系，在这些企业中煤矿企业占据了较大一部分，具体体现在以几方面。

1. 系统性不强

安全文化建设过程中，很多企业没有形成整体思路，还存在零敲碎打的现象，企业安全文化建设是一项系统性工程，包含了从物质到精神、从整体到个体、从有形到无形等方方面面的工作和活动，因此要求企业安全文化建设必须形成系统思路，整体规划、分步实施、逐条落实。

2. 持续性不足

目前很多企业的安全文化建设存在短期化倾向，希望能够以较少的资金和人员投入，在较短的时期内建设成良好的安全文化。人的观念意识有其特殊的发展规律，它的形成是一个长期过程，它的变革也是一个长期的过程，不可能一蹴而就，一劳永逸。而应该建立一套企业安全文化建设的长效管理机制，为企业和员工制定一个长期的共同目标，以规范的管理制度作为保障，实现企业安全文化的持续建设。

3. 结合实际不充分

企业安全文化建设要结合自身的实际情况，但是很多企业照搬国外的做法或者外请智力支援，不注重自身文化的提炼和建设，没有考虑到企业环境和背景等因素的差别，从而使企业安全文化建设误入歧途。

4. 可操作性不强

很多企业的安全文化建设成了条条框框，非常抽象。优秀的企业安全文化，应该具体化，使员工能够切实感受到它。因此，企业安全文化建设应该研究出革命性、创造性、实践性和观念性的安全文化形式，让企业安全文化不再虚幻。

5. 安全文化建设流于形式

由于对安全文化不够重视、检查不到位等原因，很多员工认为安全活动只是一种形式上的需要，走走过场就行了，有时因为工作紧张而忽视了安全活动的开展。久而久之，有了麻痹大意的思想，致使安全活动不能定期进行或弄虚作假，编造活动记录的现象时有发生。综上所述，煤矿企业安全文化建设中存在的问题总的来说还是体系不清、方式不明的问题，提到领导重视程度不够及对安全文化理解偏差的源头都可以推论到企业安全文化建设体系不明这个问题上。一个良好安全生产过程必须是建立在已经成体系的企业安全文化的基础之上，因此怎样才可以更好地建设系统的、科学的安全文化体系，以达到企业安全生产的要求，成了煤矿企业需要解决的迫在眉睫的问题。

（二）构建我国煤矿企业安全文化建设体系

对企业安全文化的内涵及作用的叙述中，可以看出企业安全文化建设的重要性主要体现在充分调动员工安全生产的主动性、积极性和创造性，提高全员的安全意识，为实现安全目标创造良好的文化氛围上。如此一来要想更好地建设煤矿企业安全文化，要把握好如下原则。

（1）目标原则

每个企业都应有一个符合自己实际情况的明确的安全目标，同时要让全体员工明确自身承担的安全目标与企业安全目标的密切联系，在使自身安全获得满足的同时，还要在实现企业安全目标的过程中使"自我实现"的需求得到满足。

（2）安全价值原则

每个企业都应有一个共同的安全价值观念及全体员工共同信仰、共同在安全行为中遵循的安全价值标准，要使每个员工都把自己的一切行动与这一安全价值标准联系起来。

（3）参与原则

参与原则就是要让全体员工参与企业安全管理、参与解决安全问题的决策，充分发挥员工的主观能动性，充分调动员工、家属、子女参加企业安全管理活动的积极性。同时这一原则还要求党政工组织通力合作，齐抓共管，形成相互协作、配合默契的管理机制。因为企业安全文化建设是一项综合性的系统工程，需要群策群力、全员奋斗、全方位参加。

（4）责、权、利相统一的原则

也就是企业把员工对安全的责任、应有的权力与做好安全工作的物质利益统一起来，并制定出衡量员工安全工作绩效的合理标准。

（5）坚持"三结合"原则

一是继承和创新相结合，就是要批判地借鉴、吸收传统安全文化和外来企业安全文化的精华为我所用。同时要适应社会主义市场经济的需要，对本企业应建什么样的企业安全文化、如何建立优秀的安全文化，进行大胆的探索和实践。二是企业安全文化建设与企业现实安全管理工作相结合。因为企业安全文化是一种全新的安全管理思想，必须在现实安全管理工作的基础上进行，不能脱离现实的安全管理工作。三是企业安全文化建设与推广、应用、开发现代安全科学技术相结合。现代安全科学技术是企业在施工作业过程中人、机、环境系统安全本质化的必备条件，失去这一条件，企业就不能实现安全本质化。

（三）我国煤矿企业安全文化的结构层次

通过对安全文化层次划分的论述分析，本书认为采用四层次分析论对安全文化进行划分比较适合煤矿企业的现状，易于开展安全文化建设工作，能够实现较好的效果。因此将煤矿企业安全文化划分为四层次结构：煤矿企业安全物态文化、煤矿企业安全行为文化、煤矿企业安全制度文化及煤矿企业安全观念文化，又称煤矿企业安全文化的物质层、行为层、制度层和精神层。

1.煤矿企业安全物态文化

将安全文化物态层，应用在煤矿企业中，具体来说是指企业在施工生产经营活动中所采用的保护员工身心安全与健康的施工作业环境和设施、设备、工具、原料、工艺、仪器、仪表、防护用品和用具等安全器物。它是企业安全文化中最表层的部分，是员工可以直接感受到的，从直观上把握企业安全文化的依据。

2.煤矿企业安全行为文化

安全行为文化是指在安全观念文化指导下，人们在生活和生产过程中的安全行为准则、思维方式、行为模式的表现。行为文化既是观念文化的反映，同时又作用和改变观念文化。煤矿企业安全行为文化是指企业员工在生产经营中产生的安全活动文化。它包括企业经营、教育宣传、人际关系活动中产生的文化现象。它是企业经营作风、精神面貌、人际关系的动态体现，也是企业精神、企业价值观的折射，是矿产型企业安全文化的浅层文化。

3. 煤矿企业安全制度文化

煤矿企业安全制度文化是指企业为了安全施工，保护员工安全健康和企业财产不受损失而形成的各种安全规章制度、安全操作规程、安全防范措施、安全宣传教育与培训制度、各级安全生产责任制、安全检查评比制度、安全奖惩制度等。例如，企业各种岗位和工艺的安全操作条例、规程，安全知识和技能的学习、培训制度，事故调查处理管理制度，劳动防护用品及用具发放规定，施工作业场所尘毒标准监测制度，施工作业中物理因素危害防护及监测规定等一系列制度，均构成企业自身安全生产制度和劳动安全卫生标准体系的内容。

4. 煤矿企业安全观念文化

安全观念文化主要是指决策者和大众共同接受的安全意识、安全理念、安全价值标准。安全观念文化是安全文化的核心和灵魂，是形成和提高安全行为文化、制度文化和物态文化的基础和原因。煤矿企业安全观念文化是企业员工在外部客观世界和自身内心世界对安全的认识能力与辨识结果的综合体现，是员工长期实践形成的心理思维的产物，是一种无形的、深层次安全思想与意识的反映，它是转化为安全物质文化、安全制度文化和安全行为文化的基础。煤矿企业安全精神文化包括安全哲学思想、安全意识形态、安全思维方式、安全文明生产观念、安全生产的社会心理素质、企业安全风尚、企业安全形象、施工安全科学技术、企业安全管理理论、安全生产经营机制、安全文明环境意识、安全审美意识、安全技术、安全管理经验、以人为本的安全价值观念、安全的人生观、安全的道德规范和行为准则。

（四）我国煤矿企业安全文化建设的方法

有了企业安全文化建设的原则就有了顺利进行的保障，有了明确的企业安全文化结构就有了建设的依据，目前所缺的也就是具体的建设方法了，但是方法要从何处入手，即要以什么为基础开始企业的安全文化建设一直是困扰企业的一个难题。通过对安全文化理论的整理研究发现，不同企业的安全文化有个共同的特征，即安全文化的落脚点都在企业员工和管理者身上，"以人为本"是安全文化建设的基础。于是尝试以企业内的人员为原点，针对不同的人员层采取特定的策略，期望达到较好的建设效果。

1. 构建企业安全文化建设的三个层面

煤矿企业的安全文化建设要从决策层、管理层、操作层三个层面着手。企业决策层制定安全行为规范和准则，形成强有力的安全文化的约束机制。管理层按照决策层制定的安全行为规范和准则，进行管理和监督，形成了管理层的安全文化。操作层自觉遵章守纪，自律安全的行为和规范形成了班组人员的安全文化。三者有不同的责任和要求，互相联系，缺一不可。只有不断提高三者的安全文化素质和树立科学的安全人生观、安全价值观，才能全面提高企业的整体素质。企业的风格反映企业文化的个性，而企业决策者对企业安全文化的形成起着倡导和强化作用。要建立良好的企业安全文化氛围，营造一个良好的企业安全环境，要求决策层必须具备高水平的安全文化素质。其中包括安全思想道德素质、安全知识技能素质和安全心理行为素质三部分。其中，起首要作用的是安全思想道德素质。真正优秀的领导层，首先要懂得重视人的生命价值，尊重人的生命，一切以企业员工的生命和健康为重。防止"重生产、重经营、重效益而轻安全"的思想发生，才能把"安全第一，预防为主"的方针作为企业生产经营活动的首要价值取向。

2. 企业管理层的素质是企业安全文化建设的重要因素

企业管理层一般指企业中层和基层管理部门的领导及管理干部，他们既要服从决策层的管理，又要管理基层的生产和安全，在企业起承上启下的作用。企业管理层应具备安全意识和安全文化素质，不断提高对企业的综合管理绩效，应做到以下几点：真正掌握安全生产方针政策，从严遵守法律法规，不断学习党和国家的安全生产方针、政策、法律、法规及厂纪、厂规，并认真贯彻和落实。刻苦钻研业务，提高安全管理技能，懂企业管理，不断更新观念，应用现代化管理的新技术、新办法，使企业安全管理科学化、规范化。不断完善各项安全管理制度，并督促落实。安全管理人员必须尽职尽责，对日常安全工作认真负责，踏实深入，不要做表面工作。不断完善各项安全管理制度，并督促落实。适应企业的不断发展和生产工艺技术的不断革新改造，安全管理干部要不断地补充完善安全规章制度，使其更加切合实际，具有科学性、可操作性。不断探索安全教育模式，提高教育质量及效果。企业的安全管理人员要从实际出发，从提高教育效果入手，不断探索喜闻乐见的安全教育新模式，彻底改变形式单一、枯燥无味、教育效果差的老办法，使安全教育工作落实到全员。

3. 企业操作层的素质是企业安全文化建设的基石

企业操作层的安全文化和技术素质是企业安全文化建设的基石。从某种意义上讲，它决定着企业安全管理的效果，也决定着企业安全生产的命运。操作层人员在企业中所占比率最大，是企业创造效益的主力军。发生事故往往是由思想麻痹、安全意识差的员工引起的，他们对存在的安全隐患反应迟钝，事故发生时不懂采取措施，缺乏自救技能。在企业中，有部分员工，安全意识较差，为图方便冒险蛮干，违规操作，引发重大伤亡事故，造成巨大经济损失。针对安全生产中出现的问题，要对全体员工进行安全技术培训和安全科技文化知识的教育，使每位职工对在安全生产中的责任有一个清醒明确的认识，保障安全生产，实现安全目标与操作人员直接相关。

（五）企业操作层的安全文化建设

建设企业安全文化的一个重点就是不断提高企业操作层的安全文化素质，改变安全知识和技能贫乏的现状。因此，建设企业安全文化须强化企业操作层的安全人生观、安全价值观和安全科学技术的教育。建设安全文化的一个重要目标，就是丰富安全物质文化，完善安全的制度文化，充实安全的精神文化，安全的观念文化。这些目标只有通过安全文化的建设和安全教育来实现，以达到提高和完善人的安全素质的目标，使人逐步发展成为理想的"安全人"，使人的安全行为符合生产和生活的需求。让每一位操作者认识到"安全问题人人有责，酿成灾祸害己害人"。为了适应现代社会生活和现代企业生产的需要，提高现代安全文化水平就必须进行企业安全文化的建设，必须提高操作人员的各种安全技能。

1. 提高分析和判断技能

认识来源于实践，实践是经验和技能的积累，操作人员要在生产中不断提高安全文化素质和技术素质，增强对事物的判断技能和分析能力。文化和技术素质的差异必将导致基础知识积累的快慢与操作技能的高低，影响其判断的失误，轻者影响产量和质量，重则导致事故发生。

2. 提高应变和反应技能

反应能力的快慢，取决于操作者对生产工艺过程掌握的熟练程度。操作者不但要熟练掌握安全生产的规律，更要在积累操作经验、提高生产操作技能的基础上，不断去总结、探索新的安全生产变化规律，在实际操作中做到精力旺盛，思维敏捷。人们在日常劳动中的情感和情绪，直接影响工作效率，而且会影响人们的生理变化，生产一旦发生异常，缺乏应变能力和反应技能，致使工作失控。

3. 提高预防预控的综合技能

预防预控的目的是把各类事故消灭在萌芽状态，应用系统论、控制论、信息论的理论和方法，利用班组或个人丰富的实践经验，做好预测预防工作。提高综合技能是指透过现象抓住本质进行分类、归纳、总结、处理安全生产的综合能力，把生产过程中各种状态参数的变化同产品质量、事故触发的可能性有机地联系起来，形成科学因果关系，进而对工艺偏差、事故预防提出对策，并认真付诸实施。全体操作人员遵照"安全第一，预防为主"的方针，在安全和产量发生矛盾时要优先保证安全。新、扩、改建工程，要以安全为前提条件，辨识生产活动中的危害，消除或控制危险，使预防预控的综合技能不断提高。

（六）建立企业操作层安全文化的途径与方法

1. 形成企业操作层安全文化氛围

根据操作层的文化水平和安全素质，开展形式多样的安全文化活动，如安全演讲、安全知识竞赛、安全展览等，以形成企业安全文化建设的氛围和环境，建立起无时不在的、切实有效的企业安全文化。用安全制度文化、安全观念文化、安全物态文化、安全行为文化来不断规范操作层的行为，实现安全意识、认知的飞跃。

2. 加强操作层安全精神文化建设

注重安全文化的功能、安全文化的手段和力量，开拓操作层的内心文化世界。挖掘操作层的安全精神文化世界，用正确的安全价值为引导，以安全的道德、伦理、行为为标准，激励操作层形成科学的安全理念，用科学的思维文化方法去完善作业程序，提高操作技能。

3. 通过制度化建设提高操作层的制度文化素质

安全制度是人创造出来的，但制度常常也能反过来塑造人，使员工不知不觉地适应于制度，从而达到约束、规范员工的行为，对企业操作层安全文化建设来说，从制度入手是一条行之有效的途径。总之，安全文化建设对企业管理起着核心作用，需要企业各层次人员形成一致的认识。要学习和掌握企业安全文化理论，提高认识水平，并按照统一部署、分步实施、重点突出、力求实效的方针，使决策层、管理层、操作层发挥应有的作用，三者合为一体，相互制约和监督，全力推进企业安全文化建设的发展。

（七）我国煤矿企业安全文化的建设模式

模式是研究和表现事物规律的一种方式。它具有系统化、规范化、功能化的特点，它能间接明了地反映事物的功能、要素及其关系，是一种科学的方法论。研究企业安全文化建设的模式，就是期望将安全文化建设的规律用一种概念模式简明地表现出来，以有效清晰的形式指导企业安全生产观念文化、制度文化、行为文化和物态文化四个方面的设计。

第三节　煤矿安全文化建设对策研究

安全文化建设通过文本化、流程再造、制度化、物化和习惯化五个阶段的建设，经过观念文化的柔性疏导、流程再造的激情变革、制度文化的刚性约束、物质环境的潜在熏陶、习惯文化的具体实践，构建煤矿安全文化建设体系。

一、煤矿安全文化建设的基本原则

（一）基于安全绩效的原则

安全文化影响安全绩效，并最终通过安全绩效体现其价值。安全文化的表现形式与建设过程可以因煤矿而异，但最终目的都是以提高安全绩效为目标。安全文化建设应以安全绩效为导向，以促进安全绩效的持续发展为目的。

（二）煤矿倡导的价值观与矿工价值观契合原则

安全文化建设涉及煤矿价值观与矿工价值观两大价值观体系的相互作用，煤矿应注重研究如何使其倡导的价值观融入矿工的价值观体系，并使矿工价值观中与煤矿倡导价值观相背离的部分弱化并逐渐消失，使煤矿倡导的价值观成为矿工价值观体系的主导力量。煤矿倡导的价值观与矿工价值观达到契合是安全文化建设的核心目标，也是安全文化建设成功与否的检验标准之一。

（三）组织制度和谐原则

有关矿工的各项制度是煤矿真正的控制手段，其中必须表明煤矿倡导的安全观念和安全价值观。安全文化建设过程中，要分析各种与矿工有关的制度所隐含的价值观倾向，修正原有制度中隐含的价值观倾向中不符合煤矿倡导的部分，使煤矿各项制度在隐含的价值观倾向上与煤矿倡导的价值观的和谐统一。

（四）煤矿价值观的行为惯性化原则

安全文化建设的落脚点是要形成新的煤矿行为习惯，只有养成符合煤矿发展的行为习惯才能促进安全绩效的提高，也才能使制度强制下的习惯沉淀为安全观念和价值观，最终促进安全文化建设的完成。因此说，安全文化建设如果不落实到行为，未能形成行为惯性，就没有真正实现文化建设的目标。

（五）安全文化建设文本化阶段

煤矿安全文化文本的形成过程，是煤矿安全观念和安全价值观的提炼描述过程。需要把它从煤矿的实践中、从矿工的零碎体验中提炼总结出来，使之系统化、规范化，形成相对固定的文本，全员在生产中才能有所依据，有所学习，有所体会，有所遵循，有所实践。由于矿工个人的个性相对于煤矿而言更具灵活性及自由化，表现出来的鲜明本位角色有可能冲击到煤矿群体基于共同价值取向的文化背景，矿工价值观与煤矿倡导的安全价值观之间是两层皮。这就需要采用煤矿与专家结合的形式，对煤矿历史进行系统的清理和反思，对生产经验和教训进行深入总结，对个性和风格进行确切把握和定位，对核心安全理念进行反复提炼和锤炼，确立煤矿安全价值观，帮助矿工树立与煤矿倡导的安全价值观相契合的安全价值观，把矿工的发展规划纳入煤矿战略发展计划中，把矿工目标和煤矿目标统一起来，结合煤矿的制度环境与物质环境，将安全价值观作为煤矿制度制定的指导思想，在制度执行过程中，高度体现安全价值观，将多维的价值观体系与多维的制度系统有机整合，形成完善的、系统的、与矿工安全价值观相契合的安全文化价值理念文本。

（六）安全文化文本化阶段的核心

核心是对安全价值观的确认，安全价值观作为安全文化的核心部分，与其他安全文化要素相比，有其自身的特点，因此在对煤矿塑造安全价值观时要遵循几个原则：确保煤矿安全价值观的共享；要在一定时期内保持相对稳定；要与煤矿的生产方式相适应；对煤矿具有约束性；注意煤矿安全价值观的复合型；以对矿工的价值关怀为目标；坚持煤矿利益与社会责任相统一；物质、精神双方面为取向。

经过上述对煤矿的分析研究，通过对决策层、管理层和执行层的咨询和调研，应用现代安全文化理论和采纳相关行业安全文化建设精华，编制具有煤矿针对性和行业特色的安全文化文本，使其成为展示煤矿安全文化的纲领性文件，并作为宣传煤矿安全理念、安全价值观、安全行为准则的指导性文件。安全使命：构筑安全文化，建设和谐煤矿；安全管理方针：安全第一，预防为主，综合治理；安全价值观：拥有安全不等于拥有一切，但没有安全将失去一切；安全责任观；安全责任重于泰山；安全情理观：亲情、友情、爱情，安全动情，哲理、道理、管理，安全有理；安全效益观；安全是效益的最大化；安全成本观；安全成本不可欠，欠了必与事故见，安全投入不到位，其他投入都白费；安全行为观；麻痹与麻烦同姓，侥幸和不幸同名，动作规范少一步，靠近事故一大步；安全生产观：安全为了生产，生产必须安全；安全家庭观；家庭是幸福的港湾，安全是家庭的靠山。安全文化形成文本，有了操作依据，还必须有操作的行为模式，安全行为是安全价值观的载体，安全价值观通过安全行为而操作落实。许多煤矿浅尝辄止，认为有了文本，安全文化就能发挥作用，这是一种误解。安全文化建设绝不是给煤矿提几个响亮的口号，提炼一些高深的安全理念和信条，或者红红火火搞一些文体活动。它不是"口号文化"，也不是"书面文化"和"娱乐文化"，更主要的是一种"实践文化"和"行为文化"，需要煤矿企业踏踏实实，一点一滴地认真去做，把煤矿倡导的安全价值观实实在在地转化为煤矿内部所有矿工的安全行为。

（七）安全文化建设业务流程

保持核心价值观在一定时期内稳定的同时，再造阶段要不断随内外环境的变化做出相应的调整。业务流程再造是要不断地对原有的业务流程进行根本性的思考和彻底重组，从而使成本、质量、安全和速度得以明显的改善和提高。煤矿行业是以开采埋藏在地下的矿资源为主的行业，是一个典型的流程性行业。由煤矿受我国管理体制变化、市场经济、行业特殊的经济发展规律等多种因素的影响，因此，在煤矿行业进行业务流程再造具有非常重要的意义。由煤矿资源赋存特点所决定，煤矿企业往往具有多矿点特点。为此，在煤矿的具体生产组织过程中，多数煤矿包括多个煤矿生产采掘矿，围绕煤矿生产与生活而服务的辅助材料加工、煤矿深加工及生活与卫生服务等部门。由于历史的原因，这些生产与生活部门多数是煤矿生产的直接服务单位，它们与煤矿生产的直接单位组成煤矿生产企业。伴随着我国经济体制的改革和社会主义市场经济体制的逐渐完善，虽然部分煤矿已经转变职能，甚至组建矿业集团或煤业集团，但煤矿本身的性质和生产特色并没有发生彻底改变。为此，煤矿业务流程再造问题不可避免地需要进行煤矿流程特点的分析，即进行矿区生产特点分析、煤矿生产特点分析及煤矿流程特点分析。

二、煤矿业务流程再造

（一）煤矿企业共同愿景

煤矿企业要制定切实可行的发展战略，为业务流程再造创造条件，必须就企业发展的方向问题，做出明确的描述，对煤矿的共同愿景进行必要的分析。

（二）煤矿企业战略分析

煤矿企业的关键流程应该依据煤矿的发展战略来确定。由于煤矿所处的发展阶段不同，其在不同阶段的发展重点也不相同，所以没有最好的企业发展模式。但是由于煤矿企业的共同愿景是相同的，且企业战略应该保证企业发展的关键点的实现，为此，可以依据煤矿发展的不同阶段来分别设计煤矿的发展战略，在此基础上再确定煤矿的关键流程。

（三）煤矿企业关键流程确定

煤矿企业的关键流程是指在煤矿生产经营活动中，对煤矿的长期生存和发展起关键作用的流程。根据煤矿企业关键点的分析、企业关键流程的分析方法等，对煤矿企业的关键流程进行比较系统而全面的分析，进而确定煤矿企业的关键流程。

（四）煤矿关键流程的实现方式

煤矿企业的关键流程是企业经济发展的保证重点，煤矿的一切经济活动，应该按照关键流程的要求——落实。这不仅需要对煤矿的组织结构进行相应的调整，更需要依据煤矿生产经营活动的特点，按照流程导向的原则来实施流程。

（五）煤矿企业管理流程和保障流程设计

煤矿企业的发展离不开煤矿各个部门的协调活动，煤矿的发展只有关键流程是不够的，还必须拥有管理流程和相应的保障流程，才能使煤矿的生产经营活动得到健康发展。为此，在明确煤矿关键职能的基础上，还必须进行必要的企业管理流程和保障流程的设计。业务流程再造不是一个简单的线性过程，而是一个循环改进的过程。煤矿必须不断地重新思考将来应该如何生产，并且坚持不断地进行日常改进。只要组织继续存在，业务流程再造就不应该停止。只有业务流程再造不停止，煤矿生产才能持续发展。煤矿实施业务流程再造不仅是对煤矿的业务流程进行再造的过程，也是将先进的管理思想和管理理念用于煤矿安全管理，从而引发一场深刻的企业革命，使煤矿的生产、管理方式更加科学合理，大幅提高煤矿的管理效益和经济效益。经过业务流程再造，改变与煤矿倡导的价值观相背离的业务流程模式，对煤矿的组织结构、管理制度、生产和管理流程、工作方法等进行彻底的、根本性的重新设计和革新，产生出与煤矿生产活动及矿工价值观相适应的业务流程新特质、新结构、新体系。

（六）安全文化建设制度化阶段

安全观念和价值观要通过安全制度来体现和贯彻，安全行为需要制度来约束、引导和规范。因此，安全文化建设就要通过制度来约束矿工行为，并把不同阶段取得的安全文化成果固化下来。煤矿的安全制度环境是矿工与机器、矿工与煤矿生产制度的结合部分，是一种约束煤矿和矿工安全行为的规范性文化，带有一定的强制性。但在煤矿的安全文化建设过程中，其强制程度会随着矿工价值观念的逐步树立而降低。在安全文化建设制度化阶段，要以安全价值观为依据，并反映安全价值观，对矿工行为习惯进行价值引导，形成煤矿组织的相应构造，使之成为安全文化建设的物化依托。有了这种制度和机制依托，不仅业务流程有了制度化的规范，安全文化也获得了物化的存在形式，并不以个人的意志为转移，对个人强制性地发生塑造和规范作用。安全价值观通过强制性、保护性和约束性的制度覆盖到煤矿生产管理的每个角落，逐步影响、吸引和改变矿工的思想观念和行为习惯，最终对矿工思想和行为起制度化的规范作用。

（七）完善培训管理机制

完善安全培训制度，为培训活动提供一种制度性框架和依据，促使培训沿着法制化、规范化轨道运行，为培训系统"立法"。建立制度系统内部的培训计划制度、培训实施制度、培训激励制度、培训考核评估制度、培训奖惩制度等，明确培训需求分析的流程，有针对性地制定培训计划，建立公平合理的岗位任职责任制，按照国家相关部门推荐采用的培训质量管理标准规范培训工作。培训的长远目标是形成培训文化，要形成培训文化，需要自觉地推进培训文化管理，以满足矿工人性化需要为宗旨，将培训与矿工职业生涯规划相协调，提倡全员培训、全过程培训和团队培训，在培训系统内部形成持续不断而有效的自我学习氛围和贯穿煤矿生产全过程的全方位培训。另外，强调制度培训和非制度培训相结合，寓管理于培训。采用自主管理和互动管理的双向管理方式，以将培训文化成果转化为矿工心理范式和行为模式为目标，煤矿与矿工之间通过培训相互塑造，矿工在培训中实现自我完善和自我实现，通过培训实现学习型培训文化的建立。

（八）推进煤矿安全标准化建设

煤矿作为安全生产的责任者和实施主体，较少甚至被动地参与标准化建设。煤矿安全标准陈旧，缺乏针对性、可操作性。部分煤矿安全标准意识淡漠，管理不够，执行标准不严，而且安全质量标准化发展不平衡，不能保持动态达标，文明生产水平不高。煤矿要生产，就要创造一个安全的工作环境。事实证明，低水平、粗放型、标准化程度低的煤矿，事故发生频率高。而标准化工作是安全生产的前提和保证。所以安全文化建设必须立足于安全标准化建设，没有标准化，煤矿安全文化建设就没有基础，就没有依据，安全文化建设就无从谈起。安全标准化建设要从安全文化系统整体出发，把安全系统工程的优化思路贯穿到安全文化建设的规划、设计、实施和评估等各个阶段。按照本质安全的要求去抓安全标准化建设，在煤矿生产管理工作中全过程、全方位、全员、全天候地切实得到贯彻实施，建立健全安全标准体系，认真贯彻执行各项标准，将安全标准化工作与安全生产隐患排查整治工作结合起来。另外，中介机构要严格按照标准进行评估评价，监管监察机构要依据标准实施行政执法，真正将煤矿安全生产工作落实到位。改进和完善安全标准化考评体制，加大安全标准化考评工作的宣贯力度，不断完善煤矿安全标准中不适宜和不充分的地方。

（九）建立煤矿危机型

组织安全文化建设最困难的就是改变矿工原有的行为习惯，而习惯的改变需要足以克服煤矿原有习惯惯性力的动力。只有建立一种危机型组织场，才能有效地保证安全价值观和安全行为的惯性发展。在安全生产中融入危机型组织理念，在战略、组织安排、制度和文化四个层面上制定有效措施，给安全文化建设带来驱动动力。

第一，在战略上，通过"主动树敌"树立煤矿危机意识。

主动树敌，并不是指找到竞争对手，将其置之死地而后快，而是时刻怀有危机感，树立竞争意识和忧患意识，见贤思齐、汲取其他煤矿的成功安全经验，为我所用，不断创新，在激烈的市场竞争中保持竞争优势。

第二，在组织安排上，创造"鲶鱼效应"。

一方面，有意识地引入富有朝气、思维敏捷的"异类"矿工鲶鱼，使岗位上安于现状、不思进取、故步自封、因循守旧的矿工沙丁鱼产生危机感，产生活力，不断进取，唤起他们的生存意识和竞争求胜之心，自愿地将危机感转化为工作上的变革动力。另外，不断引进新技术、新工艺、新设备、新管理观念，使煤矿在市场大潮中搏击风浪，增强生存能力和适应能力。

第三，在制度上，通过危机意识塑造制度化。

把危机意识写进煤矿的安全规章制度，通过制度化的危机意识约束，使矿工时刻保持高度的警觉，居安思危，不断进取。同时，注意煤矿公平合理竞争环境的塑造和矿工安全绩效考评制度的完善，将矿工的利益与煤矿的命运紧密地联系起来，增强矿工的责任心与危机感，尽最大努力做好安全生产工作。

第四，在文化上，加强"危机型"安全文化建设。

日本国情顾问竹内伦树曾提到了一个"死亡曲线"，其意是任何个人、企业甚至国家上升到一定程度后，可能就是衰落，这是企业本身的生命周期而不是市场的周期在发挥作用，谁将自己过去赖以成功的经验延续下去，谁就将面临死亡。圣吉在其著作《第五项修炼》中也提到过，企业今天的成功经验可能会导致企业明天的失败。鉴于此，煤矿只有不断创新、不断变革才能在激烈的市场竞争中得以生存和发展。这就需要煤矿创建居安思危具有危机意识的安全文化。通过四个层面的危机型组织建设，指导矿工的生产活动，规范矿工的生产行为，消除矿工的消极惯性，培养积极惯性，形成新的价值观惯性，并经由在实践中反复操作、巩固和强化，把这种变革融入生产方式之中，进而使整个煤矿的变革思维与变革行为固化，沉淀为煤矿安全习惯，最终持续促进安全绩效的提高。

（十）建立安全生产和谐机制

在安全文化建设中，常会出台各种管理制度来约束和规范煤矿发展。然而在某一新制度实施时，由于没有考虑新制度对原有制度系统的影响，新制度与煤矿内部原有制度体系之间相互碰撞、摩擦，往往存在不可避免的冲突。另外，新的制度安排之间结构不合理，制度执行不连贯，系统的有序性低，严重影响多维制度的执行效果。因此，急需通过制度配置使各种制度安排之间相互协调，增强制度系统的有序性以充分发挥制度系统的功能。基于科学安全生产观思想，以安全生产理念为根本纲领，整合煤矿安全管理制度，通过制度配置来促进安全生产多维制度科学规范的安排，理清煤矿多维制度安排间的层次、关系、影响、相互作用，以及既定的资源如何在各种制度安排间进行合理的分配。为了实现煤矿的安全生产目标进行制度之间的合理整合，一方面考究各种安全制度安排间对于安全行为的约束有无相互抵触和矛盾的地方，另一方面分析各种资源用于制度安排的边际收益是否相等。消除制度冲突及制度真空，不仅注重多维制度之间的和谐，更加注重制度与矿工、制度与煤矿之间的和谐，达到多维制度之间相互适应协调的状态，最终形成多维安全制度和谐机制。由于矿工安全心理、安全素质及安全行为能力的逐渐提高，生产环境和安全条件的不断变化，新技术、新工艺的不断采用，文明生产、安全文化氛围的逐渐形成，国家安全政策、煤矿安全规章制度的时时调整，煤矿为了适应新的生产特点、生产氛围、生产形势，也要不断地调整符合煤矿和矿工需要的安全目标和安全标准，并且随着煤矿的发展和外部环境的变化适时调整安全标准，以解决生产过程中出现的新情况、新问题，消除新的不安全因素，使安全生产工作适应生产形势发展变化的需要。建立一个不断自我修正、不断改进的动态安全标准化管理体系，使安全标准化工作得到长足的发展，真正使煤矿安全绩效切实得到提高。

（十一）安全文化建设物化阶段

安全文化物质环境是安全文化的外在表现，是形成安全文化其他层面的物质条件，是衍生安全价值观和安全习惯的客观基础，也常常是安全文化传播的有效途径。物质决定意识，煤矿物质环境是矿工日常所接触的形成安全价值观与安全习惯的客观物质环境，是煤矿的物质因素及其组合所反映出来的安全风格。要将安全文化理念融入煤矿内部的生产环境、学习环境及生产活动中，需要通过实物层面进行安全文化物质环境的营造。良好的物质环境给矿工一种安全感，能够使矿工更加积极、认真地投入生产工作。良好的煤矿物质环境首先必须简洁、大方、舒适。其次，它是一种无声的语言，体现一定的安全文化观念和安全价值取向，因而它必须与煤矿所确立的安全价值观协调一致，起到渲染安全文化的作用。物质环境的营造应着眼于煤矿的工作环境，因为煤矿生产环境的优劣，直接影响矿工的工作效率和情绪。物质环境对矿工行为的影响有着不可替代的作用，结合煤矿生产特点和实际情况，进行如下物质环境的定位和塑造。

第一，对全矿的重大危险源进行统一辨识，建立煤矿重大危险源统一监控预警平台和统一应急救援指挥平台，规范生产现场安全标识，包括数量、类型、清晰程度、更新换代、排放位置等，根据各个现场条件不同因地制宜，结合煤矿生产特色制定符合现场实际的安全标识、警句，按照煤矿规划的要求，对主副斜井、轨道大巷、胶带大巷、回风大巷、集中轨道、集中运输巷、办公区、生活区等进行全方位覆盖，形成整洁、统一、安全、易于识别的煤矿生产环境和作业条件。

第二，良好的安全物质环境是实现安全生产的必要条件和保障。先进的技术设备是营造良好的安全作业环境，避免事故发生的前提条件。这就要求煤矿必须始终坚持科技兴矿的原则，不断加大安全投入力度，积极推广应用新技术、新工艺，完善安全技术设备。

第三，加强物质宣传载体的建设。建立以网络、电视、广播、报纸、板报等载体为手段的安全文化建设氛围；不断开展安全寄语活动、安全格言创作活动、安全书法漫画创作比赛、安全在我心中演讲比赛、百日安全竞赛等安全文化活动，定期制作光荣榜、曝光台，及时通报安全生产典型和"三违"人员，用感人事迹，亲身经历，血的教训来唤起矿工对安全生产的关心，对生命的尊重和关爱；开展安全生产技术革新活动，举办安全生产科技成果及设备交流会议等；开展安全文化建设品牌活动，塑造典型示范和利用榜样力量来推行先进的安全文化，以此来满足矿工安全价值观方面的需求。

第四，打造健康的培训环境。培训环境是矿工日常生产所接触的形成培训文化的客观物质环境，还包括培训地点及培训地点的布局、装饰、环境、通风、光线等；培训基础设施，包括桌、椅、黑板、放映灯具、布幕教学用具等；培训辅助用具，还包括课程表、学员名册、考勤登记表、准备证书和有关奖品，以及有关考评训练成绩用的考评表及试题等。良好的培训环境能够使矿工更加积极、认真地投入培训，是一种无声的语言，体现一定的培训理念和价值取向，是培训文化在物质上的凝结。安全文化建设物化阶段是利用物质环境，为矿工创造有利于调动工作积极性，有利于提高安全绩效的生产环境和休息环境，对矿工的感觉和心理产生一种影响，使矿工受情景的约束，自觉地遵守安全的特定要求，规范自己的行为，达到煤矿安全生产的目的。

（十二）安全文化建设习惯化阶段

安全文化形成了文本，业务流程进行了再造，有了制度化的操作依据和物质载体，安全文化基本理念已转化为矿工的心理范式和行为模式，已趋于固化，矿工对安全文化的认知与感知已经有机地结合在一起，形成了矿工对煤矿安全文化的综合认识。针对矿工当前存在的不良安全惯性问题，从动力机制、变革环境、知识技能、执行监督机制四个方面制定有效措施，使矿工的安全心理范式和安全行为模式经由在生产实践中反复操作、巩固和强化，最后趋于安全习惯。安全习惯来自煤矿业务流程再造引起的思维变革与行为变革的固化。矿工在掌握了一定的技能后，经常进行行为变革，持之以恒，并把这种行为变革融入生产方式之中，长此以往，便形成了对行为变革的依赖性，进而使整个煤矿的行为变革固化，沉淀为煤矿的安全思维习惯和安全行为习惯。

（十三）推行准军事化管理

在煤矿行业快速发展的今天，煤矿内部仍然存在执行力弱，政令不畅通，矿工行为不够规范，整体素质不高等问题。为了解决煤矿管理中的篷架现象，养成服从命令不打折扣，令行禁止，整齐划一的安全习惯，培育行动学习化、工作标准化、作风严谨化，需要在煤矿中推行准军事化管理。准军事化管理能够在生产活动全过程中，有机地引用军事管理所特有的组织形式、标准的行为准则、严格的管理制度和严厉的考核手段，以军人的严明纪律培养矿工的自觉安全行为，以军人的严整风纪培养矿工的文明习惯，以军人的坚强意志培养矿工的坚毅品格，以军人的团结精神培养矿工的团队意识，以军人的报国之心培养矿工的工作责任感，促使煤矿全体矿工在安全生产全过程中都有规范的行为动作、标准化作业方法，使煤矿管理达到高度统一，提高安全绩效。实现准军事化管理需要建立如下准军事化管理系统。

（1）能力聚集系统

该系统主要注重于全体矿工执行力的提升和行为的规范，形成步调一致、整齐划一、令行禁止、能打善战的团队，为煤矿发展积蓄能量。

①通过强化训练，全员军训，让矿工熟悉标准，形成气氛。

在全员军训的过程中，坚持煤矿"三个统一"：一是内化于心，统一思想；二是文化于形，统一规划；三是物化于果，统一行动。

②思想上的军训同步进行。

将动态的行为规范与静态的情感交流，室外的身体训练与室内的素质教育相结合，实现训、学、教的有机统一。

（2）能量牵引系统

通过区队考核班组，班组考核矿工，逐步检验考核，实现矿工行为规范、操作准确、执行到位。

①煤矿区域及井下列队行走。把煤矿区域及井下列队行走列为准军事化管理的重点工作和亮点工程。

②工作"四小时复命"制。即对上级安排的所有重要工作任务，无论完成与否，四小时为一个时段，必须向上级汇报情况，同时采取交办、督办、查办的方式，加大对安排工作的落实力度，增强领导和矿工的压力感、责任感，保证政令畅通，实现"安排工作命令化、工作落实快速化"。

③准军事化管理交接班仪式。通过划定交接班区域、列队交接班、交接班人员互相敬礼、互相提醒安全生产这样的程序，用简练易行的办法对交接班进行规范，强化矿工的安全观念和责任意识，提升文明管理水平，培养矿工互相尊重、互相谦让的团队精神和团队意识。

④规范的点名制度。对点名的具体制度和流程进行规范。规范的点名制度充分体现了日常工作与管理过程中的规范与严格，形成良好的工作管理秩序。

（3）能量释放系统

通过提升矿工素质和约束督导机制形成矿工执行力、创新力和服从力，并在各自的岗位上释放出来。首先确定目标，明确责任。把全年的工作目标量化到月，细分到区队、班组，明确到每个矿工，量化到当天，每个矿工承担的责任、工作量和工作标准，达到日事日清，日事日毕，日清日高。其次鼓励矿工创新、团队创新，建立创新、小改小革激励机制，树立创新典型和创建学习型煤矿先进区队。最后以煤矿质量标准化工作为切入点，将煤矿工作落实到区队，由区队落实到班组，再由班组落实到个人，对工作实行积分管理，使全体矿工工作达到标准、质量上特级。

（4）监督保障系统

为了保证准军事化管理在全矿的顺利推行，需要建立健全监督保障体系。

①建立准军事化管理领导小组。

领导小组由矿长、书记任组长，成员由安全生产监督管理处、督察办、武保科相关人员组成。领导小组下设办公室，负责活动的日常考核、督导工作。

②建立准军事化管理督导纠察队。

煤矿抽调骨干力量组成督导纠察队，依据相关的管理制度与规范进行强有力的督导和纠察。

③准军事化管理积分考核。

分别采用个人积分考核办法和单位积分考核办法。总结实行准军事化管理过程中的经验，在实践中不断探索，寻求把准军事化管理、煤矿安全生产、精细化管理、精神文明建设、人才培养等方面很好结合的有效途径，并最终把准军事化管理熔铸为安全文化的主干部分。

（十四）培养安全价值观的行为惯性化

安全文化建设最终要落实到对矿工行为习惯的改变上来，只有矿工养成符合煤矿发展的安全行为习惯，安全绩效才能得到发展。安全文化的最终作用体现在自燃而然这样做的安全习惯上。针对矿工不良安全惯性问题，从动力机制、变革环境、知识技能、执行监督机制四个方面制定出有效措施，对目前一些流于形式的传统安全习惯进行变革，养成严格按照安全操作规程作业的良好习惯及积极的工作态度。把良好安全习惯的培养当作形成煤矿集体性格来抓，用集体习惯矫正个人与之不符合的行为习惯，使集体安全习惯通过个人安全习惯来表现。通过超安全文化的积累方式，转化安全习惯为安全传统，用提倡、宣传、阐释、学习、培训、灌输、实践、检查、奖惩等方式，长期、坚持不懈、无所不在、大力度地推进，使推进办法系统化、程序化、规范化。以煤矿的老矿工为超安全文化积累的主力，带动全体矿工加速对安全文化的认同和内化，使超文化积累成为煤矿无形资产积累的重要内容。建立一种克服原有安全价值观惯性，形成新的安全价值观惯性的安全生产机制，基于行为习惯的思想，不仅使安全价值观行为化，更能够使安全行为惯性化。

（十五）建立煤矿安全文化长效机制

安全文化是从更深的层次影响矿工的观念、道德、态度、情感、品行，安全文化素质的养成要靠不断的熏陶、影响和渗透，安全行为的规范也绝非一时之功。因此，安全文化建设要真正实现长久影响煤矿安全生产，不可能像实施一项安全措施那样立竿见影，而是需要常抓不懈、持续不断、循序渐进和日积月累。为了保持安全文化的可持续性发展，从四维角度进行安全文化的渗透，建立安全文化长效机制。

1.时间渗透的办法

长期、坚持不懈、不间断地对煤矿安全理念进行超文化的积累。以水滴石穿的精神，把安全文化渗透到矿工的心灵中去，时间会使安全文化理念最终成为矿工的信仰，陶冶出集体的性格。

2.空间渗透的办法

无所不在地、事事处处地把安全文化渗透到生产活动的一切场所、一切事件中，使安全文化处处存在、处处体现、处处作用于矿工。矿工在生产活动的范围内，无处不接受安全文化的指令，无处不感染安全文化的氛围。安全文化在空间上的连续与在时间上的连续相统一，造成强大的文化场和文化力，使矿工受到强大的文化渗透作用和改造作用，使客体文化全方位向主体文化转化。

3.精神渗透的方法

安全文化的精神渗透是最强大、效果最佳的渗透。只有精神渗透才能建立信仰，只有信仰才能产生坚定不移的行动。实现精神渗透，首先必须以细致入微的方法，结合每一生产事件进行潜移默化的渗透。其次必须与矿工的切身利益结合，以利益的落实和扩大为载体，安全文化渗透才具有实在性。最后，必须以煤矿的坚定信仰为楷模，以煤矿生产的安全性为确证，以煤矿对矿工生命安全的一贯忠诚为示范，才能保证安全文化精神渗透的有效性。

4.行为渗透的方法

把行为和文化密切结合，使行为成为生产的传达形式。用安全文化统率生产行为，使生产行为规范化、模式化，并推广到煤矿一切矿工中去。对行为模式进行训练，用训练的方式予以巩固，按规范化、模式化的标准坚持不懈地矫正矿工的集体行为。在战略框架下整合安全文化与安全绩效，并且将安全绩效视为为安全文化发挥功能，发展升华及传播继承的基础平台，让矿工深刻领悟煤矿所倡导的安全价值观和行为模式，变被动管理模式为矿工的自我约束、自我激励、自我发展及成长的主动管理模式。而安全文化会在安全绩效管理的循环运动中不断指导矿工积极思考和行动，为其提供强大的精神动力，这个过程漫长而艰辛。煤矿必须充分认识到只有长期坚持不懈、脚踏实地地去实施和改善这个管理系统，煤矿才能最终走上安全绩效持续健康发展的正轨。

（十六）煤矿安全文化建设评价体系

安全文化评价模型是在煤矿安全文化发展目标的基础上，按照安全文化结构内容所建立的一系列用来衡量具体煤矿安全文化各构成要素的发展现状和发展程度的指标。安全文化评价模型可以为煤矿建设独具特色的安全文化提供一套完整的衡量标准，为外界或煤矿自身对安全文化进行评价提供依据。安全文化评价模型还可以反映煤矿安全文化建设的现状，反映煤矿安全文化建设中相对薄弱和亟待加强的部分，对安全文化建设做出导向性预测，从而使安全文化建设的动态调整内容有准确的定位。借鉴沙因企业文化定性研究方法，以基于平衡计分卡思想的安全文化维度为蓝本，根据煤矿安全文化的特殊性，形成安全文化评价模型。煤矿关注外部的安全文化往往极大地关注社会和政府的满意度，而关注内部的安全文化则更多地表现在内部安全控制和安全管理，体现安全性的安全文化与矿工、矿工家属、社会和政府都密切相关，而体现学习性的安全文化则直接影响矿工的安全意识、安全素质、安全态度和安全行为。

使命感维度考察煤矿对安全的重视程度及外部对煤矿的满意度，从两个方面进行评价：第一，社会责任考察煤矿环境保护、社会道德、对矿工家属的承诺及对其他利益群体和社会的影响等方面；第二，安全治理考察煤矿对安全隐患的态度和整治力度。

持续性维度考察煤矿能否在外部环境变化的情况下，保证生产的稳定性和持续性，从两个方面进行评价：第一，安全控制考察煤矿内部各项安全控制制度与战略目标的吻合程度已经被认可和发挥作用的程度；第二，安全管理全面考察煤矿内部的安全生产管理水平，煤矿整体运行的有效性，包括对矿工、机器和环境的管理能否在统一目标的指导下充分融合并发挥正向作用。

适应性维度考察煤矿能否审时度势地对环境变化做出应变，从两个方面进行评价：第一，安全培训间接考察煤矿适应新环境、新技术、新形势的能力；第二，政策制度考察煤矿是否根据外部环境、国家安全标准的变化适时调整煤矿安全政策，是否有一个不断自我修正、不断改进的制度体系。

价值观维度通过矿工的安全意识和安全素质考察煤矿安全文化在矿工心目中的接受和根植程度，考察煤矿安全文化与矿工安全价值观的契合程度。

整个安全文化作为有机整体构成一个圆，每四分之一圆被不同的线条填充，表示各个维度安全文化的建设情况。通过对被测煤矿进行抽样调查，得分高的维度在模型中对应的部分填充更加饱满，否则将以空白表示。如此便可以清晰地反映出一家煤矿目前安全文化的整体及各个因子的情况，便于决策者直观地找出对煤矿发展影响较大的安全文化薄弱环节并适时地加以改进，持续巩固那些能够推动煤矿健康、快速、稳定发展的文化因子，进而塑造具有鲜明特色的安全文化，最终形成煤矿的核心竞争能力，从而观察到安全文化评价模型的基本思路。

（十七）煤矿业务流程再造的原则

煤矿与其他行业在流程组织上具有相同或类似的特点，虽然煤矿企业的主要产品煤矿是供给用户，但在坚持顾客导向上应该说是相同的，为此，煤矿企业的流程再造也应该坚持流程导向、以人为本和顾客导向的原则。

1. 以流程为中心的原则

坚持以流程为中心的原则，就是使再造的目的始终围绕将煤矿由过去的以任务为中心成为以流程为中心。一般地，成功的流程再造都是循序渐进的，循序渐进的好处是避免再造的过分猛烈的冲击，无论对于煤矿的正常运转还是对于矿工的心理准备而言，循序渐进都是必要的。为了真正贯彻以流程为中心的原则，使煤矿真正开始走上以流程为中心的道路，煤矿企业必须做四方面的工作。即煤矿生产流程的识别和命名，保证煤矿中的每个矿工都认识清楚这些流程及它们对煤矿的重要性，重新设计煤矿的流程体系和煤矿开始实施以流程为中心的根本转变。

2. "以人为本"的团队管理原则

在以流程为中心的煤矿里，煤矿领导者的角色就类似于球队教练所扮演的角色，他们要将主要流程编制在一起，要分配资源，还要制定战略。就煤矿企业来说，必须将资源勘探、生产准备、煤矿生产、煤矿洗选、煤矿销售及新产品开发有机地协调起来，让他们各自知道自己的工作对煤矿的整体作用，真正让矿工从"要我做"变成"我要做"，这是业务流程再造的最高境界，也是坚持团队式管理的精髓所在。

3.顾客导向原则

伴随着市场的国际化，煤矿的竞争越来越激烈，煤矿竞争的结果是对顾客的争取，煤矿必须满足顾客的需求，才能真正占有市场。以顾客为导向，就意味着企业在判断流程的绩效时，是站在顾客的角度考虑问题的。以顾客为导向必须使煤矿的各级人员都明确，煤矿存在的理由是为顾客提供价值，而价值是由流程创造的。只有改进为顾客创造价值的流程，煤矿的安全文化变革才有意义。

第四节 煤矿企业安全文化建设的实施

一、实施方法

煤矿企业文化建设能够全面推进实施，不是一段时间就能实现的，需要各种因素的有效配合来完成。首先要做到的是把企业安全文化建设的目标思想灌输到每一名职工心中，把相关理论知识与动态生产实际相结合，开展丰富多样的活动与培训教育并存方式，加强引导，使企业安全文化融入广大职工干部的心灵深处，最终营造出共建安全矿区，共享安全成果的局面，总结为以下几方面：

（一）以部分带动整体，积极加强引领与示范作用

为了实现安全文化体系的构建和完成，宣传部门首先要发挥带动作用站在前面，党群科和安监科要把丰富多样的安全文化活动和宣传教育相结合，营造出良好的安全文化氛围，需要不断开展各种形式的安全生产文化教育实践活动。一是党政工、工会等部门要充分发挥新闻宣传的作用，广泛宣传安全文化建设情况，如通过早晚广播、报纸杂志、宣传栏等。开办安全专题栏目，使广大职工能够从各种渠道看到煤矿针对安全文化建设的宣传和实施情况；组织学习煤矿印发的《煤矿安全文化手册》和集团公司印发的《煤矿职工安全手册》等，共同学习、共同进步；党群科和安全生产监督管理科联合组织职工定期学习国内安全文

化案例事故专题片，集团内部先进班组宣讲会，通过各种广泛的活动方式，组织职工深入领会学习相关知识。二是精心策划开展内容丰富、形式多样的安全文化教育活动。开展每日一题、每周一考、安全知识竞赛、亲情报告会、游戏互动等多种寓教于乐的活动，使煤矿安全教育的形式多样化、效果最大化，让职工们在各种丰富多彩的安全文化教育活动中，潜移默化地规范约束自己在岗位中的行为，增强责任意识。三是在矿区内营造出各种彰显安全文化氛围的环境，从而达到教育感染职工的目的。在矿区内的文化广场、生产车间区和生活区制作安全文化宣传排版走廊，让职工抬头就能看见，时刻能感受到企业对安全文化的重视程度，增强全体职工的安全意识。相互学习交流安全生产的经验与心得，共同学习、共同提高自身安全文化素养。四是要坚持不断地建立完善各种安全教育培训机制，积极推动安全文化建设理论的发展。针对工作中存在的安全生产的重点和难点问题，相关技术部门成立专门的研究小组来研究，研究和创建煤矿安全生产理论体系，形成以人为本，以安全发展为核心，具有特色的安全文化理论体系。

（二）安全观念渗透，加强宣传与灌输

只有企业安全文化建设的目标和理念深入人心，才能实现企业的安全生产，并扩大安全生产的发展。因此，煤矿要开展各种有效的方法来传达灌输给职工企业相关的安全理念，来提高职工的安全价值观。一是会议融入法。将全矿各区队各岗位提炼出的安全制度规程理念，概括出的岗位的危险源、辨识因素等整理成条，并通过相关科室举行专题安全的会议，对整理成册的安全制度言语进行学习讲解，并且各区队相关岗位组织学习，从而使参会人员以会议形式学习安全生产理念。二是用考试激励法。煤矿的每月一考的制度对各岗位员工的安全知识学习掌握程度进行考察督促，考试后发放相应奖金奖励成绩优秀者，通过罚款形式鞭策成绩较差者，从而起到督促职工积极参与学习掌握安全理论知识的目的。三是事故案例分析法。整理总结出各种典型安全案例事故，包括集团其他矿井及各区队基层岗位中做好的正面案例和表现差的反面案例，对正面典型案例加强宣传，树立学习榜样，对反面案例出现原因进行剖析，让大家吸取教训，加以预防，弘扬安全之风的正气，树立"以遵章守纪为荣、以'三违'行为为耻"的工作氛围。四是宣传教育法。在矿区一些生产车间场所内，制作并悬挂各种具有教育意义的安全格言标识、安全警句牌板，从而使职工能感受到自己时刻处于安全监督教育的环境中，增强其行为的安全理念，给予职工心理警示、视觉强化作业，使安全宣传的工作效果达到最大化。五是学习贯通煤矿的新安全教育"六法"：媒体宣传法、安全联保法、"三违"帮教法、安全诚信法、典型激励法、心理调适法。

（三）加强对职工安全行为的培养与提高

职工的安全行为意识是在生产工作中长期培养训练的，不是一两次培训就达到的，而职工的操作技能是日常工作中培养训练实践锻炼出来的。因此要加强对职工安全行为的培养训练，一是培养训练职工日常工作中安全规范化操作和安全生产技能的提高，通过实施技能大赛、技术比武、准军事化管理等方式来提高职工安全操作的良好习惯。二是形成预防不安全行为的训练。通过模拟事故救生演练和预案行动训练，职工的安全预警素质得到不断提升，为职工预防井下突发事故提高自保互保意识，尽可能地化解作业场所的各类危险源因素，并且消除安全隐患，尽可能地降低事故的破坏力，最大化减小对矿井的损失。三是开展强化安全正确行为和纠正错误行为的训练。安全生产监督管理科组织聘请集团各单位技术标兵人员及矿上具有实践丰富操作经验的员工组织进行学习，指导其他员工如何让确保日常工作的现场安全最大化。完善培训方案，创新培训手段，全面提高职工队伍整体素质，促进矿井发展。

（四）规范行为，强化各项安全管理制度

对煤矿各种安全管理制度进行系统总结提炼，使其成为独具特色的以质量标准化、行为规范化、管理精细化等为内容的管理标准，促进煤矿安全管理的不断完善，使煤矿安全科学管理不断提升。一是质量标准化。建立了全面的各个岗位的作业准则和相关考核准则，使得各岗位人员的作业规范得到进一步规范，使每个岗位每个职工的工作岗位都有作业规范和绩效考核。二是行为规范化。在工作中培养职工良好的工作习惯规范约束其行为。人力科的培训人员定期对各岗位职工进行针对性培训，让所有职工的行为都达到制度化、规范化。三是精确化管理。要实行干部定期下井带班制度，如果只是待在办公室讲管理是不能全面了解现场实际情况的，只有深入生产一线才能真正了解和掌握每个岗位安全预防因素

的管理与控制。四是监管组织严谨化。安全生产监督管理科及管理人员建立专职和专业人员监督检查体系，发挥干部队伍互保联保机制，划包区队分队管理，严格落实安检员盯面包片管线制、现场监督检查轮换管理制、不安全因素现场排查制、领导干部下井跟班制，对查出的问题和整改的措施加以上报分析并执行，实行每天24 h现场监督检查不间断，保证各个环节、各个工序、各个岗位做到环环相扣，并根据现场条件变化，分班分组划分管理重点监控，实现现场安全的无漏洞管理。

（五）强化安全硬件基础，推动安全发展

不断学习引进国内外先进技术设备，建设安全避险"六大系统"。矿井安全避险"六大系统"是煤矿安全工作的基础，主要包括安全监测监控系统、井下人员定位系统、井下紧急避险系统、矿井压风自救系统、矿井供水施救系统和矿井通信联络系统。目的主要是依据相关政策和通知，提高矿山安全生产保障能力，制定相应的规定，从而为煤矿安全生产提供系统可靠的保障体系。

二、实施步骤

煤矿企业安全文化建设实施步骤如下：

（一）构建阶段

充分进行安全文化建设调研，提炼总结安全文化理念，构建煤矿特色安全文化理念体系；有计划、有步骤地实施全员安全文化教育和培训，提高带动员工认知安全文化理念；根据安全文化建设的不同方面不同阶段的发展状况，充分发挥利用各种媒体机构，宣传推广安全文化理念；分层、分线、分类，有计划、有步骤地实施安全文化宣讲活动，使员工精通安全文化理念，做到工作有布置、有检查、有考核；编制《煤矿安全文化手册》，对本阶段出现的先进人物和事迹进行集中表彰和奖励；初步建立安全文化评估体系，实现安全文化建设的良性发展。

（二）推进转化阶段

优化安全文化传播网络，通过员工行为的规范和培训，改变员工的不良行为习惯，使员工上标准岗、干标准活，成为本质安全型员工。优化安全管理措

施：根据安全文化理念，完善各级各类安全生产规章制度及作业流程，对其中不合理的内容进行归类、调整、修改、建档。利用多种手段进行安全合理化、创新性建议征集活动等，并及时进行推广和反馈。优化管理人员行为。在安全文化推出过程中，管理人员要率先垂范、发挥领导示范作用，查找不足，自觉提升安全素质和安全能力，在员工中树立学习的榜样。优化员工行为：在开展安全行为准则和规范的推进过程中，通过座谈会、案例分析等形式，查找不足、整改落实，规范员工安全行为，使员工养成正确的安全行为习惯。优化物态环境：根据煤矿实际，更新和提升安全文化的设施和物品，形成有机的安全文化建设氛围和场所。

（三）自查考评阶段

对前两个阶段的安全文化建设进行总结思考，形成工作报告；由煤矿安全文化建设领导小组对照三年规划目标，召开专题会议进行自查考评，深入探索安全文化建设活动的规律，为安全文化提升改进意见，继续推进安全文化建设。

（四）提升改进阶段

学习省级安全文化建设示范企业评价标准，查漏补缺，完善措施；组织创建省级安全文化示范企业。

三、安全文化建设的运行保障

（一）加强政策宣传，深入开展安全文化活动

认真宣传贯彻落实国家制度法规政策，统一企业全体职工思想，提高职工安全觉悟认识。认真开展好每年企业的"安全生产月"、"安康杯"知识竞赛、"青年安全示范岗"等活动，以及"安全在我心中"的演讲比赛等活动。发动全体职工积极参与其中，不断丰富活动的内容、创新形式多样化，培养和打造具有感召力的企业安全文化活动品牌。利用企业广播、企业新闻报纸等，扩展加大对企业安全文化活动品牌宣传的力度，使"煤矿安全文化发展"进一步深入人心，影响到每一个职工，推进安全文化建设生产工作逐步发展。

（二）坚持正确宣传报道，营造安全生产良好的舆论氛围

坚持透明公开、循序渐进、正确指导的原则，加强组织领导积极协调的作

用，做好坚持以正面宣传报道为主，不断营造安全生产的正确舆论引导和良好的环境氛围，充分发挥其对安全生产新闻媒体宣传的主导作用。

（三）增加安全教育培训，提高全员安全意识

加强安全生产教育培训。加强班组建设在职工教育培训中的主要作用，发挥班组培育学习安全知识、岗位技能教育培训的作用，加强班组带动职工杜绝"三违"行为的发生；人力科、安全生产监督管理科等培训单位要严抓对新分配上岗职工进行制度性上岗前的安全培训；要严格加强对特种岗位人员上岗安全培训管理；考核办要将安全生产教育培训纳入煤矿目标考核体系当中。

（四）发挥安全文化的引领，推进安全生产发展

要不断完善安全文化建设评价体系，发挥示范岗位的引领带动模范指导作用，督促企业安全生产平稳发展。发挥班组长和安检人员在安全生产工作中的指导检查作用，夯实企业安全基础。党工部门要定期组织开展企业安全文化建设交流会，调集各区区队人员组织学习安全文化建设的现状和问题，交流提出建议，共同提升煤矿安全管理水平。

第七章 煤矿重大灾害抢险救援管理

第一节　煤矿水灾害危险源的辨识与评价

把认识系统中存在的危险并确定其特征的过程称之为危险辨识。辨识是危险源研究的第一步，是有效控制事故发生的基础。辨识包括给出恰如其分的危险源的定义及用合理的辨识标准来确认系统中存在的危险源。

一、危险源及其特征

（一）危险源

危险源，也就是危险的根源，是指可能造成人员伤害、财产损失、环境破坏或其组合的根源，它可以是存在危险的一件设备、一处设施或一个系统，也可能是一件设备、一处设施或一个系统中存在的危险的一部分等。生产系统中具有潜在能量和物质释放危险的，在一定触发因素作用下可能转化为事故的部位、区域、场所、空间、岗位、设备等都可称为危险源。这里所指的触发因素是危险源转化为事故的外因，它包括人的失误、作业环境等。同时，这些触发因素本身就是危险源。生产系统中存在的危险源具有以下特点。

1.危险源具有客观实在性

生产活动中的危险源，是客观存在的，不以人的主观意志为转移。无论人们是否愿意承认它，它都会实实在在地存在着，而一旦主观条件具备，它就会由潜在的危险变为现实——引发事故。

2.危险源具有潜在性

这种潜在性，一是指存在于即将进行的作业过程中，不容易被人们意识到或能够及时发觉而又有一定危险性的因素；二是指存在于作业过程中的危险源虽然明确地暴露出来，但没有变为现实的危害。应该指出，并不是所有的危险源都必然会转变为现实的危害，导致事故的发生，但是只要有危险源存在，就有可能危及安全。

3.危险源具有复杂多变性

危险源的复杂性是由作业实际情况的复杂性决定的。每次作业尽管任务相同，但由于参加作业的人员、作业的场合地点、使用的工具不同所采取的作业方式也不同，可能存在的危险源也会不同。相同的危险源也有可能存在于不同的作业过程中。

4.危险源具有可知、可预防性

日常工作中存在的危险源具有一定的隐蔽性，它常常隐藏在作业环境、机器设备或作业人员的行为之中。按照辩证的观点来看，一切客观事物都是可知的。只要思想重视，认真分析每一项具体施工及维护工作，采取的措施得力可靠，危险源可以在日常作业中预先得到识别和预防，这也是危险源辨识的基础和前提。

生产系统中的危险源是和安全、危险、事故三种状态紧密相连的。安全是指生产系统的危险性在可接受的阈值内，不出事故。通常认为系统的各项参数都符合设计状态为安全状态。在安全状态下，系统发生事故的可能性在可接受水平之下。危险也称风险，危险是一个泛指的概念，广义的危险是指一种环境或状态，是指超出人的控制之外的某种潜在的环境条件，即指有遭到损害或失败的可能性；狭义的危险是指一个系统存在的不安全的可能性及其程度。为了将生产过程中的危险具体明确下来，可对系统存在的方方面面的危险进行识别，其识别结果就是系统中的危险源。例如，开关漏电是危险的，开关就是一个危险源。事故是指处于危险状态下的系统，受某些因素激发导致发生过程中断、生命与财产的损失或环境破坏。从理论上讲，安全状态和事故状态是系统相对确定的状态，而危险状态则是安全状态的存在条件遭到破坏后，系统从安全到发生事故前的一个动态过程，是系统的不确定状态。安全的对立面是危险，不是事故。把不出事故与安全等同起来是不严格的。

（二）危险源与事故隐患的关系

安全工作中存在的事故隐患，通常是指在生产、经营过程中有可能造成人员伤亡、经济损失或环境破坏的不安全因素，它包含人的不安全因素、物的不安全状态和管理上的缺陷。从定义上可以看出，事故隐患本质上是危险（危害）因素的一部分，属于危险源的范畴。事故隐患是客观存在的，存在于企业的生产全过程，对职工的人身安全、财产安全和企业的生存、发展都直接构成威胁。事故隐患具有危险性、隐蔽性、突发性、因果性、连续性、意外性、时效性、特殊性、季节性等特点。正确认识隐患的特征，对熟悉和掌握隐患产生的原因，及时研究并落实防范对策是十分重要的。事故隐患的第一物质属性来自危险源。危险源与事故隐患是同源事件的不同层面上生成的两个不同的概念。前者通常强调区域、场所、设备、设施中存在或固有的在一定阈值条件下破坏性能量（物质）的多少。它具有明显的静态特征，特点是其客观存在性。事故隐患与危险源相比，包含了社会工程学的概念，可以用这样一句话来简单定义：事故隐患特指出现明显防范缺陷（人的不安全行为、物的不安全状态、具有一定引发频度或存在管理缺陷）的危险源。从系统工程的角度看，各危险源不可能孤立于社会，更不可能孤立于物质环境。事实上，它们往往处于不同的管理状态或监控状态。如核电站，从危险源的角度讲，核反应堆是极其重大的危险源，但是由于管理严密，多重保护和预反馈技术的有效控制，安全富裕度很大，不一定形成重大隐患。由于不同的人为干预，即使是同一类危险源，现实危险度也会截然不同。

（三）煤矿水灾害危险源的产生及其结构

煤矿水灾害的突水类型可分为以下几类。

1. 地表水体及大气降水水灾害

地表水水害系指大气降水或地表水体通过区内含水层露头、塌陷区、古井溃入矿井造成的水害事故，尤其是暴雨、洪水溃入矿淹井导致淹井，以及泥石流、滑坡造成的淹埋矿井及工业场所的灾害。此类水害水量大，影响面广，破坏严重。其特点是煤层埋藏较浅，矿区浅部含水层发育，易接受地表水的补给，地表植被破坏严重，地面防洪排水工程不完善。

2. 老窑水及采空区积水水灾害

老窑水一般处在埋藏较浅、开采年代较久的煤层，煤层开采的情况难以估计，积水量、积水范围不清，因积水中含有有害物质，一旦透水，易造成工作面停产和人身伤亡事故。据统计，60%以上的淹井死亡事故是由于老窑水突水引起的，对此应重在预防，一旦成灾要快速抢救。

3. 松散层水水灾害

松散层水水害系指冲积层中所含富水性含水层（如流沙、砂石层水）在煤矿开采过程中溃入矿井而造成的灾害。造成这类水灾害事故的主要原因：受强含水冲积层威胁的煤层在开采过程中，防水煤岩柱留设不当，冒落带直接进入松散强含水层造成溃水事故，或导水裂隙带进入冲积层，强含水层造成溃水事故。

4. 含水层突水水灾害

含水层突水水害系指因煤层开采影响到顶底板及厚层灰岩含水层造成的水害，主要原因是由于在开采过程中，开采工作面与含水层之间的煤层和岩层无法承受含水层的压强，造成工作面突然破裂，含水层的水突然涌出，形成水灾害。此类水灾害事发突然，破坏严重，而且容易造成人员伤亡。

造成煤矿水灾害的水源有大气降水、地表水、地下水和老窑水。其中地下水按其储水空隙特征又分为孔隙水、裂隙水和岩溶水等。

二、煤矿水灾害危险源的辨识

为了对煤矿水灾害系统中的危险源进行控制，首先要了解和辨识危险源。辨识是煤矿水灾害危险源研究的第一步。根据危险源的结构特点，确定以怎样的辨识依据（标准）来确认煤矿水灾害系统存在的危险源。

（一）危险因素调查

井下危险因素的调查是井下危险源辨识的基础工作，所以调查工作一定要全面、细致和科学。通常为了区别客体对人体不利作用的特点和效果，将触发危险的因素分为危险因素（强调突发性和瞬间作用）和危害因素（强调在一定时间范围内的累积作用）。有时对两者不加区分，统称危险因素。危险因素和危害因素的表现形式不同，但从事故发生的本质讲，均可归结为能量的意外释放或有害物质的泄露及散逸，有危险危害因素的地方就可看作一个危险源。

1. 危险因素调查内容

煤矿水灾害包含透水（含地表水灾）等危害。在开展调查工作之前，首先要确定所要调查的系统，这个系统可以是一个企业，也可以是具体的生产单元或工艺系统。由于煤矿井下生产条件复杂，为简化辨识工作，抓住重点，在危险源辨识过程中，按照井下生产流程进行危害辨识，将整个井下生产系统分为采掘系统、运输提升系统、通风系统、供电系统、排水系统及辅助作业系统等危险辨识单元。调查辨识过程中，应坚持"横向到底、不留死角"的原则，对以上系统中的以下场所进行重点辨识，如危险地质构造的场所（如断层、顶板不稳定、突水危险区域等）。

2. 危险因素调查方法

为了调查工作的简便和全面，根据煤矿井下生产特点和危险因素存在的情况，可采用以下几种方法进行调查。

①现场观察法：通过对工作环境的现场观察，可发现存在的危险。从事现场观察的人员，要求具有安全技术知识和掌握完善的职业健康安全法规、标准。

②安全检查表法：运用煤矿生产单位已编制好的安全检查表，进行系统的安全检查，可辨识出生产中存在的危险因素。

③问卷调查法：要求被调查井下生产系统内的作业人员，根据本岗位的设备情况、操作情况、自身素质情况、作业环境及操作规程的完善情况，找出本岗位的危险因素。

④查阅生产单位的事故、职业病的记录及从有关类似单位、文献资料、专家咨询等方面获取有关危险信息，加以分析研究，辨识出系统中存在的危险因素。

⑤标准对照法：依据国内外相关法规和标准及煤矿生产安全性评价标准，对系统内的安全管理、机械设备、电气设备、作业环境及人员状况进行检查评价，找出不符合项。

⑥工作任务分析：通过分析工作任务中所涉及的危害，可识别出有关的危险因素。

⑦事故频次法：在总结系统内事故教训的基础上，对已发生事故的设施、事故的防范措施及再次发生事故的可能性进行调查。

对事故频次较高（1次、年）的情况进行统计。上述几种危险辨识方法在切入点和分析过程上，都有各自特点，也有各自的适用范围或局限性。所以在辨识危险源的过程中，使用单一方法，还不足以全面地识别其所存在的危险源，必须综合地运用两种以上方法。

（二）危险源辨识的依据

煤矿水灾害危险源是其发生灾害的内因。而任何系统的运行都离不开能量，如果能量失控发生意外的释放，就会转化为破坏性力量，可能会导致系统发生事故，造成破坏性后果。因此，能量失控是煤矿水灾害发生的主要原因。能量失控转为破坏力的过程一般有化学和物理两种模式。通过化学模式形成的危险性是由于化学物质间的反应产生的能量失控，可能造成火灾和爆炸的后果。而物理模式危险产生的破坏力与化学模式不同，它在正常状态下就以物理能的状态出现。物理能可以位能的形式（如高处的物体、高压气体等）出现，也可以动能的形式（如围岩压力、运行中的机械等）出现。正常情况下，物理能受到控制，做有用功；反之，失去控制，成为破坏力。物理模式的危险主要有物理爆炸、机械失控、电气失控等。根据能量意外释放引发事故理论，考虑到我国的安全生产的相关法律法规，借鉴其他行业危险源辨识依据，归纳出煤矿水灾害危险源的辨识依据为地质危险性，包括特殊地质构造如断层、岩溶、冲击地压、含水陷落柱、采空区、老空区等的地质资料及安全技术要求等。

综述可知，煤矿重大水灾害危险源：古空、老窑水；底板受构造破坏段突水系数大于0.06，正常块段大于0.1的回采工作面和实际限水层厚度小于安全隔水层厚度的掘进工作面；采掘工作面在导水断层、导水陷落柱、导水钻孔、含水层、灌浆区等附近开采；采掘工作面接近煤层露头进行上限开采或水体下开采；雨季受水威胁的矿井无防治水措施，相临矿井未按规定留设防隔水煤（岩）柱等。

（三）煤矿水灾害危险评价与分级

制定相关灾害应急救援预案时，应全面评价煤矿相关灾害的危险性。这不仅有利于应急资源的合理调配，也有利于煤矿系统风险的有效控制。危险评价方法主要有定性、定量或半定量三大类，其中定性评价方法有安全检查表、预先危险性分析（prelininary hazard analysis，PHA）、故障模式和效应分析（failure mode and effect analysis，FMEA）、危险可操作性研究、事件树分析法（event tree analysis，ETA）、事故树分析法及事故因果图分析法；半定量评价法包括概率风险评价法（LEC）、打分的检查表法、模块技能训练（modules of employable skills，MES）法等；定量分析法有BP神经网络的风险性评价法、模糊评价法和系统综合评价法等。

1. LEC评价法

LEC评价法是一种危险性半定量评价方法。它是用与系统风险率相关的三种因素指标值之积来评价系统人员伤亡风险大小，这三种因素中，L为发生事故的可能性大小；E为人体暴露在这种危险环境中的频繁程度；C为一旦发生事故会造成的损失后果。但是对于复杂的煤矿系统来说，取得这三种因素的科学准确数据是相当烦琐的。为了简化评价过程，采取半定量计值法，给三种因素的不同等级分别确定不同的分值，再以3个分值的乘积D来评价危险性的大小。即D=LEC。D值大，说明煤矿危险性大，需要进行整改并加强安全措施，或改变发生事故的可能性，或减少人体暴露于危险环境中的频繁程度，或减轻事故损失，直至调整到允许范围。

（1）L为发生事故的可能性大小

事故或危险事件发生的可能性大小，当用概率来表示时，绝对不可能的事件发生的概率为0，必然发生的事件的概率为1。然而，在复杂煤矿系统中，绝对不发生事故是不可能的，所以人为地将"发生事故可能性极小"的分数定为0.1，而必然要发生的事件分数定为10，介于这两种情况之间的情况指定了若干个中间值。

（2）E为暴露于危险环境的频繁程度

人员出现在危险环境中的时间越多，则危险性越大。规定连接现在危险环境的情况定为10，而非常罕见地出现在危险环境中的情况定为0.5。同样，将介于两者之间的各种情况规定若干个中间值。

（3）C为发生灾害产生的后果

灾害造成的人身伤害变化范围很大，对伤亡事故来说，可从极小的轻伤直到多人死亡的严重结果。由于范围广阔，所以规定分数值为1～100，把需要救护的轻微伤害规定分数为1，把造成多人死亡的可能性分数规定为100，其他情况的数值均在1~100。

（4）D为危险性分值

根据公式就可以计算作业的危险程度，但关键是如何确定各个分值和总分的评价。根据经验，总分在20分以下被认为是低危险的，这样的危险比日常生活中骑自行车还要安全；如果危险分数达到70～160，那就有显著的危险性，需要及时整改；如果危险分值在160～320，那么这是一种必须立即采取措施进行整改的高度危险环境；分值在320以上的高分值表示环境非常危险，应立即停止生产，直到环境得到改善。危险等级的划分是凭经验判断，难免带有局限性，不能认为是普遍适用的，应用时需要根据实际情况予以修正。通过对鹤壁煤业集团的瓦斯爆炸事故和水灾害事故分析可知，事故发生概率较低，评定可能性值为1，而职工暴露于危险环境时间长，一般都为工作日，并且事故一旦发生就会造成数人死亡，因此将应急救援预案中的瓦斯事故和水灾害事故定为二级。

2. BP神经网络评价法

由于LEC评价是半定量的，分析结果十分粗略，不能用于具体危险源的控制。为了充分评价具体危险源，有许多学者提出BP神经网络评价法。

BP神经网络进行评价的步骤如下：

①确定网络的拓扑结构，包括中间隐层的层数，输入层、输出层和隐层的节点数。

②确定被评价系统的指标体系，包括特征参数和状态参数。运用神经网络进行风险评价时，首先必须确定评价系统的内部构成和外部环境，确定能够正确反映被评价对象安全状态的主要特征参数及这些参数下系统的状态。

③选择学习样本，供神经网络学习。选取多组对应系统不同状态参数值时的特征参数值作为学习样本，供网络系统学习。这些样本应尽可能地反映各种安全状态。其中对系统特征参数进行（$-\infty$，$+\infty$）区间的预处理，对系统参数应进行（0，1）区间的预处理。神经网络的学习过程即根据样本确定网络的连接权值和误差反复修正的过程。

④确定作用函数，通常选择非线性S型函数。

⑤建立系统风险评价知识库。通过网络学习确认的网络结构包括输入、输出和隐节点数及反映其间关联度的网络权值的组合，具有推理机制的被评价系统

的风险评价知识库。

⑥进行实际系统的风险评价。经过培训的神经网络将实际评价系统的特征值转换后输入到已具有推理功能的神经网络中，运用系统风险评价知识库后得到评价实际系统的安全状态的评价结果。

3.神经网络理论应用于系统风险评价中的优点

实际系统的评价结果又作为新的学习样本输入神经网络，使系统风险评价知识进一步充实。神经网络理论应用于系统风险评价中的优点如下：

①利用神经网络并行结构和并行处理的特征，通过适当选择评价来克服风险评价的片面性，可以全面评价系统的安全状况和多因素共同作用下的安全状态。

②运用神经网络知识存储和自适应特征，通过适当补充学习样本可以实现历史经验与新知识的完美结合，在发展过程中动态地评价系统的安全状态。

③利用神经网络理论的容错特征，通过选取适当的作用函数和数据结构处理各种非数值性指标，实现对系统安全状态的模糊评价。

第二节　煤矿水灾害应急救援预案的建立

一直以来，煤矿行业居于高风险行业之首，生产条件差、工作场所又处于不断的变化和移动之中。水灾害又是众多煤矿事故中，发生概率较大、损失较严重的一种，基于此类灾害急需制定相应的应急措施和应急方法。

一、煤矿水灾害应急救援预案编制的目的与要求

（一）煤矿水灾害应急救援预案编制的目的

煤矿水灾害应急救援预案编制的目的，就是通过事前计划和应急措施，在煤矿发生重大水灾害之后，迅速控制水灾害发展并尽可能排除水灾害，保护现场人员和场外人员的安全。这不仅将水灾害对人员、财产和环境造成的损失降至最低，且能有效地提高应急行动的效率。

（二）煤矿水灾害应急救援预案编制的要求

煤矿水灾害的应急救援应在预防为主的前提下，贯彻统一指挥、分级负责、区域为主、煤矿自救与社会救援相结合的原则。按照分类、分级制定预案内容，上一级预案的编制应以下一级预案为基础。预案编制应体现科学性、实用性、权威性的编制要求。在全面调查的基础上，实行领导与专家相结合的方式，开展科学分析和论证，制定出严密、统一、完整的煤矿水灾害应急救援方案。煤矿水灾害应急救援方案应符合本矿的客观实际情况，具有实用性，便于操作，起到准确、迅速控制水情的作用。预案应明确救援工作的管理体系，救援行动的组织指挥权限和各级救援组织的职责、任务等一系列的行政管理规定，保证救援工作的统一指挥，制定的预案经相应级别、相应管理部门的批准后实施。预案在编制和实施过程中不能损害相邻单位利益。如有必要可将本矿的预案情况通知相邻地域，以便在发生重大水灾害时能取得相互支援。预案编制要有充分依据，要根据煤矿危险源辨识、风险评价、煤矿安全现状评价、应急准备与响应能力评估等方面调查、分析的结果展开。同时要对预案本身在实施过程中可能带来的风险进行评价，切实做好预案编制的组织保障工作。煤矿水灾害应急救援预案的编制需要安全、工程技术、组织管理、医疗急救等各方面的专业人员或专家组成，他们应熟悉所负责的各项内容。

预案要形成一个完整的文件体系，应包括总预案、程序、说明书（指导书）、记录（应急行动的记录）的四级文件体系。预案编制完成后要认真履行审核、批准、发布、实施、评审、修改等管理程序。

（三）煤矿水灾害应急救援预案的编制步骤

煤矿水灾害应急救援预案的编制过程可分为下面6个步骤。

①成立预案编制小组；

②辨识可信水灾害和代表性水灾害；

③危险分析和应急能力评估；

④编制应急救援预案；

⑤应急救援预案的评审与发布；

⑥应急救援预案的实施。

1. 成立预案编制小组

煤矿水灾害的应急救援行动涉及来自不同部门、不同专业领域的应急各方，需要他们在相互信任、相互了解的基础上进行密切的配合和协调合作。因此，应急救援预案的成功编制需要煤矿各相关职能部门和有关各方的积极参与，并达成一致意见，尤其是应寻求与危险直接相关的各方进行协作。成立煤矿水灾害应急救援预案编制小组是将企业各有关职能部门、各类专业技术有效结合起来的最佳方式，可有效地保证应急救援预案的准确性和完整性，而且为煤矿水灾害应急各方提供了一个非常重要的协作与交流机会，有利于统一应急各方的不同观点和意见。依据煤矿水灾害危害程度的级别，设置分级应急救援组织机构。组成人员应包括主要负责人、现场指挥人及有关管理人员，主要职责如下：

①组织制定煤矿水灾害应急救援预案；

②负责人员、资源配置，应急队伍的调动；

③确定现场指挥人员；

④协调水灾害现场有关工作；

⑤批准本预案的启动与终止；

⑥水灾害状态下各级人员的职责；

⑦煤矿水灾害信息的上报工作；

⑧接受集团公司的指令和调动；

⑨组织应急救援预案的演练；

⑩负责保护水灾害现场及相关数据。

预案编制小组的成员确定后，必须确定小组领导，明确编制计划，保证整个预案编制工作的组织实施。

2. 辨识可信水灾害和代表性水灾害

煤矿水灾害的原因事件、中间事件及潜在水灾害是复杂多样的。在编制应急救援预案时，如果将这些因素都作为考虑的要素，不仅会影响制定预案的效果，而且会干扰水灾害的预防。

3.危险分析和应急能力评估

（1）危险分析

危险分析是应急救援预案编制的基础和关键过程。危险分析的结果不仅有助于确定需要重点考虑的危险、提供划分预案编制优先级别的依据，而且也为应急救援预案的编制、应急准备和应急响应提供必要的信息和资料。危险分析包括危险识别、脆弱性分析和风险分析。

危险识别。要调查所有的危险并进行详细的分析是不可能的，危险识别的目的是要将煤矿中可能存在的重大危险因素识别出来，作为下一步危险分析的对象。危险识别应分析本矿所处地区的地理、气象等自燃条件，总结本矿历史上曾经发生的重大水灾害，识别出可能发生的灾害。危险识别还应符合国家有关法律法规和标准的要求。危险分析结果应提供以下几个方面内容：

①地理、人文、地质、气象等信息；

②煤矿功能布局及交通情况；

③重大危险源分布情况；

④重大水灾害类别；

⑤特定时段、季节影响；

⑥可能影响应急救援的不利因素。

脆弱性分析要确定的是，一旦发生水灾害，矿井中哪些地方容易受到破坏。脆弱性分析结果应提供下列信息：受水灾害严重影响的区域及该区域的影响因素（如地形、水位等）；预计位于脆弱带中的人员数量；可能遭受的财产破坏及可能的环境影响。

风险分析是根据脆弱性分析的结果，评估水灾害发生时对煤矿造成破坏（或伤害）的可能性，及可能导致的实际破坏（或伤害）的程度，通常可能会选择对最坏的情况进行分析。风险分析可以提供下列信息：发生水灾害和环境异常（如洪涝）或同时发生多种紧急事故的可能性；对人造成的伤害类型（急性、延时或慢性的）和相关的高危人群；对财产造成的破坏类型（暂时、可修复或永久的）；对环境造成的破坏类型（可恢复或永久的）。要做到准确分析水灾害发生的可能性是不太现实的，一般不必过度地将精力集中到对水灾害发生的可能性进行精确的定量分析上，可以用相对性的词汇（如低、中、高）来描述发生水灾害的可能性，但关键是要在充分利用现有数据和技术的基础上进行合理的评估。

（2）应急能力评估

依据危险分析的结果，对已有的应急资源和应急能力进行评估，包括煤矿应急资源的评估和企业应急资源的评估，从而明确应急救援的需求和不足。应急资源包括应急人员、应急设施（备）、设备和物资等；应急能力包括人员的技术、经验和接受的培训等。应急资源和应急能力将直接影响应急行动的快速、有效性。制定预案时应当在评价与潜在危险相适应的应急资源和应急能力的基础上，选择最现实、最有效的应急策略。

（四）编制应急救援预案

应急救援预案的编制必须基于煤矿水灾害风险的分析结果、煤矿应急资源的需求和现状，以及有关的法律法规要求。此外，编制预案时应充分收集和参阅已有的应急救援预案，尽可能地减小工作量和避免应急救援预案的重复和交叉，并确保与其他相关应急救援预案的协调和一致性。预案编制小组在设计应急救援预案编制格式时则应充分考虑以下几个方面：

①合理组织：应合理地组织预案的章节，以便每个读者都能快速查找到各自所需要的信息，避免从一堆不相关的信息中去查找。

②连续性：保证应急救援预案每个章节及其组成部分在内容上的相互衔接，避免内容出现明显的位置不当。

③一致性：保证应急救援预案的每个部分都采用相似的逻辑结构。

④兼容性：应急救援预案应尽量采取与上级机构一致的格式，以便各级应急救援预案能更好地协调和对应。

（五）应急救援预案的评审与发布

1.应急救援预案的评审

为了确保应急救援预案的科学性、合理性及与实际情况的符合性，预案编制单位或管理部门应依据我国有关应急的方针、政策、法律、法规、规章、标准和其他有关应急救援预案编制的指南性文件与评审检查表，组织开展预案评审工作，取得政府有关部门和应急机构的认可。应急救援预案的评审包括内部评审和外部评审两类。

（1）内部评审

内部评审是指编制小组成员内部实施的评审。应急救援预案管理部门应要求预案编制单位在预案初稿编写工作完成后，组织编写成员内部对其进行评审，保证预案语言简洁通畅、内容完整。

（2）外部评审

外部评审是由本矿或外矿同级机构、上级机构、社区公众及有关政府部门实施的评审。外部评审的主要作用是确保预案被相关各阶层接受。根据评审人员的不同，又可分为同级评审、上级评审和政府评审。

2. 应急救援预案的发布

煤矿水灾害应急救援预案经政府评审通过后，应由煤矿最高行政官员签署发布，并报送上级政府有关部门和应急机构备案。

（六）应急救援预案的实施

实施应急救援预案是煤矿应急管理工作的重要环节。应急救援预案经批准发布后，煤矿所有应急机构应进行以下几个方面的工作：

1. 应急救援预案宣传、教育和培训

各应急机构应广泛宣传应急救援预案，使大家了解应急救援预案中的有关内容。同时，积极组织应急救援预案培训工作，使各类应急人员熟悉或了解预案中与其承担职责和任务相关的工作程序、标准等内容。

2. 应急资源的定期检查落实

应急机构应根据应急救援预案的要求，定期检查落实本部门应急人员准备状况，识别额外的应急资源需求，保持所有应急资源的可用状态。

3. 应急演习和培训

各应急机构应积极参加应急演习和培训工作，及时发现应急救援预案、工作程序和应急资源准备中的缺陷与不足，澄清相关机构和人员的职责，改善不同机构和人员之间的协调问题，检验应急人员对应急救援预案、程序的了解程度和操作技能，评估应急培训效果，分析培训需求，并促进公众、媒体对应急救援预案的理解，争取他们对应急工作的支持，使应急救援预案有机地融入煤矿安全保障工作之中，真正将应急救援预案的要求落到实处。

4. 应急救援预案的实践

各应急机构应在水灾害应急的实际工作中，积极运用应急救援预案，开展应急决策，指挥和控制相关机构和人员的应急行动，从实践中检验应急救援预案的实用性，检验各应急机构之间的协调能力和应急人员的实际操作技能，发现应急救援预案、工作程序、应急资源准备中的缺陷和不足，以便修订、更新相关的应急救援预案和工作程序。

5. 应急救援预案的信息化

应急救援预案的信息化将使应急救援预案更易于管理和查询。在预案实施过程中，应考虑充分利用现代计算机及信息技术，实现应急救援预案的信息化，尤其是应急救援预案的支持附件包含了大量的信息和数据，是应急救援预案信息化的主体内容，将为应急工作发挥重要的支持作用。

6. 水灾害回顾

应急救援预案管理部门应积极收集本煤矿或其他各类水灾害应急的有关信息，积极开展水灾害回顾工作，评估应急过程的不足和缺陷，吸取经验和教训，为预案的修订和更新工作提供参考依据。

二、煤矿水灾害应急救援预案的内容

（一）预案编制的方针与原则

应急救援预案要有明确的方针和原则作为指导。应急救援工作要体现保护人员安全优先、防止和控制水灾害蔓延优先、保护环境优先；同时体现损失控制、预防为主、常备不懈、统一指挥、高效协调及持续改进的思想。

（二）应急策划

应急策划是煤矿水灾害应急救援预案编制的基础，是应急准备、响应的前提条件，同时又是一个完整预案文件体系的一项重要内容。在煤矿水灾害应急救援预案中，应明确煤矿的基本情况及危险分析与风险评价、资源分析、法律法规要求分析等结果。

基本情况主要包括煤矿的地址，经济性质，从业人数，隶属关系，主要产品、产量等内容，周边区域的单位、社区、重要基础设施、道路等情况。

危险分析、危险目标及其危险特性，以及对周围的影响。

根据确定的危险目标，明确其危险特性及对周边的影响及应急救援所需资源；危险目标周围可利用的安全、个体防护的设备、器材及其分布；上级救援机构或相邻单位可利用的资源。

法律法规是开展应急救援工作的重要前提保障，应列出国家、省、市及应急各部门职责要求，以及应急救援预案、应急准备、应急救援有关的法律法规文件，作为编制预案的依据。

（三）应急准备

在煤矿水灾害应急救援预案中应明确下列内容。

1.应急救援组织机构设置、组成人员和职责划分

依据煤矿重大水灾害危害程度的级别，设置分级应急救援组织机构。

2.应急资源

应急资源的配备是应急响应的保证。在煤矿水灾害应急救援预案中应明确预案的资源配备情况，包括应急救援保障、救援需要的技术资料、应急设备和物资等，并确保其有效使用。没有救援所需的技术资料，救援将难以取得良好的效果，如在新安县寺沟煤矿的抢险中，由于矿井井巷图纸失真，致使快速钻机难以发挥应有的作用。

（1）应急救援保障

应急救援保障分为内部保障和外部保障。依据现有资源的评估结果，内部保障确定以下内容：确定应急队伍，包括抢修、现场救护、医疗、治安、交通管理、通信、供应、运输、后勤等人员；消防设施配置图、工艺流程图、现场平面布置图和周围地区图、气象资料、煤矿安全技术说明书、互救信息等的存放地点、保管人；应急通信系统；应急电源、照明；应急救援设备、物资、药品等；煤矿运输车辆的安全、器材及人员防护设备；保障制度目录；责任制；值班制度；其他有关制度。依据对外部应急救援能力的分析结果，外部保障确定以下内容：互助的方式；请求政府、集团公司协调应急救援力量；应急救援信息咨询；专家信息。

（2）应急救援应提供的资料

煤矿水灾害应急救援应提供的必要资料包括：矿井平面图；矿井立体图；巷道布置图；采掘工程平面图；井下运输系统图；矿井通风系统图；矿井系统图；排水、防尘、防火注浆、压风、充填、抽放瓦斯等管路系统图；井下避灾路线图；安全监测设备布置图；瓦斯、煤尘、顶板、水、通风等数据；程序、作业说明书和联络电话号码；井下通信系统图等。

（3）应急设备

所需的应急设备应保证被充足提供，并要定期对这些应急设备进行测试，以保证其能够有效使用。应急设备一般包括：报警通信系统；井下应急照明和动力；自救器、呼吸器；安全避难场所；紧急隔离栅、开关和切断阀；消防设施；急救设施；通信设备。

3. 教育、培训与演习

煤矿水灾害应急救援预案中，应确定应急培训计划；演习计划；教育、培训、演习的实施与效果评估等内容。

（1）应急培训计划

依据对从业人员能力的评估和社区或周边人员素质的分析结果，确定以下内容：应急救援人员的培训；员工应急响应的培训；社区或周边人员应急响应知识的宣传。

（2）演习计划

依据现有资源的评估结果，演习计划包括演习准备，演习范围与频率，演习组织。

（3）教育、培训、演习的实施与效果评估

依据教育培训、演习计划，确定以下内容：实施的方式，效果评估方式，效果评估人员，预案改进、完善。

4. 互助协议

当有关的应急力量与资源相对薄弱时，应事先寻求与外部救援力量建立正式互助关系，做好相应安排，签订互助协议，做出互救的规定。

（四）应急响应

1. 报警、接警、通知、通信联络方式

依据现有资源的评估结果，确定以下内容：24 h有效的报警装置；24 h有效的内部、外部通信联络手段；水灾害通报程序。

2. 预案分级响应条件

依据煤矿水灾害的类别、危害程度的级别和从业人员的评估结果，以及可能发生的水灾害现场情况分析结果，设定预案分级响应的启动条件。

3. 指挥与控制

建立分级响应、统一指挥、协调和决策的程序。

4. 水灾害发生后应采取的应急救援措施

根据煤矿安全技术要求，确定采取的紧急处理措施、应急方案；确认应急处理措施、方案；重要记录资料和重要设备的保护；根据其他有关信息确定采取的现场应急处理措施。

5. 警戒与治安

预案中应规定警戒区域划分、交通管制。维护现场治安秩序的程序。

6. 人员紧急疏散、安置

依据对可能发生灾害的场所、设施及周围情况的分析结果，确定以下内容：现场人员清点、撤离的方式、方法；非现场人员紧急疏散的方式、方法；抢救人员在撤离前、撤离后的报告；周边区域的单位、社区人员疏散的方式、方法。

7. 危险区的隔离

依据可能发生的煤矿水灾害危害类别、危害程度级别确定：危险区的设定；水灾害现场隔离区的划定方式、方法；灾害现场隔离方法；现场周边区域的道路隔离或交通疏导办法。

8. 受伤人员现场救护、救治与医院救治

依据水灾害分类、分级，附近疾病控制与医疗救治机构的设置和处理能力，制定具有可操作性的处置方案，应包括以下内容：接触人群检伤分类方案及执行人员；依据检伤结果对患者进行分类现场紧急抢救方案；接触者医学观察方案；患者转运及转运中的救治方案；患者治疗方案；入院前和医院救治机构确定及处置方案；药物、器材储备信息。

9. 公共关系

依据水灾害信息、影响、救援情况等信息发布要求明确以下内容：水灾害信息发布程序；媒体、公众信息发布程序；公众咨询、接待、安抚受害人员家属的规定。

10. 应急人员安全

预案中应明确应急人员安全防护措施、个体防护等级、现场安全监测的规定；应急人员进出现场的程序；应急人员紧急撤离的条件和程序。

（五）现场恢复

水灾害应急救援结束，应立即着手现场恢复工作，有些需要即行可实现恢复，有些是短期恢复或长期恢复。煤矿水灾害应急救援预案中应明确，现场保护与现场清理；水灾害现场的保护措施；明确水灾害现场处理工作的负责人和专业队伍；水灾害应急救援终止程序；确定水灾害应急救援工作结束的程序；通知本单位相关部门、周边地区及人员水灾害危险已解除的程序；恢复正常状态程序；现场清理和受影响区域连续监测程序；水灾害调查与后果评价程序。

（六）预案管理与评审改进

煤矿水灾害应急救援预案应定期进行应急演练或应急救援后对预案进行评审，以完善预案。预案中应明确预案制定、修改、更新、批准和发布的规定；应急演练、应急救援后及定期对预案评审的规定；应急行动记录要求等内容。

第三节 煤矿水灾害应急救援预案的设计

一、煤矿水灾害应急救援的流程设计

我国现有煤矿数万个，仅河南省就有2 000多个煤矿，水灾害的突发性、差异性和小概率等特点使得煤矿发生水灾害时，几乎在救灾设备、救灾技术和救灾人才上完全处于空白状态，因而一旦灾害形成，多数煤矿处于忙乱无助当中，其救援流程处于混乱状态。

（一）现有煤矿水灾害应急救援的流程分析

对现有煤矿水灾害应急救援流程进行分析，不难发现该流程存在滞后性、非专业性、被动性和政府干预性等诸多缺陷。

注重了水灾害事后的应急抢救，忽视了灾害预案的研究和应对处理。实际上，在水灾害来临之前一般都有征兆，如出现井巷冒汗、井下气温明显降低、顶底板机械裂变或发生断裂声和风声等征兆。矿长、生产矿长和值班班长应对这些征兆采取必要的防范措施和应急对策。如坚持有疑必探、打探水钻，在突水地区设置水闸门等技术措施，必要时要迅速撤离工人，以免造成人员伤亡。

现有应急流程救援的主体是矿方和政府，省级行业主管部门和安全生产主管部门起着领导和协调社会资源的作用。灾害的小概率性决定了面对灾害的矿方及政府缺乏专业人才、专门技术、专业救灾设备进行煤矿水灾害救治。此外，各级政府及相关部门的多头参与协调又降低了协调指挥的力度，常常造成矿方无所适从。因而迫切需要建立一个完善的、专业的水灾害协调指挥中心，以汇聚全国的专家人才库、救援对策方案库、紧缺材料信息库，并紧急调用必要物资以备急用。

救援的信息流向繁杂，决策制约因素过多，应急救援反应过程迟缓。由此，急需建立一个煤矿水灾害应急救援通信中心（灾情呼叫中心），使煤矿抢险信息实现点对点对接，进而发散给各级政府及主管部门，建立以煤矿和专业救灾中心为主体，政府提供协调和服务的救灾机制。

政府干预过多，救援专家和设备汇聚的手段是行政命令，缺乏必要的资金保障。在行政命令的干预下，救援专家和救治物资汇聚煤矿，以便进行抢救。一旦遇险矿工被救出，政府便撤离现场，汇聚起来的专家和物资随之交给煤矿管理，救治行为由政府主导变为矿山主导。由于受灾矿山一般经济损失较大，且相当一部分为民营企业，造成救援专家和救治物资得不到相应的补偿，从而使救援专家和物资承受重大经济损失，严重挫伤了他们的积极性。因而，应当在流程中解决救灾经费问题，可以考虑以省为单位，从煤矿收益中按一定比例征收灾害保险费，集中用于煤矿的灾害救援工作，以补偿参加救治人员和设备的损失。

（二）煤矿水灾害应急救援预案的流程再造

企业流程再造（business process reengineering，BPR）的概念于1990年由美国麻省理工学院的迈克尔·哈默教授《再造不是自动化，而是重新开始》一文中首次提出。BPR被定义为从根本上重新思考和彻底改造企业流程，以便在当今衡量绩效的关键指标诸如成本、质量、服务、速度等方面取得戏剧性改善。该定义中包含着四个关键词：根本（fundamental）、彻底（radical）、戏剧性（dramatic）和流程（process）。

"根本"是指BPR要对与企业流程相关的经营问题进行根本性反思，正视作为经营方式的基石而埋藏在人们思维深处的各种陈旧的经营理念。例如，BPR不是考虑"怎样才能提高审核顾客信用的效率？"，而是应该反思"为什么一定要审核顾客的信用？"，对经营理念中"顾客不可信任"的假设进行深刻质疑。不是考虑如何把现有的事情做得更好，而是决定企业应该和必须做什么及怎样去做，这就是从根本上重新思考。"彻底"是指BPR不是对流程进行肤浅的调整修补，而是摈弃既定流程及与之相关的旧式思维模式和组织管理体制，按实际需要进行深入彻底的改造，重新设计和实现流程。"戏剧性"是指BPR的目标是要取得绩效的突飞猛进，而不是小幅的提升。后者的实现只需要对原有的企业流程进行调整修补即可，而BPR将打破一切既有束缚，高昂的改革成本必然要求取得戏剧性改善绩效的回报。"流程"是BPR中的核心关键词。简言之，流程就是将输入转化成输出的一组彼此相关的资源和活动。整个企业流程系统的最终输出结果是对顾客有价值的产品或服务。人们在工作中通常只注意到局部的工作任务，对流程整体却视而不见。人们总是习惯于把注意力放在整个流程中自己负责的那部分上，只注重对内（内部组织）和对上（上级领导或部门）负责，却不注重对外（顾客）负责，从而忽视了流程最终所要达到的目标。BPR正是要对传统流程进行再造，以求得绩效的戏剧性改善。从本质上说，BPR的思想突出联系、运动和发展的观点，强调主要矛盾和矛盾的主要方面，其内核恰恰与建立在辩证唯物主义世界观之上的系统不谋而合。

本文应用BPR的思想对现有煤矿水灾害应急救援流程进行改造。在系统分析现有煤矿水灾害应急救援流程的基础上，应用BPR理论针对其存在的缺陷，提出改进和改造措施，重新设计煤矿水灾害救治的系统流程。

二、煤矿水灾害应急救援的一般原则

水灾害是矿山开采业的主要危害之一，并且突发性强，危害性大。因此应重在预防，兼顾储备救灾预案和设备。概括性地讲，必须定期收集、调查和核对相邻煤矿和废弃的老窑情况，并在井上、下工程对照图上标出其井田位置、开采范围、开采年限、积水情况；水文地质条件复杂的矿井，必须针对主要含水层（段）建立地下水动态观测系统，并制定相应的"探、防、堵、截、排"综合防治措施；煤矿企业每年雨季前必须对防治水工作进行全面检查。雨季受水威胁的矿井，应制定雨季防治水措施，并应组织抢险队伍，储备足够的防洪抢险物资。

（一）地面防治水

煤矿企业必须查清矿区及其附近地面水流系统的汇水、渗漏情况，疏水能力和有关水利工程情况，掌握当地历年降水量和最高洪水位资料，建立疏水、防水和排水系统。

井口附近或塌陷区内外的地表水体可能溃入井下时，必须采取措施，并遵守下列规定：第一，严禁开采煤层露头的防水煤柱。第二，容易积水的地点应修筑沟渠，排泄积水。修筑沟渠时，应避开露头、裂隙和导水岩层。特别低洼地点不能修筑沟渠排水时，应填平压实；如果范围太大无法填平时，可建排洪站排水，防止积水渗入井下。第三，矿井受河流、山洪和滑坡威胁时，必须采取修筑堤坝、泄洪渠和防止滑坡的措施。第四，排到地面的矿井水，必须妥善处理，避免再渗入井下。第五，对漏水的沟渠和河床，应及时堵漏或改道。地面裂缝和塌陷地点必须填塞，填塞工作必须有安全措施，防止人员陷入塌陷坑内。第六，每次降大到暴雨时和降雨后，必须派专人检查矿区及其附近地面有无裂缝、老窑陷落和岩溶塌陷等现象。发现漏水情况，必须及时处理。

使用中的钻孔，必须安装孔口盖。报废的钻孔必须及时封孔。

（二）井下防治水

相邻矿井的分界处，必须留防水煤柱。矿井以断层分界时，必须在断层两侧留有防水煤柱。

井巷出水点的位置及其水量，有积水的井巷及采空区的积水范围、标高和积水量，必须绘在采掘工程平面图上。在水淹区域应标出探水线的位置，采掘到探水线位置时，必须探水前进。

水淹区积水面以下的煤岩层中的采掘工作，应在排除积水以后进行；如果无法排除积水，必须编制设计，按管理权限报县级以上煤炭管理部门审批后，方可进行。

井田内有与河流、湖泊、溶洞、含水层等有水力联系的导水断层、裂隙（带）、陷落柱时，必须查出其确切位置，并按规定留设防水煤（岩）柱。巷道必须穿过上述构造时，必须探水前进。如果前方有水，应超前预注浆封堵加固，必要时预先建筑防水闸门或采取其他防治水措施。

采掘工作面或其他地点发现有挂红、挂汗、空气变冷、出现雾气、水叫、顶板淋水加大、顶板来压、底板鼓起或产生裂隙出现渗水、水色发浑、有臭味等突水预兆时，必须停止作业，采取措施，立即报告煤矿调度室，发出警报，撤出所有受水威胁地点的人员。

矿井必须做好采区、工作面水文地质探查工作，选用物探、钻探、化探和水文地质实验等手段查明构造发育情况及其导水性，主要含水层厚度、岩性、水质、水压及隔水层岩性和厚度等。

煤层顶板有含水层和水体存在时，应当观测"三带"发育高度。当导水裂隙带范围内的含水层或老空积水影响安全开采时，必须超前探放水并建立疏排水系统。

承压含水层与开采煤层之间的隔水层能承受的水头值大于实际水头值时，可以"带水压开采"，但必须制定安全措施，按管理权限报县级以上煤炭管理部门审批。承压含水层与开采煤层之间的隔水层能承受的水头值小于实际水头值时，开采前必须采取下列措施，并按管理权限报县级以上煤炭管理部门审批：第一，采取疏水降压的方法，把承压含水层的水头值降到隔水层能承受的安全水头值以下，并制定安全措施。第二，承压含水层不具备疏水降压条件时，必须采取建筑防水闸门、注浆加固底板、留设防水煤柱、增加抗灾强排能力等防水措施。

煤系底部有强岩溶承压含水层时，主要运输巷和主要回风巷必须布置在不受水威胁的层位中，并以石门分区隔离开采。

　　水文地质条件复杂或有突水淹井危险的矿井，必须在井底车场周围设置防水闸门。在其他有突水危险的地区，只有在其附近设置防水闸门后，方可掘进。防水闸门必须灵活可靠，并保证每年进行2次关闭实验，其中1次应在雨季前进行，关闭闸门所用的工具和零配件必须专人保管，专门地点存放，不得挪用丢失。

　　主要排水设备应符合下列要求：

　　第一，水泵：必须有工作、备用和检修的水泵。

　　工作水泵的能力，应能在20 h内排出矿井24 h的正常涌水量（包括充填水及其他用水）。备用水泵的能力应不小于工作水泵能力的70%。工作和备用水泵的总能力，应能在20 h内排出矿井24 h的最大涌水量。检修水泵的能力应不小于工作水泵能力的25%。水文地质条件复杂的矿井，可在主泵房内预留安装一定数量水泵的位置。

　　第二，水管：必须有工作和备用的水管。

　　工作水管的能力应能配合工作水泵在20 h内排出矿井24 h的正常涌水量。工作和备用水管的总能力，应能配合工作和备用水泵在20 h内排出矿井24 h的最大涌水量。

　　第三，配电设备：应同工作、备用及检修泵相适应，并能够同时开动工作和备用水泵。

　　第四，有突水淹井危险的矿井，可另行增建抗灾强排能力泵房。主要泵房至少有2个出口，一个出口用斜巷通到井筒，并应高出泵房底板7 m以上；另一个出口通到井底车场，在此出口通路内，应设置易于关闭的既能防水又能防火的密闭门。泵房和水仓的连接通道，应设置可靠的控制闸门。

　　第五，主要水仓必须有主仓和副仓，当一个水仓清理时，另一个水仓能正常使用。

　　第六，水泵、水管、闸阀、排水用的配电设备和输电线路，必须经常检查和维护。在每年雨季以前，必须全面检修1次，并对全部工作水泵和备用水泵进行1次联合排水实验，发现问题，及时处理。水仓、沉淀池和水沟中的淤泥，应及时清理，每年雨季前必须清理1次。

（三）应急救援预案中的救援途径分析

矿井淹没后应当尽快排水复矿，一般根据矿井水文地质条件采取先堵后排、先排后堵、边排边堵或只排不堵四种模式，对具体复矿模式应进行具体技术经济分析后确定。单就排水方案而言，一般有以下排水方案。

1. 竖井悬吊卧泵追排水

这种形式的优点是开泵率比较高，机械事故少。缺点是吊挂设备较多，安装和吊挂技术复杂，安装工程量较大，并且由于井筒断面空间所限，总排水能力受到一定限制。

2. 竖井箕斗提水

其优点是可以充分发挥原有设备的作用，收效快，操作简单，事故少，改装方法也较为简单。缺点是如果绞车为摩擦轮绞车，在箕斗接触水面时，浮力较大，摩擦轮打滑，箕斗进水的速度慢，及钢丝绳罐道摆动，使主绳和尾绳打圈，易于钩住井筒内的其他设备，影响排水效果。并且在抢占泵房时，对井低水窝容量也有较高要求。曾有矿井用此方法排水能力达到400 m^3/h。

3. 竖井压气排水

此种形式的优点是，占用井筒空间小，安装简单，设备运行可靠。不足之处是，排水效率低，耗电量大，排水扬程较低，排水能力较小，而且混合器必须有一定的沉没比，故本身无法将井底的积水排干，所以只能作为矿井追排水的一种辅助设备，曾有矿井用此方法排水能力达到250 m^3/h。

4. 斜井卧泵追排水

这种形式的优点是安装技术比较简单，初期安装工程量小，不需要大型吊挂设备，可以人拉肩扛，占用设备少，大水小水都可以利用，收效快。缺点是随着水位下降而移泵，接管的工作量大，管理复杂，运行条件较竖井差，开泵的台时利用率也比竖井低。尤为重要的是在井下涌水量较大并且巷道塌方严重和巷道布置复杂时，这种方法受到很大限制。

5. 深井泵排水

这种方法是水泵与电机分离，通过长轴传动。优点是水泵可以伸入水中，不怕水患，远距离控制；缺点是由于传动轴限制，传动功率有限，扬程较低。

6. 潜水泵竖井（斜井）排水

随着我国潜水泵制造技术的日益成熟，我国已能够制造出各种规格型号的潜水泵，单台最大功率已达2 300kW，还可以制造出立、卧两用大功率潜水电泵，因而在矿山抢险排水中，潜水泵已成为主力排水设备。多年的抢排水实践证明，潜水电泵的使用维护方便，运行安全可靠，性能稳定，振动噪声小，效率高，可实现远距离控制，加装接力泵后可一次排干积水，是理想的排水复矿设备。

然而我国中东部地区的煤炭资源，经过50多年的大规模开采，浅部煤炭资源逐渐枯竭，开采深度正逐步加深。深部矿井的透水淹井事件也时有发生，给国家和人民造成了不可估量的损失。

第四节　煤矿应急救援预案体系研究

煤矿灾害的突发性和多样性，决定了灾害事故应急救援工作的广泛性、综合性和专业性。应急救援的总目标是通过预先设计的应急措施，利用一切可以利用的力量，在灾害事故发生后迅速控制其发展，并努力使灾害损失降至最小。

事故应急救援预案，是应急救援系统的重要组成部分，是针对可能发生的重大事故，为保证迅速、有序、有效地开展应急与救援行动、降低事故损失而预先制定的有关计划或方案；是在辨识和评估潜在的重特大危险、事故类型、发生的可能性、发生过程、事故后果及影响严重程度的基础上，对应急机构与职责、人员、技术、设备、设施（备）、物资、救援行动及其指挥与协调等方面预先做出的具体安排。其包含事故预防、应急处理和抢险救援三方面的含义。

一套完整成熟的应急救援预案体系应包括三方面的内容：总预案，对应急救援进行总体描述，是整个体系的总纲；专项应急预案，针对各种事故制定专门的应急预案，是整个体系的核心；支持保障预案，是应急救援预案体系得以执行的有力保障。

一、总预案

总预案是煤矿应急救援工作的基础和总纲，主要包括应急救援预案的编制、应急救援组织机构、应急响应程序和应急行动总则四方面的内容。下面重点介绍应急救援预案的编制和应急救援组织机构。

（一）应急救援预案的编制

（1）预案编制目的

①保证重大事故的调查和应急救援工作顺利进行，一旦发生重大事故，能指导采取正确的有效措施控制危险源，避免事故扩大，可能的情况下予以消除；

②抑制突发事件，尽可能减少事故对煤矿工人、机电设备和巷道等的危害；

③明确事故发生时各类人员的职责、工作内容，使救援工作能有序、高效地进行；

④发现预防系统中的缺陷，更好地促进事故预防工作，实现本质安全型管理。

（2）预案编制依据

应急救援预案的编制应遵循相关的法律法规，如《安全生产法》《矿山安全法》《煤炭法》《劳动法》《煤矿安全规程》《重大危险源辨识》《职业病防治法》《特种设备安全监察条例》《企业职工伤亡事故经济损失统计标准》《企业职工伤亡事故报告和处理规定》《特别重大事故调查程序暂行规定》和《重大事故隐患管理规定》等国家的法律法规、地方性法律法规及本单位的相关规定等。

（3）预案编制原则

煤矿应急救援预案编制应体现科学性、实用性、权威性的原则。所谓科学性，就是在全面调查的基础上，实行领导与专家相结合的方式，开展科学分析和论证，制定出严密、统一、完整的煤矿事故应急救援方案；所谓实用性，就是煤矿事故应急救援方案应符合本矿的客观实际情况，具有实用性，便于操作，起到准确、迅速控制事故的作用；所谓权威性，就是预案应明确救援工作的管理体系、救援行动的组织指挥权限和各级救援组织的职责、任务等一系列的行政管理规定，保证救援工作的统一指挥。

煤矿应急救援预案的编制应遵循"三个明确"，即明确职责、明确程序和明确能力与资源的原则。

明确职责就是必须在应急预案中明确现场总指挥、副总指挥、应急救护队和支持保障小组等在整个应急活动的过程中各自所担负的职责。

明确程序包含两方面的含义：一是要尽可能详细地明确完成应急救援任务应包含的所有应急程序，二是这些程序实施的顺序及各程序之间的衔接和配合。

明确能力与资源也包括两方面的含义：一是明确企业现有的可用于应急救援的设施设备的数量及其分布位置，二是明确企业的应急救援队伍的应急救援能力，如救援队伍对现有应急设施设备的设备使用能力及其对灾害的控制能力的评估。

煤矿应急救援预案的编制应遵循五大原则：集中领导、统一指挥的原则；安全第一、预防为主的原则；结构完整、功能全面的原则；反应灵敏、运转高效的原则；奖惩兑现、责任追究的原则。

煤矿应急救援预案的编制必须具有针对性、可操作性和动态性。这是编制预案的出发点和落脚点，也是预案的生命。

煤矿应急救援预案的编制必须坚持的原则：坚持预防为主的原则；坚持防治并重的原则；坚持实事求是、慎重对待的原则。

（4）预案编制程序

由于煤矿应急预案的编制涵盖企业的多个专业领域，仅仅依靠企业安全生产部门是不可能编制出一个符合企业实际的预案的。因此，应急预案的编制要在对本企业安全生产基本情况全面了解的基础上，组织企业内各部门、各单位的专业技术人员成立预案编制小组共同来论证和编制，并按照编制程序进行编制。一旦发生事故，所编制的应急预案就将启动，它是事故救援工作的指导书，是企业内事故抢救工作的根本性文件，其能使事故救援工作确保有序、及时救治，救援工作在有领导的安全监控中进行，确保事故损失降到最小。

（二）应急救援组织机构

应急救援组织机构在整个应急工作中起着极其重要的作用，主要由应急指挥中心、应急救护队、支持保障机构和社会应急救援组织构成。

1. 应急指挥中心的组成情况及职责

应急指挥中心是整个系统的重心，负责协调事故应急期间各个机构的运作，统筹安排整个应急行动，保证行动快速、有序、有效地进行，避免因为行动紊乱而造成的不必要的事故损失。应急指挥中心由总指挥、副总指挥、现场指挥部和重特大事故抢救办公室组成。应急指挥中心由集团总经理任总指挥，由负责安全生产工作的副总经理任副总指挥。若遇特殊情况，总指挥、副总指挥都不在时，由现场值班矿长担任总指挥。

（1）总指挥的职责

①根据相关事故类型、潜在危险后果、确定是否启动本应急预案；

②指挥、协调应急反应行动，调动现有资源积极控制事故发展；

③根据事故发展态势，请求企业外应急反应部门、组织支援；

④指挥、监察应急操作人员的行动；

⑤最大程度地保证救援人员和相关人员的安全；

⑥指挥、协调后勤方面以支援应急反应组织；

⑦立即向上级部门和生产安全监督管理、公安等部门报告事故情况；

⑧应急评估、确定升高或降低应急警报级别；

⑨通报外部机构和人员，做好防备事故的准备；

⑩决定请求外部援助。

（2）副总指挥的职责

①协助应急总指挥组织和指挥应急救援工作；

②向应急总指挥提出应采取的减轻事故后果行动的应急反应对策和建议；

③及时向总指挥汇报最新事故发展或控制状况；

④协调、组织和获取应急所需的其他资源、设备以支援现场的应急工作；

⑤组织对整个煤矿生产全过程中各危险源进行风险评估；

⑥定期协助总指挥检查应急救援队日常准备工作和设备状态；

⑦根据本矿的实际条件，协助总指挥努力与周边有条件的矿井及企业建立共同应急救援系统和签订应急救援协助协议，实现资源共享、相互协助、节省资金。

（3）现场指挥部的职责

负责事故现场应急的指挥工作，进行应急任务分配和人员调度，有效利用各种应急资源，保证在最短时间内完成对事故现场的应急行动。现场指挥部由矿长、总工程师、安全副总工程师、各有关副矿长等以下各成员组成。职责分别如下：

①矿长：处理灾害事故的全权指挥者。在矿总工程师、矿务局局长、总工程师和矿山救护队队长的协助下，制定营救遇难人员和处理事故的计划。

②总工程师：矿长处理灾害事故的第一助手。在矿长领导下组织制定营救遇难人员和处理事故的计划。

③安全副总工程师：协助总工程师处理灾害并根据总工程师命令，负责指挥某一方面的救灾工作。

④各有关副矿长：根据矿长命令和《预案》规定积极投入抢险救灾工作，并负责组织为处理事故所需要人员的待命，及时调集救灾所必需的物资设备材料和严格控制入井人员，签发抢救事故用的入井特别许可证。

⑤矿山救护队长：领导矿山救护队和辅助救护队，根据营救遇难人员和处理事故的计划，完成对灾区遇难人员的援救和事故处理工作。

⑥矿安全检查监察处（站）长：根据救灾指挥部确定的营救人员和处理事故的计划及按照《煤矿安全规程》规定，对抢救工作的各项安全措施进行有效的监督，并对入井人员进行控制。

⑦通风区（科长）：按照矿长命令负责改变矿井通风，注视主要扇风机的工作状态和组织完成必要的通风工作，并落实与通风有关的措施。

⑧有关的区、队、班长：负责查对留在本区域工作面内的人数，并采取措施将他们有组织地带领撤退到安全地点直至地面，将对现场所见到的事故性质、范围和发生原因等情况，如实详细地报告给矿调度室，并随时接受矿长命令，完成有关抢救和灾害处理任务。

⑨矿值班调度员：负责记录事故发生的时间、地点和情况，并立即将事故情况报告给矿山救护队、矿长、总工程师、局调度室及矿其他领导和有关单位，及时向下传达矿长的命令，通知值班电话员按"计划"规定召集有关人员到调度

室待命，随时参加调度井下抢险救灾工作，统计和掌握入井人数和留在井下各地区的人数。

⑩灯房负责人及井口信息站：根据入井人员的持牌和领取的矿灯、自救器号码查清在井下的人数及其姓名，并迅速报告给矿调度室发给矿灯，对没有持经指定的副矿长签发的入井特别证的所有人员，不得发给矿灯、自救器，并在井口严格检查，制止入井（由井口安检员负责）。

⑪机材运营部长：根据矿长命令，负责及时准备好必需的抢救器材，并迅速发运到指定地点。

⑫机电区（科长）：根据矿长命令负责改变矿井主要扇风机工作制度，并掌握矿井停送电工作，及时抢救或安装机电设备，完成其他有关任务。

⑬运输区（科长）：负责将遇难人员及时运往井上，保证救灾人员和器材能及时运送到事故地点，满足救灾需要。

⑭技术科、通风区科长：负责准备好必要的图纸和资料，并根据矿长命令完成测量打钻工作。

⑮医院院长：负责组织对受伤人员的急救治疗，药品供应，并做好喷洒消毒药品、灭菌免疫工作。

⑯水电公司、生活科长：妥善安置遇难人员的家属、救灾人员的食宿及其他生活事宜。

⑰公安分处处长：负责事故抢救和处理过程中的治安保卫工作，维持正常秩序，不准闲杂人员入矿，并在井口附近设专人监督，严禁闲杂人员逗留、围观。

⑱值班电话接线员：接到矿调度员的事故通知后，立即切断与事故无直接关系的一切电话，开放事故信号，并按照《预案》中所规定的人员名单及时按顺序通知所列各单位的人员到调度室报到待命。电话接线员立即深入井下、排除故障、保证通信畅通，电话要跟随地区变更而移动。

（4）重特大事故抢救办公室

设在矿调度室，办公室24 h值班。在应急指挥中心的统一领导下，负责煤矿应急救援组织机构之间的协调和日常管理工作。根据应急指挥中心的决定传达应急救援命令，并负责监督落实，及时掌握抢险救灾进展情况，并向领导小组和上级及时报告。根据应急指挥中心的命令，及时组织和调动应急救援队伍。

二、应急救护队的组成情况及职责

（一）应急救护队的组成情况

应急救护队必须实行军事化管理，注重理论学习、技能训练，能够经受高温、浓烟、水灾和有害气体等的严酷考验，形成一支组织严密、协调有效、反应迅速、协同作战的专业化队伍。救护队应经常组织野外配机、搬运伤员、灾区汇报等项目演练，提高指战员的身体素质和整体实战能力。

（二）应急救护队的职责

救护队需要在恶劣条件下从事灾害的抢救工作。救护队员有可能要冒着个人的生命危险去抢救人员和设备。在其他人员不能处理的情况下，救护队员要携带一定重量的技术设备奔赴事故现场，迅速而有效地工作。救护队的工作性质要求每个救护队员要有健壮的体质、熟练的战斗技术、自我牺牲的精神、闻警即到、速战能胜的战斗作风。救护队要坚持"加强战备、主动预防、积极抢救"的原则，应能够处理火灾、瓦斯、煤尘爆炸、冒顶、水灾等突发事故。

救护队在平时应做到如下几点：

①严格组织管理，加强业务训练；

②平时进入可能发生事故的地域，熟悉情况；

③参与审查事故应急救援预案，并在实施中检查预案的落实情况，协助搞好该矿安全和消除事故隐患的工作；

④掌握并检查救灾器材及设备的布置、管理和储备情况；

⑤训练急救人员，进行自救教育。

在事故发生时，救护队的任务如下：

①依照指挥部的指令迅速开展救援工作；

②救助受伤人员并寻找失踪人员；

③利用现有救灾设备，直接救灾或防止灾害的扩大；

④确保安全的情况下，抢救国家财产，减少损失；

⑤保护事故现场；

⑥恢复正常生产。

（三）支持保障机构的组成情况及职责

支持保障机构是应急救援的后方力量，由应急信息保障组、应急物资和设备保障组、应急技术保障组、应急服务和安全保障组以及应急预案管理保障组组成，提供应急信息、应急物资和设备、应急技术、应急服务和安全等支持保障，并负责应急预案的管理，全方位保证应急行动的顺利完成。

（四）社会应急救援组织

一旦发生重大煤矿事故，抢救抢险力量不足或有可能危及社会安全时，指挥中心必须向友邻或上级通报，必要时请求社会力量援助。社会力量进入厂区时，指挥中心应责成应急服务和安全保障组负责联络，引导并告之安全注意事项。大多数单位在其附近就有当地政府的医院、消防队、公安派出所等机构。这些政府机构承担本地区的救护、消防和治安工作，因此在紧急情况下发生的事故能够很快得到救援。

（五）应急响应程序

应急响应程序按事件发生过程可分为接警、应急响应级别确定、应急启动、救援行动、扩大应急、应急恢复和应急结束7个过程。

（六）支持保障预案

支持保障预案是指为了保障总预案和专项应急预案的实现，在应急信息、应急物资和设备、应急技术、应急服务和安全方面预先制定的支持性保障预案，其在整个体系中具有重要的作用，直接决定了应急救援工作的效率和效果。

1.应急信息支持保障

为保证应急救援期间的通信畅通，煤矿应成立应急信息小组专门负责救援过程中的通信及联络，确保指挥中心与现场救援人员的联络畅通。应急信息的支持保障内容应包括以下几方面：

①重特大事故发生后指挥、组织、协调、监督、人员调配等各项工作，负责应急通信保障措施的制定和通信线路设施的维护、抢修，保证通信畅通。

②当应急预案启动时，快速反应，组织人员赶赴现场，解决现场指挥中心固定电话通信。当固定电话通信有困难时，启动移动通信（手机）方式。

③若移动通信（手机）方式信号不好或事故现场有运营商固定电话，则应及时协调与各电信运营商之间的关系，请求运营商现场支持，保障线路畅通，信号良好，数据传输无误。

④当应急预案启动后，各通信站加强通信设备检查和值班工作，积极配合各组做好现场通信保障工作，确保集团公司在发生重特大事故或灾难时专网通信畅通无阻和通信体系的建立。

⑤事故现场发生停电时，使用移动发电车现场发电，保障通信设备正常运行。

⑥应急救援通信录的编制。当应急预案启动后，负责系统所需一切信息的管理，提供各种信息服务，在计算机和网络技术的支持下，实现信息利用的快捷性和资源共享，保证指挥中心的数据通信畅通，为应急工作服务。

⑦负责与新闻媒体接触的机构，处理一切与媒体报道、采访、新闻发布会等相关事务，以保证事故报道的可信性和真实性，对事故单位、政府部门及公众负责。

2.应急物资和设备支持保障

应急物资和设备的支持保障内容应包括以下几方面。

①负责应急物资、设备和经费的供应，负责应急物资、设备保障措施的制定，保证应急资源充足。

②负责日常的应急设备的管理和维护工作以及事故期间抢救器材和应急设备调运，并迅速发运到指定地点。

③负责准备必要的图纸和资料，并根据应急物资和设备保障组的命令完成测量打钻工作。

④制定应急救援专项经费计划，保证应急各项活动中资金到位。

3.应急技术支持保障

煤矿应急救援工作具有技术强、难度大和情况复杂多变、处理困难等特点，一旦发生火灾、瓦斯煤尘爆炸、水灾、大面积冒顶和瓦斯煤尘突出等重大事故，往往需要动用数支矿山救护队和相当数量的专家。为了保证煤矿应急救援有效、快速、顺利地进行，必须要有相应的应急技术支持保障人员。应急技术的支持保障的内容应包括以下几方面：

①参加现场抢险，分析现场情况及有关图纸、技术资料，制定现场抢救技术方案和安全技术措施，及时解决抢险救灾中遇到的技术难题，为指挥部科学决策提供依据；

②分析灾变因素，判断事故发展趋势，完善救灾方案和安全技术措施；

③勘察事故现场，确定事故直接原因；

④抢险救灾工作结束后编写抢险救灾技术总结报告；

⑤负责恢复生产的技术方案和安全措施制定；

⑥如果需外聘专家，负责联系技术专家协助处理事故。

4.应急服务和安全支持保障

为保证事故期间人员的安全和应急救援工作的顺利进行，应成立应急服务工作组并明确其职责。应急服务和安全的支持保障内容应包括以下几方面：

①负责上级领导和兄弟单位增援人员等外部单位人员的接待工作；负责接待安置来访职工家属。

②在救护队到达之前，救助和安排受伤人员并寻找失踪人员；及时把伤员转移到井上，并立即送往医院；积极抢救伤员，确认伤亡人员数量和名单；对伤员进行紧急临时处理；撤离受伤人员至安全区；建立伤员医疗档案；编写伤员救治总结报告。

③确保安全的情况下，实施机电等设备抢修；利用现有器材和设备，进行井下抢险作业；侦察事故现场，分析有关技术资料，为指挥部提供决策依据；合理调配救护力量，实施抢险方案，及时抢救遇险人员，控制灾情蔓延扩大；及时向指挥部和领导小组办公室通报抢险救灾进度；编写抢险总结报告。

④保证机动车完好，运送抢险物质、工具、器械到现场；在救护车没到时，把重伤员紧急送往医院；接运抢险指挥人员和抢险救援人员。

⑤保证矿井井口秩序井然，维护公司财产安全；疏散人员到安全地点，控制无关人员进入矿井；协助做好遇难者家属和亲属的安全工作；疏通道路，保证

消防车、救护车能畅通进出。

　　⑥配合上级有关部门，开展事故勘察、取证分析等工作；追查事故原因及有关责任人员；完成上级部门和领导交办的调查工作。

　　⑦根据有关善后处理政策，负责事故期间伤亡者家属的安抚与善后处理工作。

第八章 煤矿职业危害控制

第一节 煤矿职业病现状及存在的问题

我国煤矿如今在安全生产方面实现了持续且稳定的好转，因生产事故死亡人数实现了多年连续、快速下降，但职业病防治工作面临的形势仍不容乐观。煤矿生产事故死亡人数自2004年开始稳步下降，而职业病发病率及职业病病例却呈现直线上升趋势，尤其从2009年起呈现明显增快的势头。中国职业安全健康协会与国家安全生产监督管理总局（现为应急管理部）经过多年的跟踪调研表明，我国煤矿因煤矿安全事故死亡人数与职业病人数比约为1∶6。在煤矿职业病病例中，尘肺病所占比例居高不下，每年新发尘肺病达1万例，2010年煤矿各类职业病报告为17 396例，其中尘肺病病例报告为13 968例，占所有煤矿各类职业病总数的80%，其中因尘肺病死亡病例为966例。煤矿尘肺病发病率的居高不下，造成我国煤矿对诱发尘肺病的职业病危害中的粉尘危害的防治工作比对噪声、毒物、震动等防治更为重视，而对粉尘之外的职业病危害因素的重视度比较低，因其引起的职业病的重视度也较低。

一、我国煤矿职业病防治现状

（一）国有重点大型煤矿职业病危害防治现状

1. 企业制度

至今为止，我国现有的国有重点大型煤矿企业或集团已基本都成立了以主管安全的企业负责人牵头的职业病危害防治工作机构或小组，制定了针对职业病危害防治的有关规章制度，并且将职业病危害防治工作的好坏纳入领导日常工作绩效考核当中，在企业及集团内部制定了相关职业病危害防治的规划，并建立了一系列的尘肺病防治体系，制定了职业病危害防治工作年度计划，并能认真按照计划组织实施。

2. 医疗保障

国有大型煤矿或集团针对尘肺病防治设有专项经费，有隶属于本企业或集团的医院，在医院中设置相应的职业病科室，配备有专业的医疗服务人员。

3. 员工保障

大部分企业能将职业病方面的内容写入劳动合同，但是相关条例较模糊，不够细致。企业或集团的工伤保险分为两部分，一部分属于社会统筹工伤保险约为60%，一部分属于企业内部工伤保险约为40%。每年会定期对在岗职工进行体检，能做到员工入岗前、离岗后的体检，约有70%的企业能对离退休的企业员工进行定期或不定期的体检，能给所有员工建立健康档案。

4. 预防措施

所有企业或集团均能每日进行日常煤灰粉尘检测，在生产工艺各环节上能做到最大化地降低煤灰粉尘，如煤层注水、放炮喷雾等。能够为员工发放专门的防尘口罩、防噪耳塞等个人防护用品。

（二）地方国有煤矿职业病危害防治现状

1. 企业制度

所有地方国有煤矿企业均制定了职业病危害防治的相关规章制度，58%的地方国有煤矿成立了职业病危害防治工作领导机构或小组，有职业病危害警示标识设置及应急救援预案，虽然制定了职业病防治工作年度计划，但并不能够完全按照计划组织实施。

2. 医疗保障

34.6%的地方国有煤矿企业建立了企业员工职业健康档案，但没有企业自己的职业病卫生服务诊疗机构，也没有委托有资质的第三方职业病卫生服务诊疗机构承担本企业的职业病防治工作。

3. 员工保障

可以为所有员工缴纳社会工伤保险，缴纳率为100%。员工入职时可以为所有员工进行上岗前体检，但只有15%的企业可以做到在岗期间员工与职业病相关的健康检查，在员工离岗时不对员工身体做离岗健康检查。会对员工进行煤矿安全培训，但绝大多数与煤矿生产安全相关，涉及职业病防治方面的内容较少。

4. 预防措施

职业病危害防治投入很少，只有基本的防尘措施，79.1%的煤矿会发放防尘口罩，78.9%的地方煤矿会开展粉尘监测，其中55.4%煤矿的粉尘检测由各矿通风处负责，48.6%的地方煤矿委托中介技术服务机构进行粉尘监测。

（三）乡镇煤矿职业病危害防治现状

1. 企业制度

目前为止，几乎所有的乡镇煤矿除了监管部门强行规定必备的职业病相关规章制度外，没有其他的相应制度。企业领导人更关心煤矿产量，没有建立职业病危害防治规划，更没有相应的尘肺病防治体系，也没有职业病危害警示标识设置及应急救援预案。或因监管部门制定了企业职业病防治工作年度计划，但基本不会按照计划组织实施。

2. 医疗保障

乡镇煤矿企业没有企业员工职业健康档案，没有企业自己的职业病卫生服务诊疗机构，更没有委托有资质的第三方职业病卫生服务诊疗机构承担本企业的职业病防治工作。企业医疗保障方面基本为零。

3. 员工保障

乡镇煤矿虽然给员工缴纳工伤保险，但因为组成人员的复杂性，并不能做到100%缴纳，员工入职、工作期间、离职时均未有对所有员工进行健康检查，极少对员工进行煤矿安全培训，涉及职业病防治方面的内容基本不培训。

4. 预防措施

乡镇煤矿除具有开矿必须具备的防降尘设施外，尘肺病防治工作基本上是空白。

二、煤矿职业病危害防治存在的问题

（一）煤矿企业职业病危害防治主体责任落实不到位

我国缺乏严谨的职业病危害考评控制指标体系。随着国家经济水平的提高，我国近年来逐渐认识到职业病危害会给国家和人民的身体健康带来巨大的影响，国家煤矿安全监察部门近年来开始开展职业病危害预评价与职业病危害评价等一系列与职业病相关的政府项目，但由于安全监察部门前期一直是以煤矿安全生产和控制在煤矿安全生产中的人员伤亡为主，在行使政府监察的手段方面还不够硬，监管的力度不强。煤炭生产企业的相关管理者认为职业病危害防治工作无关企业生产，而上级部门的监管不力也造成了管理人员对职业病危害防治工作的轻视，导致国家的相关法律法规不能很好地落实，而职业病危害方面的工作也不能连续、系统地开展。

我国国有大型煤矿虽然基本上都设有职业病防治管理机构和专兼职职业病防治工作人员，并建立了相关的职业病防治管理制度，但因为仪器设备陈旧及不足、防治工作人员的专业性不强、缺乏专门的技术人才、职业病危害防治工作管理者管理水平较低等一系列问题导致职业病危害防治工作基础非常薄弱。而地方煤矿绝大多数没有设置专门的职业病防治机构，职业病危害防制方面的工作基本上委托大型国有重点煤矿的职业病危害防治机构协助进行，不能按照相关规定全面开展职业病的防治工作。而乡镇煤矿不仅自己没有职业病防治机构，也不委托当地的职业病防治机构或者国有重点煤矿的职业病防治机构来进行，企业的职业病防治工作基本属于空白状态。

国有重点煤矿企业的管理层对职业病危害防治方面的工作不重视，认识不到位；大部分地方煤矿和乡镇煤矿的管理者及法人缺乏法律意识，职业病危害防治理念淡漠，甚至有些管理者是彻头彻尾的法盲，觉得职业病危害防治方面的工作做也可以、不做也不会影响企业的生存与生产，认为煤矿生产是首位的，经济效益高于一切，利用煤矿工人的健康来换取经济利益，不重视煤矿在岗职工的身体健康，更不愿意投资相关资金进行职业病防治方面的技术改造。

有的煤矿生产企业没有建立企业自身职业病危害防治机构，也没有聘请有资质的第三方机构来指导本企业的职业病防治工作；有的煤矿生产企业没有制定本企业的职业病危害防治规划；有些煤矿企业人力资源管理混乱，不与职工签订规范的有法律依据的劳动合同，在劳动合同中只涉及职工的义务及企业自身的利益，而对于企业职工的健康权益方面只字不提；有的煤矿生产企业不对入岗职工进行岗前职业病防治方面的健康知识培训；有的煤矿生产企业为防止招到患有职业病的员工，会在入职前进行身体检查，而如果员工离岗则不做职业病相关的身体检查；有的煤矿生产企业不给员工建立职业病健康监护的个人档案，或建立了档案内容却不够完善；有的规模小的煤矿生产企业不给员工缴纳工伤保险；有的煤矿生产企业对从事有毒、有害作业的煤矿职工不采取相应的身体保护措施，并且如果发现员工罹患上职业病就立即解除用工合同等。这些问题在一些生产规模较小、生产技术条件较差、企业管理混乱的地方国有煤矿及乡镇煤矿较为突出。

（二）职业病危害政府监督监察协同机制有待完善

职业病危害防治监督监察工作涉及多个政府职能部门，如安全监察、卫生部门、社会保障部门及工商税务等，各政府职能部门没有形成良好的协调分工机制，存在职能混合交叉、职责分工不清，出现问题各部门之间相互推诿，尤其是安全监察部门和卫生部门之间没有建立有效紧密的协调沟通机制，导致煤矿安全监察部门在监察工作中检测数据取样不全面、不专业，而卫生部门制定的标准又没有考虑到实际现场的种种因素而制定出不切合实际的标准等。

随着职业病发病病例的逐年增多，与职业病有关的医疗卫生服务机构数量、专业性、管理能力、运行方式及服务质量远远不能满足我国煤矿职业病危害防治工作的需要。自中华人民共和国成立以来，70%国有大型重点煤矿建立了自己的与职业病防治相关的医疗机构或研究防治机构，但随着国家的发展、煤炭部的撤销，部分国有大型煤矿企业被划分至当地由地方进行管理。在此大环境下，一部分煤矿企业的医疗机构被地方接管，而职业病研究防治机构依然被分割给煤矿企业，另一部分煤矿企业的医疗机构被地方接管后，职业病研究防治机构作为其医院的二级机构而存在。

煤矿企业的医疗机构被地方接管，职业病研究防治机构依然被分割给煤矿企业。虽然防治机构在对煤矿的日常职业病危害防治中起到了关键作用，但由于和医疗机构分割，在医疗技术方面得不到更专业的支撑，从而弱化了职业病研究防治机构的专业性。

煤矿企业的医疗机构被地方接管后，职业病研究防治机构作为其医院的二级机构而存在。但由于医院主要是进行临床医疗的机构，更注重的是经济效益，而研究防治机构的职能是给企业提供职业病防治的技术部门，服务方向不同，侧重点不同，导致很多工作不能全面开展。同时因为体制、管理等问题造成该机构不被医院重视，科研仪器及设备投入资金较少，人员配备不够完善，运营经费不能保障，多数依附于医院的职业病防治科研机构设备老旧，人员得不到重视而大量流失或转行，不利于煤矿企业开始职业病防治工作。而这些机构往往在为企业服务过程中因为思想等原因，操作不规范，对企业服务敷衍了事，不能很好地协助企业建立员工的健康档案，仅要求企业对员工进行健康体检，但针对体检结果不能很好地进行分析，并提醒企业哪类员工应该多久体检一次，体检异样应采取什么样的措施等。近几年来，国家投入大量资金建设公共卫生防疫机构，在全国逐步建立了由国家疾病预防控制中心到县乡级别的疾病预防控制中心所构成的疾病预防体系，主要职能为关于职业病和传染病等疾病的防治及控制。但由于建设周期影响，还不能完全地针对全国进行全面的职业病防治及控制。

（三）职业病危害防治资金投入严重不足

我国相关法律及法规规定了职业病危害防治经费必须在生产成本上列支，但就目前来看，现有的绝大多数煤矿企业在财务报表上并没有该项经费的列支，也没有严格规定提取企业每年销售利润的多少比例用于本企业的职业病危害防治工作。当前大多数的煤矿包括国有大型重点煤矿、地方国有煤矿及乡镇煤矿，这些煤矿均没有固定的职业病危害防治相关经费来源渠道，基本都是一件事请示一回，不利于很好地开展职业病危害防治工作。有的煤矿将职业病防治经费部分归入劳保用品花费上，有的将职业病防治经费归入防尘技改花费上，有的则将职业病防治经费归入医疗费用上，甚至还有的企业把这方面费用归入职工福利费用上。职业病防治经费上没有专项资金，有的企业投入过少甚至压根没有投入，导致职业病治方面的检测设备陈旧、坏损，根本不能很好地开展职业病危害因素的检测，对煤矿企业职业病危害防治工作带来了严重的影响。

（四）职业病危害防治技术不能满足现有工作需要

受国外相关职业病先进管理理念的影响，近几年我国职业病的卫生标准正逐渐和国际接轨，但这些标准与理论是完全建立在医学概念的基础上的，虽然在理论上是可行的，但由于我国煤矿矿井复杂，在实践上可操作性较差，如何将理论指导数据和我国煤矿现有的生产技术水平紧密结合，还需要进一步完善。基于医学制定的职业病防治的相关标准越来越严格，如制定职业病防治相关标准前的煤矿生产企业的煤尘总粉尘允许浓度最高值为10 mg/m³，但是就这一要求绝大多数煤矿生产企业都较难达到标准，而现在基于医学制定的相关规定，煤尘总粉尘允许的最高浓度仅为 6 mg/m³。新的标准致使现行煤矿生产企业基本均不能达标，在煤矿企业的煤炭生产中，有些工作面使用技术改造可以将降低粉尘浓度，如打眼、岩石掘进等；但现有一些大型煤矿企业井下开采均采用综采，机械化程度较高，采煤工艺及矿井的复杂性致使现有的技术手段很难将煤灰粉尘浓度降低在国家制定的标准之下，煤灰粉尘浓度超标比较严重。因此，如何利用先进的科研手段进行煤炭生产、企业生产技术改革和在煤炭生产中如何引进先进的工作管理模式是解决煤炭生产企业煤灰粉尘严重超标的根本措施。此外，煤矿生产企业现有的职业病危害检测仪器设备方面存在的问题也比较多，如井下噪声也是职业病危害因素中比较重要的组成部分，煤矿企业生产矿井存在着各种噪声，噪声对人体健康的危害很大，但到目前为止，具有煤矿安全认证标识的噪声检测设备在绝大多数煤矿生产企业中并没有得到运用，无法开展日常矿井工作面噪声检测，很多公开数据都是在所谓的"特殊条件下"测得的。

（五）各类职业病危害监测报表数据可信度较低

一些煤炭生产企业，尤其是地方和乡镇煤矿生产企业因为种种原因，所出示的职业病危害因素报表数据偏离常规数据，如在测量粉尘后的滤膜比测量之前的还轻，由此计算出的粉尘浓度竟然为负值。由此可见如果按照这种报表数据做出的结论，基本无可信度。一些煤矿生产企业为了节约所谓的生产成本，对煤炭生产工人职业病健康检查率很低，像一些乡镇煤矿根本不给工人进行健康检查，再加上很多职业病发病具有隐匿性，发病周期较长，存在大量的漏诊与误诊，现有统计的职业病病例不能真实地反映实际煤炭生产工人职业病发病的情况。对制定贴合实际的法律法规和制定科学且行之有效的防治措施带来了一定的难度。

（六）煤矿从业者管理和社会保障尚不完善

煤矿从业者的健康权益保障问题是煤矿职业病防治工作中比较重要的一部分，其关键点是增强煤矿从业者的管理及社会保障制度。从1997年我国提出"减员增效"改革后，国有企业正式员工大幅削减，为了满足日益增长的产量要求，不得不雇佣大量的农民工来从事煤炭的开采工作，而地方和乡镇煤矿更是由农民工占据了煤炭开采人员的主要部分。现有煤矿开采中，农民工因为自身技术原因，从事的基本都是一线又苦又累的工作，患职业病的可能性远远高于其他岗位工作的工人。农民工存在就业不稳定、工作流动性大，并且有些企业并不给农民工签署劳动合同这些特点，对农民工的职业病危害防治管理缺乏行之有效的管理办法。很多煤矿尤其是地方和乡镇煤矿迄今为止仍然没有给农民工缴纳工伤保险，有的煤矿企业虽然给农民工缴纳了工伤保险，但缴纳的是非实名制工伤保险，导致在农民工离岗后无法享受应有的保险保障。

（七）煤矿工人法律知识匮乏、依法维权意识淡薄

煤矿企业职工尤其是农民工，因为自己素质的原因，对职业病相关防治知识及职业病有关法律法规不了解或了解甚少，依法维护自身权益意识非常淡薄。对职业病的认知不够，很多职业病在发病初期表现症状并不明显，农民工在患了职业病以后，并不知道自己患上的是职业病，仅仅以为自己身体不适，不再适合相应工作，等到后期自己去医院诊断出患有职业病的时候往往由于证据缺乏、维权成本高等原因，无法维护自己的合法权益。煤炭生产企业尤其是地方和乡镇煤矿企业对工人只是在就职前进行身体检查，在岗工作期间不做任何职业病相关的身体健康检查，煤炭生产工人在职期间，有的企业不提供防尘口罩或仅使用普通口罩来代替防尘口罩，不采取任何技术整改措施来改善工人工作环境，不给在岗的煤炭生产工人缴纳工伤保险，煤炭生产工人离岗前不进行体检，工人却认为企业的这些行为都是正常现象，是企业自己的事情，与工人本身无关或者关系不大，甚至很多煤炭生产工人认为得了职业病是自己的事，不向自己所服务的煤矿和有关职能部门反映，对法律规定对企业应该对自己身体健康的保障及法律赋予自己的权力也是什么都不清楚，更不知道拿起法律的武器来保护自己的身体健康，这也是造成了企业不重视职业病防治方面工作的一个重要原因。

第二节　煤矿职业病危害因素辨识

采用不同的生产工艺所产生的职业病危害及危害程度有所不同，根据我国

煤矿主要采用的采掘方法，本章对普遍采用的几种采掘工艺进行职业病危害因素的辨识。

一、煤矿职业病危害因素辨识的依据

国家制定的职业病危害因素共分10类：粉尘类、放射性物质类（电离辐射）、化学物质类、物理因素、生物因素、导致职业性皮肤病的危害因素、导致职业性眼病的危害因素、导致职业性耳鼻喉口腔疾病危害因素、职业性肿瘤的职业病危害因素、其他职业病危害因素。

二、煤矿职业病危害因素辨识的过程

（一）采煤过程中职业病危害因素的辨识

1.综合机械化采煤工作面职业病危害因素的辨识

综合机械化采煤工艺（简称综采工艺），指回采工作面中采煤的全部生产工艺，如破煤、装煤、运煤、支护和顶板管理等采煤过程都实现了机械化。

各工序职业病危害因素辨识如下：

①机组落（装）煤：滚筒采煤机基本上是依靠螺旋叶片进行落煤并将破碎的煤装入刮板输送机。在机械破煤的过程中产生的职业病危害因素是煤尘、瓦斯和噪声。

②输送机运煤：采煤工作面和运输巷道内的运煤系统主要采用刮板输送机、转载机、破碎机和可伸缩胶带输送机等。在运煤的过程中产生的职业病危害因素是煤尘、瓦斯和噪声。

③顶板支护：液压支架进行顶板支护移架时，产生的职业病危害因素是煤尘和噪声。

④采空区处理：一次采全高的采煤工作面普遍采用全部垮落法处理。分层开采的工作面大部分采用金属（塑）网假顶，全部垮落法。在采空区处理过程中产生的职业病危害因素是煤（岩）尘、瓦斯和噪声。

2.高档普通机械化采煤工作面职业病危害因素的辨识

高档普通机械化采煤工艺（简称高档普采），指回采工作面中用机械化方法破煤、装煤、输送机运煤和单体液压支柱支护顶板、人工支柱和回柱放顶的采煤工艺。

各工序职业病危害因素的辨识如下：

①机组落（装）煤：滚筒采煤机基本上是依靠螺旋叶片进行落煤并将破碎的煤装入刮板输送机。在机械破煤的过程中产生的职业病危害因素是煤尘、瓦斯和噪声。

②输送机运煤：采煤工作面和运输巷道内的运煤系统主要采用刮板输送机、转载机和可伸缩胶带输送机等。在运煤的过程中产生的职业病危害因素是煤尘、瓦斯和噪声。

③顶板支护：高档普通机械化采煤工作面采用单体液压支架配合钢梁进行顶板支护。在人工进行支架的卸载和架设时产生的职业病危害因素是煤尘和噪声。

④采空区处理：一次采全高的采煤工作面普遍采用全部垮落法处理。分层开采的工作面大部分采用金属（塑）网假顶，全部垮落法。在采空区处理过程中，产生的职业病危害因素是煤（岩）尘、瓦斯和噪声。

3. 爆破采煤工作面职业病危害因素的辨识

爆破采煤工艺（简称炮采），指放炮落煤、人工装煤、刮板输送机运煤、单体支柱支护、人工支柱和回柱放顶的采煤工艺。

各工序职业病危害因素的辨识如下：

①爆破落煤：包括打眼、装药、填炮泥、联炮线、放炮等工序。打眼使用手提式煤电钻、麻花钎子。在打眼过程中产生的职业病危害因素是煤尘、振动、噪声和瓦斯。爆破过程中产生的职业病危害因素是煤尘、噪声和瓦斯。

②人工装煤：爆破后，一部分煤崩落输送机中，其余由人工装入输送机中。人工装煤时产生的职业病危害因素是煤尘。

③输送机运煤：在缓倾斜煤层工作面，多采用刮板输送机运煤。在运煤的过程中产生的职业病危害因素是煤尘、瓦斯和噪声。

④顶板支护：采用单体液压支架配合钢（木）梁进行顶板支护，人工进行支架的拆卸和架设。在人工进行支架的卸载和架设时产生的职业病危害因素是煤尘和噪声。

⑤采空区处理：一次采全高的采煤工作面普遍采用全部垮落法处理。分层开采的工作面大部分采用金属（塑）网假顶，全部垮落法。在采空区处理过程中，产生的职业病危害因素是煤（岩）尘、瓦斯和噪声。

（二）掘进过程中职业病危害因素的辨识

1.煤巷综掘工作面职业病危害因素的辨识

煤巷综掘工艺指采用煤巷综合掘进机进行落煤、装煤掘进，采用皮带运输机、刮板输送机或矿车运煤，半机械化支护或人工支护的掘进工艺。

各工序职业病危害因素的辨识如下：

①掘进机掘进：掘进机基本上是依靠切割头的叶片进行落煤，破碎的煤落入装煤机中，将其过渡到运煤系统。在机械破煤的过程中产生的职业病危害因素是煤尘、瓦斯和噪声。

②运煤：采用皮带运输机、刮板输送机或矿车运煤。在运煤的过程中产生的职业病危害因素是煤尘、瓦斯和噪声。

③支护：主要采用金属棚式支护，其他有锚杆（网）支护等。在支护的过程中产生的职业病危害因素是煤尘和噪声。

2.煤巷炮掘工作面职业病危害因素的辨识

煤巷炮掘工艺指采用爆破方式进行落煤、机械或人工装煤，皮带运输机、刮板输送机或矿车运煤、人工支护的掘进工艺。

各工序职业病危害因素的辨识如下：

①爆破落煤：包括打眼、放炮等工序。打眼：打眼使用手提式煤电钻、麻花钎子，在打眼过程中产生的职业病危害因素是煤尘、振动、噪声和瓦斯。装药爆破：爆破过程中产生的职业病危害因素是煤尘、噪声和瓦斯。

②装煤和运煤：装煤有人工装煤和机械装煤两种。机械装煤主要有耙斗装煤机、铲斗式装煤机，运煤采用刮板输送机或矿车运煤。装煤和运煤过程中产生的职业病危害因素是煤尘、噪声。

③支护：主要采用金属棚式支护，另外，棚式支架还有木棚、钢筋混凝土棚。木棚和钢筋混凝土棚主要为梯形结构，而金属棚除了梯形结构外，还有拱形结构。支护过程中产生的职业病危害因素是煤尘、噪声。

3. 岩巷炮掘工作面职业病危害因素的辨识

岩巷炮掘工艺指采用爆破方式进行落岩、机械或人工装岩，矿车或运输机运岩、锚喷、砌碹、棚式等进行支护的掘进工艺，其中以锚喷支护为主。

各工序职业病危害因素的辨识如下：

①爆破落岩：包括打眼、放炮等工序。打眼：在打眼过程中产生的职业病危害因素是岩尘、振动、噪声。装药爆破：爆破过程中产生的职业病危害因素是岩尘、噪声和瓦斯。

②装岩：有人工装岩、机械装岩两种。装岩机械主要有耙斗装岩机、铲斗式装岩机。装岩过程中产生的职业病危害因素是岩尘、噪声。

③运岩：矿车运输、机械运输（如刮板运输机、皮带运输机等）等方式。装岩过程中产生的职业病危害因素是岩尘、噪声。

④支护：主要采用的支护形式为锚喷支护为主。支护过程中产生的职业病危害因素如下：

a.打锚眼过程中产生的职业病危害因素是岩尘、振动、噪声；

b.喷射混凝土过程中产生的职业病危害因素是岩尘、噪声。

（三）矿井辅助生产系统职业病危害因素的辨识

1. 选煤厂职业病危害因素的辨识

各工序职业病危害因素的辨识如下：

①受煤：接受井下提升到地面的煤炭，一般从井口附近设有的煤仓由皮带输送机经皮带走廊进入选煤系统。受煤过程中产生的职业病危害因素是煤尘和噪声。

②筛分：将进入选择煤系统的煤炭根据用户要求进行分级筛分。筛分过程中产生的职业病危害因素是煤尘、振动和噪声。

③选煤：将筛分后的煤炭进行水选或手选。手选过程中产生的职业病危害因素是煤尘和噪声。

④储存：将选后的煤炭送入储煤仓。在将选后的煤炭送入储煤仓过程中产生的职业病危害因素是煤尘和噪声。

2. 机修车间职业病危害因素的辨识

①机修车间产生的职业病危害因素是在机械加工维修和进行焊接的过程中；

②机械加工维修过程中产生的职业病危害因素是噪声；

③焊接过程中产生的职业病危害因素是电焊过程中产生的电焊烟尘、高温、光辐射。

大型机械设备矿井中的通风机、压风机、水泵和提升机等在运转过程中均产生噪声。

三、煤矿职业病危害因素辨识的结果

综合对矿井职业病危害因素的辨识，职业病危害因素的辨识具体情况如下：

采煤工作面单元在现场调查的基础上，结合矿井生产工艺分析对采煤工作面进行职业病危害因素辨识。采煤工作面职业病危害因素是，煤尘、噪声、手传振动、二氧化碳、甲烷、炮烟（主要有害成分为含硫化氢、甲烷、一氧化碳、二氧化碳、氮氧化物、二氧化硫）。

综合对矿井职业病危害因素的辨识，煤矿矿井的职业病危害因素辨识的结果为：煤尘、矽尘、水泥尘、噪声、手传振动、甲烷、二氧化碳、硫化氢、一氧化碳、氮氧化物、二氧化硫和井下不良气象条件。煤矿地面生产辅助生产系统的职业病危害因素辨识的结果为：煤尘、噪声、电焊烟尘、高温、光辐射。

第三节　煤矿职业病危害因素分析及结果

一、分析单元的划分与分析方法的选择

（一）分析单元的划分

为了便于对煤矿职业病危害因素进行分析，按照煤矿生产工艺过程和功能将其划分为3个单元，并重点对这3个单元职业病危害因素进行分析。

采煤工作面单元，包括综采工作面、高档普采工作面、炮采工作面。

掘进工作面单元，包括煤巷综掘工作面、煤巷炮掘工作面、岩巷炮掘工

作面。

辅助生产单元，包括选煤厂、井上工业广场和机房。

（二）分析方法的选择

主要采用的分析方法有三种：现场调查法、事故树分析法及作业条件危险性分析法。现将三种分析方法简介如下：

1. 现场调查法

深入现场进行相关事项调查，主要的调查内容有煤矿概况、职业病危害因素、生产工艺、生产设备及布局、职业病防护设施、个人使用的职业病防护用品、职业卫生管理等。

2. 事故树分析法

事故树分析又称故障树分析，是一种演绎的系统安全分析方法。它从分析特定事故或故障开始，层层分析其发生的原因，一直分析到不能再分解为止。将特定的事故和各层原因（危害因素）之间用逻辑门符号连接起来，得到形象、简洁地表达其逻辑关系（因果关系）的逻辑树图形，即事故树。通过对事故树简化、计算，达到分析、评价的目的。

（1）事故树分析的基本步骤

①确定分析对象系统和要分析的各对象事件（顶上事件）。

②确定系统事故发生概率、事故损失的安全目标值。

③调查原因事件，调查与事故有关的所有直接原因和各种因素（设备故障、人员失误和环境不良因素）。

④编制事故树：从顶上事件起，从一级到一级向下找出所有原因事件，直到最基本的原因事件为止，按其逻辑关系画出事故树。

⑤定性分析：按事故树结构进行简化，求出最小割集和最小径集，确定各基本事件的结构重要度。

⑥定量分析：找出各基本事件的发生概率，计算出顶上事件的发生概率，求出概率重要度和临界重要度。

⑦结论：当事故发生概率超过预定目标值时，从最小割集着手，研究降低事故发生概率的所有可能方案，利用最小径集找出消除事故的最佳方案。通过重

要度（重要度系数）分析，确定采取对策的重点和先后顺序，最终得出分析、评价的结论。

（2）事故树定性分析

定性分析包括求最小割集、最小径集和基本事件结构重要度分析。

在事故树中凡能导致顶上事件发生的基本事件的集合称作割集。割集中全部基本事件均发生时，则顶上事件一定发生。最小割集是能导致顶上事件发生的最低限度的基本事件的集合。最小割集中任一基本事件不发生，顶上事件就不会发生。

最小割集的求法：对于已经化简的事故树，可将事故树结构函数式展开，所得各项即为各最小割集；对于尚未化简的事故树，结构函数式展开后的各项，需用布尔代数运算法则（吸收律、德·摩根律等）进行处理，方可得到最小割集。

最小径集：在事故树中凡是不能导致顶上事件发生的最低限度的基本事件的集合，称作最小径集。在最小径集中，去掉任何一个基本事件，便不能保证一定不发生事故。因此最小径集表达了系统的安全性。最小径集的求法：将事故树转化为对偶的成功树，求成功树最小割集即事故树的最小径集。

基本事件结构重要度分析的是基本事件对顶上事件的影响程度。

3. 作业条件危险性分析法

作业条件危险性分析法的内容如下：

对于一个具有潜在危险性的作业条件，影响危险性的主要因素有3个：发生事故或危险性的可能性、暴露于这种危险环境的情况、事故一旦发生可能产生的后果。

用公式表示为：$D = L \times E \times C$

式中，D——作业条件的危险性；L——事故或危险事件发生的可能性；E——暴露于危险环境的频率；C——发生事故或危险事件的可能后果。

二、煤矿职业病危害因素分析

（一）采煤工作面职业病危害分析

1. 机采工作面

（1）综采工作面

①机组落（装）煤：滚筒采煤机的螺旋叶片进行机械破煤时，产生大量的煤尘同时产生噪声，煤体中的瓦斯因煤体的破碎也大量释放出来。

②输送机运煤：刮板输送机运煤时，因运煤方向与工作面风流方向相反，因此会产生煤尘，特别是在转载点处和破碎机处产生的煤尘较大。

③顶板支护：自移式液压支架移架时，顶梁的下降及支撑会使顶板受损而产生粉尘，如果是岩性顶板产生的粉尘则以矽尘为主，如果是煤性顶板产生的粉尘则以煤尘为主。

④采空区处理：一次采全高的采煤工作面普遍采用全部垮落法处理，顶板垮落时产生噪声和粉尘，瓦斯也随之涌出。

（2）高档普采工作面

①机组落（装）煤：滚筒采煤机的螺旋叶片进行机械破煤时，产生大量的煤尘，在煤体中的瓦斯因煤体的破碎而大量释放出来。

②输送机运煤：刮板输送机运煤时，因运煤方向与工作面风流方向相反，因此会产生煤尘，特别是在转载点处和破碎机处产生的煤尘较大。

③顶板支护：采用单体液压支架配合钢（木）梁进行顶板支护，单体液压支架在拆卸和支护时，顶板受损而产生粉尘，如果是岩性顶板产生的粉尘则以矽尘为主，如果是煤性顶板产生的粉尘则以煤尘为主。

④采空区处理：采用全部垮落法处理时，顶板垮落产生噪声和粉尘；瓦斯也随之涌出。

2. 炮采工作面

（1）爆破落煤

①打眼：在使用电钻打眼时因电动机转动产生手传振动，钻进煤壁时产生煤尘。

②放炮：在爆破作业时产生噪声、煤尘、有害气体，爆破时煤体释放出瓦

斯，放炮后产生的炮烟中含有多种有害气体，主要有一氧化碳、硫化氢、二氧化硫和氮氧化合物（主要是二氧化氮）。

（2）人工装煤

人工装煤时，会使煤尘飞扬。

（3）输送机运煤

刮板输送机运煤时，因运煤方向与工作面风流方向相反，因此会产生煤尘，特别是在转载点处产生的煤尘较大。

（4）顶板支护

采用单体液压支架配合钢（木）梁进行顶板支护，单体液压支架在拆卸和支护时，顶板受损而产生粉尘，如果是岩性顶板产生的粉尘则以矽尘为主，如果是煤性顶板产生的粉尘则以煤尘为主。

（5）采空区处理

采用全部垮落法处理时，顶板垮落产生噪声和粉尘，瓦斯也随之涌出。

（二）掘进工作面职业病危害分析

1. 煤巷综掘工作面

（1）掘进机掘进

煤巷综掘机具有落煤（破煤）、装煤的功能，掘进机在机械破煤时产生大量的煤尘和噪声，在煤体中的瓦斯因煤体的破碎而释放出来。

（2）运煤

采用皮带运输机、刮板输送机运煤时，产生煤尘和噪声。

（3）支护

主要采用金属棚式支护，支护在挖柱脚时产生煤尘。

2. 煤巷炮掘工作面

（1）爆破落煤

①打眼：在使用电钻打眼时因电动机转动产生手传振动，钻进煤壁时产生煤尘。

②放炮：在爆破作业时产生噪声及大量煤尘；爆破时煤体释放出瓦斯，放炮后产生的炮烟中含有多种有害气体，主要有一氧化碳、硫化氢、二氧化硫和氮

氧化合物（主要是二氧化氮）。

（2）装煤

装煤有人工装煤和机械装煤两种。人工装煤主要产生煤尘；采用耙斗等机械装煤设备时除产生煤尘外，还产生噪声。

（3）运煤

采用刮板输送机或矿车运煤，主要产生煤尘和噪声。

（4）支护

主要采用棚式支护，支护在挖柱脚时产生煤尘。

3.岩巷掘进

（1）爆破落岩

①打眼：使用风钻打眼时因风钻冲击岩壁产生手传振动、矽（岩）尘和噪声；噪声比煤巷打眼时要大。

②放炮：在爆破作业时产生噪声及大量矽（岩）尘，爆破时岩体释放出瓦斯，放炮后产生的炮烟中含有多种有害气体，主要有一氧化碳、硫化氢、二氧化硫和氮氧化合物（主要是二氧化氮）。

（2）装岩

有人工装岩、机械装岩两种。装岩机械主要有耙斗装岩机、铲斗式装岩机，机械装岩时产生噪声和矽（岩）尘，人工装岩产生矽（岩）尘。

（3）运岩

主要采用矿车运输，产生矽（岩）尘和噪声。

（4）支护

主要采用的支护形式为锚喷支护，锚喷支护的工艺如下：

①打眼：在使用风钻打锚眼时因风钻冲击岩壁产生手传振动、噪声、矽（岩）尘。

②安装锚杆：因锚固方法不同而有很大的区别。采用水泥砂浆固定锚杆时，在配制水泥砂浆时产生水泥尘，采用螺栓固定时基本无职业病危害产生。

③喷射混凝土：喷射混凝土是将拌和好的混凝土用喷机通过管道输送到喷口而后喷到受喷面上的工艺，职业病危害是粉尘（水泥尘）、噪声。

三、煤矿职业病危害结果分析

（一）粉尘的检测调查结果及分析

经现场调研及资料整理，主要生产系统及辅助生产系统粉尘测定结果如下：主要生产系统和生产辅助系统粉尘基本超过相关规定，其中采煤工作面煤尘合格率为30.1%，掘进工作面粉尘合格率为16.7%，其他工作场所合格率为85.7%。

（1）粉尘的检测调查结果分析

①采煤工作面机组落煤时煤尘均超标3~5倍，主要原因分析如下：

a.没有开启喷雾泵，造成采煤机内处喷雾水压力不足，水滴与尘粒的相对速度越大，二者碰撞时的动能也越大，有利于冲破水的表面张力而将尘粒捕获。当开启喷雾泵时，一般水滴的直径在$10 \sim 15 \mu m$，捕尘效果最好。当喷雾泵未开启时，由于水压力小、水滴大，单位面积水滴的数量少，尘粒与水滴相遇时，会因旋流而从水滴边缘绕过，不被捕获，降尘效果差。

b.水质影响喷雾降尘效果。若水的纯净度差，将使水的黏性增加，分散水滴粒度加大，降低捕尘效果。

c.防尘系统发生故障。

②炮采工作面放炮落煤时煤尘均超标13倍左右，主要原因如下：

a.进行作业时没有执行湿式打眼。

b.不能正常使用水泡泥封孔爆破。水泡泥是利用专制的盛水塑料袋结合炮泥充填于炮眼内，爆破时水袋破裂，在高温高压爆破波的作用下，大部分水被汽化，然后重新凝结成极细的雾滴，并与同时产生的粉尘相接触，而起到防尘作用。造成不能正常使用的原因是防尘管路系统不能正常供水；水炮泥供应不正常是因放炮工图省事而不常使用。

③防尘系统发生故障。

（2）掘进工作面检测调查结果分析

①煤巷掘进机落煤时煤尘均超标3~4倍，主要原因如下：

a.没有开启喷雾泵造成掘进机内处喷雾水压力不足；

b.水质影响喷雾降尘效果，若水的纯净度差，将使水的黏性增加，分散水滴粒度加大，降低捕尘效果；

c.防尘系统发生故障。

②煤巷炮掘工作面放炮落煤时煤尘均超标7～30倍，主要原因如下：

a.进行作业时没有执行湿式打眼（同炮采工作面）；

b.不能正常使用水泡泥封孔爆破（同炮采工作面）；

c.防尘系统发生故障。

③岩巷炮掘工作面放炮时矽尘均超标4倍左右，喷浆时水泥尘超标50多倍，主要原因如下：

a.放炮时未能使用水泡泥封孔爆破；

b.没有正常使用潮湿喷射混凝土工艺或湿式喷射混凝土工艺；

c.防尘系统发生故障。

（二）化学有害因素的检测结果及化学有害因素的分析

1. 化学有害因素来源及危害分析

（1）甲烷

甲烷主要来源于煤层及围岩中的释放。甲烷本身无毒，但不能供人呼吸，空气中瓦斯浓度增加会相对降低空气中氧的含量。当甲烷浓度达到40%时，因缺乏氧气会使人窒息死亡。甲烷具有燃烧性和爆炸性。瓦斯与空气混合达到一定的浓度后，遇火能燃烧或爆炸。

（2）二氧化碳

二氧化碳的主要来源有煤层及围岩中的释放、有机物的氧化、人员的呼吸及矿井水与碳酸性岩石的分解作用。二氧化碳不助燃也不能供人呼吸，有微毒，对呼吸有刺激作用，肺部含量增加会使血液酸度变大，刺激呼吸中枢。当浓度达到5%时，使人呼吸困难、耳鸣，达到10%时使人昏迷，达到20%～25%时会使人快速死亡。

（3）一氧化碳

井下一氧化碳主要来源于爆破作业，煤炭自燃，发生火灾或瓦斯、煤尘的爆炸。一氧化碳是一种对血液、神经有害的毒物。一氧化碳与血红蛋白的亲和力比氧大200～300倍。中毒的程度取决于血液中碳氧血红蛋白的含量，含量越多，机体缺氧越严重，中毒程度也越重。

（4）硫化氢

井下的硫化氢气体主要来源于硫化矿物水解和坑木等有机物腐烂、放炮，有些煤体也能释放出硫化氢气体。硫化氢是强烈的神经毒素，对黏膜有强烈的刺激作用。接触较高浓度硫化氢后可出现头痛、头晕、乏力、共济失调，发生轻度意识障碍。常先出现眼和上呼吸道刺激症状。严重时可引起眼炎及呼吸道炎症，甚至肺水肿。

（5）二氧化氮

二氧化氮主要来源于矿内爆破作业。爆破作业会产生一系列氮氧化合物，其主要是二氧化氮。二氧化氮是棕红色有刺激性臭味的气体，对眼、鼻腔、呼吸器官黏膜有强烈的刺激作用，严重者导致肺气肿，甚至死亡。

（6）二氧化硫

二氧化硫主要来源于井下爆破作业，矿内含硫，煤层氧化、燃烧都会生产二氧化硫。二氧化硫为无色气体，具有强烈的硫磺气味及酸味，对空气的相对密度为1.43，易积聚在巷道底部，易溶于水。二氧化硫对鼻咽及呼吸道黏膜有强烈刺激作用，可引起慢性支气管炎、慢性鼻咽炎。吸入高浓度的二氧化硫可引起急性支气管炎，发生声门水肿和呼吸道麻痹，甚至危及生命。

2.化学有害因素检测结果及分析

在对工作场所空气中的甲烷、二氧化氮、硫化氢、二氧化硫、二氧化碳、一氧化碳共6个化学有害因素进行的检测中，共检测6个点，合格点6个，合格率为100%。说明工作场所在正常通风的情况下可以将工作场所产生的化学有害因素控制在可接受的范围内。但如果通风异常，则会造成某些有害气体超限，特别是一氧化碳、硫化氢等对人身损害极大的有毒气体，将产生严重后果。

（三）物理有害因素的检测结果及分析

对某矿19个工种接触的噪声强度进行了测定，其中13个工种接触的噪声值符合《工作场所有害因素职业接触限值第8部分：噪声》（GBZ 2.2—2007）的规定，合格率68.4%。综采司机、综掘司机、移动液压泵站和炮掘工作面的操作工，洗煤厂主洗楼、准备车间巡检工接触的噪声强度超标。

1.物理有害因素的检测结果分析

（1）噪声

矿井内噪声主要产生于采掘机械、凿岩工具、局部通风机及运输设备。地面生产性噪声主要来源于主通风机、压风机、提升绞车、输送机、振动筛等。长期接触强噪声后主要引起听力下降，重者可造成职业性噪声聋；噪声对心血管系统也造成损害。

（2）振动（未进行测定）

振动是煤矿生产中很常见的有害因素，矿井内振动主要产生于凿岩、采煤机械，尤以风动工具更严重。局部振动危害严重时会引起手臂振动病。

第四节　职业病危害因素的控制

一、技术控制措施

（一）粉尘控制措施

1.采煤工作面粉尘控制措施

（1）除尘机理

除尘机理预先湿润煤体是采煤工作面最有效的预防性防尘措施。除尘机理包括以下几个方面：

①水分有效地包裹在煤体的每个细小部分，当煤体在开采中破碎时，避免细粒煤尘的飞扬。

②水的湿润作用使煤体塑性增强，脆性减弱。当煤体受外力作用时，减少了煤体破碎时成为尘粒的可能性，降低了煤尘的产生量。

（2）湿润方法

预先湿润煤体目前主要采取以下两种方法：

①煤层注水是在采煤工作面回采前，利用进风顺槽预先在煤层打若干钻孔。通过钻孔注入压力水（低压或高压），使其渗入煤体内部，增加煤层的含水量，达到预先湿润煤体、降低煤体产生浮游粉尘的能力，减少煤尘的产生量。现

场调研某私营30万吨、年矿井煤层注水情况，从中可以看出，注水后煤层的含水量比原来增加了近一倍左右。

②采空区注水预先湿润煤体防尘，是厚煤层在采用下行陷落法分层开采过程中，将水注入开采分层的采空区内。水在煤体孔隙作用下缓慢渗入下一分层的煤体中，使煤体得到湿润，在开采下分层时减少粉尘的产生量。采空区注水预先湿润煤体防尘，目前主要采取以下两种方法：

a.随采随注采煤工作面，在开采时，一般将工作面设计为仰采，即沿煤层的走向为上坡开采。随着采煤工作面的向前推进，向采空区注水。注水时要注意控制注水量，不能影响工作面的正常开采。

b.采后注水，由于工作面设计不是仰采或因其他原因不能采取随采随注时，采用采后注水方法，即采煤工作面开采结束后，对采空区进行封闭，利用密闭墙插管注水。对于走向较长的工作面，利用封闭区域外的巷道向采空区打钻注水。利用密闭墙插管注水要注意密闭墙的质量要满足注水的要求，防止发生因密闭墙强度小而发生崩塌事故。

2.综合防尘措施

喷雾洒水、湿式作业是矿井作业防尘的主要手段，在实际操作中做到合理设计防尘水管网，管路敷设应达到所有采煤工作面并确保洒水管路的压力、水量和水质能满足整个矿井喷雾洒水防尘需求。

（1）综采工作面防尘

合理选择采煤机截割结构和工作参数，在采煤机上设置合理的喷雾系统，进行高压喷雾降尘，移架时自动喷雾降尘。

（2）炮采工作面防尘

采用湿式打眼、水泡泥封孔爆破、工作面放炮前后喷雾洒水，进、回风巷道水幕净化、运煤转载点喷雾洒水等。

（3）个体防护措施

个体防护是指通过佩戴各种防护面具以减少粉尘被吸入体内的措施。目前个体防护用具有自吸式防尘口罩、过滤式送风防尘口罩、气流防尘帽等。通过佩戴各种防护面具，使佩戴者能呼吸净化过的清洁空气而不影响正常工作。个体防护措施是解决矿山粉尘危害矿工身体健康的重要技术措施之一。

3.通风防排尘

通风防排尘是稀释和排除采煤工作面悬浮粉尘的有效措施。采煤工作面的通风防排尘要保持合理的风量和风速，防止风量过大而引起采煤工作面煤尘飞扬。采煤工作面风速不能超过《煤矿安全规程》中有关规定，在满足《煤矿安全规程》中关于排除瓦斯及井下工作人员需要的情况下，尽量将风速设计在最优排尘风速。

二、掘进工作面粉尘控制措施

掘进井巷和硐室时，必须采取湿式钻眼、冲洗井壁巷帮、放炮采用水炮泥、爆破喷雾、装岩（煤）洒水和净化风流等综合防尘措施。个体防护措施同采煤工作面。

（一）综掘煤巷工作面

综掘工作面掘进机设置合理的喷雾系统，进行高压喷雾降尘；设置通风排尘、喷雾洒水、水幕净化、除尘器除尘等措施。

（二）炮掘工作面

1.炮掘工作面防尘

采用湿式凿岩打眼、爆破使用水炮泥封孔、放炮后喷雾洒水、水幕净化、冲洗岩（煤）帮及装岩（煤）洒水等综合防尘作业方式作业。

2.锚喷支护作业防尘

设置合理的锚喷工艺，采用气力自动输送、机械搅拌、湿喷机喷射等措施，必要时采用锚喷除尘器。

在掘进断面允许的条件下尽量采用混合式通风，使粉尘通过抽出式风机的硬质风筒抽出，减少巷道中粉尘量。

三、井下其他地点粉尘控制措施

（一）冲洗巷道

定期对井下巷道进行冲洗，对巷帮、顶部、底部及巷道支架均要冲洗干净；并运出巷道内沉积的粉尘。巷道风速必须符合《煤矿安全规程》规定，井下各溜煤眼保持一定存煤，不许空仓作业。溜煤眼不得兼作通风眼使用。

（二）安设喷雾装置或除尘器

井下煤仓放煤口、溜煤眼放煤口、输送机转载点和卸载点，以及地面筛分厂、破碎车间、带式输送机走廊、转载点等地点安设喷雾装置或除尘器，作业时进行喷雾降尘或用除尘器除尘。喷雾、洒水、除尘设备应指定专人管理和维护，确保喷雾洒水装置完好和正常工作。

（三）风流净化

在主要通风巷设置风流净化水幕，以避免进风的污染和串联通风污染。

（四）其他控制措施

采用先进的生产工艺是控制粉尘的重要控制措施之一，尽量采用综采、综掘工艺，省略了放炮工序，可以避免放炮过程中粉尘的产生。生产集中化，减少采掘工作面的数量，增加运输机的长度，减少粉尘产生的地点。

（五）化学有害因素控制措施

1. 加强通风管理

每个矿井必须有通风系统图，图纸技术数据要齐全，主要井巷的通风参数，如长度、断面、风阻，以及局部通风机的型号及其性能参数等要及时体现在相关图纸及记录中。

制定符合本矿的风量计算办法，矿井和采掘工作面配风合理。定期进行主要通风机性能测定和矿井通风系统阻力测定。

井下一切通风设施，如风门、风窗、风桥、密闭墙等必须有专人负责维修管理，使其保持完好状态。随工作面推进应及时进行通风系统调整和风量调节。在改变通风系统时应预先制定计划和安全技术措施，严格履行审批手续。

矿井必须配备足够的通风安全检查仪表，并定期进行校准和维修，按规定对井下通风状况进行测定，发现问题及时处理。

2. 采用先进的生产工艺

尽量采用综采、综掘工艺，省略了放炮工序，可以避免炮烟中诸多有害气体的产生。生产集中化，减少采掘工作面的数量，减少有害气体产生的地点。

（六）物理有害因素控制措施

1. 降低噪声的措施

井下局部通风机安装消音器，刮板输送机铺设平直，采掘机械按规定维修，严禁带病运转。

在主通风机房室内墙壁、屋面敷设吸声体；在压风机房设备进气口安装消音器，室内表面做吸声处理；对主井绞车房室内表面进行吸声处理，局部设置隔声屏；临时锅炉鼓风机、引风机进出风口设消声器，基础加减震垫，采用隔声屏和墙面安装吸声结构控制噪声。

加强井下设备的维修保养，严禁机械带病运行。

2. 控制振动的措施

提高采掘的机械化程度，取消打眼作业。岩巷掘进打眼尽量采用液压钻进机械设备。

（七）井下不良气候条件控制措施

1. 高温控制措施

合理加大风量；生产集中化，减少采掘工作面数量，减少井下散热点；在南方地温较高的矿井在井底车场设制冷机硐室，制出的冷水经管道送至各采掘工作面空冷器，冷却工作面风流。

2. 低温控制措施

北方冬季寒冷，主要采取向井下供暖的措施。

3. 湿度控制措施

矿井井下湿度普遍较大，其原因主要是井下岩层或煤层渗出的水量，以及为了降尘，掘进、采煤采取了湿式作业，加大了井下的湿度。

合理加大风量；生产集中化，采用较先进的生产工艺（采用综采、综掘工艺），减少运输转载点；减少操作工人劳动强度及直接接触职业病危害因素的机会。

（八）管理控制措施

为了减轻和控制职业病危害的发生，煤矿企业要加强对职业病防治的管理工作，建立企业相应的职业卫生管理机构与体系，使各项控制措施落到实处。其主要内容如下：

1. 建立完善的煤矿企业职业病危害防治管理模式

设立专职或兼职机构负责企业职业病防治工作，煤矿应成立以矿长为组长，由矿相关科室、区队等部门组成的职业病防治领导小组，配备专职职业卫生管理人员负责职业病防治工作。各基层单位也要成立职业病防治领导小组，由行政主管任组长，负责对本单位作业场所的职业危害进行有效的防治。煤矿企业要制定《煤矿职业病防治管理制度》《煤矿职业病危害操作规程》《煤矿劳动防护用品管理办法》《煤矿员工职业卫生培训管理制度》《煤矿煤尘治理制度》《煤矿职业病危害因素监测及评价制度》《职业健康监护管理制度》等制度，并按制度要求落实相关工作。煤矿企业要制定《职业病防治计划与实施方案》，以文件的形式下发到各单位。方案要对矿职业病防治的指导思想、工作原则、工作目标、工作内容等做出明确规定。制定职业病防治规划及实施方案，全面落实职业病危害防治相关法律法规的规定及职业病危害因素控制措施，不能搞形式主义及表面文章。对职业病发病率高及隐瞒职业病的单位及个人，一经发现要严肃查处。

2. 建立工作场所职业病危害因素定期检测与评价制度

煤矿企业要制定《职业病危害因素定期检测制度》，井下日常监测由煤矿企业相关部门负责对井下工作场所的粉尘、有害气体等进行职业病危害因素日常监测。按规定定期委托有资质的单位对职业病危害因素进行检测及评价。

3. 建立健全职业卫生管理制度

建立健全职业卫生教育培训制度；配备必要的职业卫生教育设施、检测仪器和设备，建立健全职业卫生档案；建立职业病危害作业人员就业前的体检和定期职业健康检查制度。

4. 建立完善的煤矿从业者职业病危害管理制度

建立职业病防护设备、应急救援设施和个人使用的职业病防护用品的使用及维护、检修、检测制度。加强综采、综掘、炮掘工作面操作工及井上各运输皮带巡检工的个体防护，煤矿企业必须加强监督管理，严格规章制度，必须要求各工种工作人员在岗时佩戴防尘口罩、防噪耳塞、防护手套等个体防护用品。根据生产实际情况，合理减少工作时间；加强电焊检修作业人员个人防护，防止焊接时产生的有毒气体和粉尘的危害。

5. 建立职业病危害告知制度

煤矿与劳动者签订合同时，依据《职业病防治法》的规定，对员工进行职业病危害告知；在劳动者上岗前培训和在岗期间培训中，将劳动过程中可能接触的职业病危害因素及其危害和职业性健康检查结果如实对劳动者进行告知。对产生严重职业病危害的作业岗位，应当在其醒目位置设置警示标识和中文警示说明。警示说明应当载明产生职业病危害的种类、后果、预防及应急救治措施等，对接触粉尘等职业病危害的人员进行职业病防治基本常识的培训，重点培训内容有立法的宗旨和意义、劳动者的权力、法律责任和职业病防护用品的使用、维护、操作以及职业卫生警示和标志的使用范围，应急救援措施等。

第九章　矿井安全管理创新

第一节　"卡表手册"管理模式

一、一般规定

（一）入井、乘罐安全注意事项

第1条，按时参加班前会。

第2条，穿戴整齐，严禁穿化纤衣服；严禁携带烟草和点火物品；严禁酒后入井。

第3条，必须佩戴安全帽，随身携带矿灯和自救器。

第4条，严禁无护套携带锋利工具。

第5条，乘罐要听从指挥，自觉接受检身，严禁拥挤、打闹，排队入罐。

第6条，进入罐笼后及时挂好罐帘，乘坐罐笼时抓好扶手，严禁在罐笼内打闹，严禁向井筒内扔东西，身体任何部位及随身携带的工具物品不准露出罐外。

第7条，开车信号发出后或罐笼未停稳时，严禁随意打开罐帘上下。

（二）井下行走安全注意事项

第8条，在巷道中行走时，要走人行道，不能在轨道中间行走，不要随意横穿电机车轨道，通过弯道、交叉口执行"一停、二看、三通过"，跨越轨道时要注意来往车辆。当车辆接近时，要在人行道靠帮侧站立或进入躲避硐室暂避。

第9条，严禁肩扛长把工具、长物料在架空线下行走。锋利工具的刃口要戴防护套，朝着行进的方向携带，与他人保持一定距离。

第10条，严禁在带电的架空线下站在矿车上卸物料。

第11条，严禁从溜煤眼下口、吊梁下方通过。

第12条，要及时关闭风门，严禁同时打开两道风门，严禁用脚或其他物体顶、踹风门。

第13条，在斜巷内行走时，严格执行"行车不行人，行人不行车"制度；行车时，人员及时进入躲避硐，禁止与车辆同行；严禁扒车、跳车和坐矿车；严禁在斜巷甩车场，上、下车场蹲坐、逗留。

第14条，不得私自打开栅栏、密闭或擅自进入栅栏内、无风区及挂有警示标志的危险区；严禁强行通过爆破警戒线，进入爆破警戒区。

第15条，严禁乘坐刮板、胶带输送机或在刮板、胶带输送机上行走；不要骑在绞车钢丝绳上行走，严禁跨越运行中的钢丝绳。

第16条，在坡度较大或湿滑的区域行走时，小心谨慎，要抓牢扶手。

（三）乘坐人车安全注意事项

第17条，听从司机和跟车信号工的指挥，开车前必须挂好安全链。

第18条，乘车时严禁在车内躺卧、打闹、摘安全帽。

第19条，人体各部位及所携带的工具和材料等严禁露出车外。

第20条，严禁在机车头或两车厢之间搭乘。

第21条，严禁携带超长物料乘车。

第22条，开车信号发出后或车未停稳时，严禁上、下车，严禁扒、蹬、跳车。

第23条，严禁超员乘车。

（四）乘坐猴车安全注意事项

第24条，上车时要双手握住吊椅杆，跨上吊椅座，然后双脚置于脚踏杆上。运行时保持正确坐姿，集中精力注意前方，乘坐过程中不得将脚触及地面。

第25条，运行时乘坐人员不得前后左右摆动吊杆，严禁在吊椅上站立、后仰，不得用手抓牵引钢丝绳和触摸托绳轮。

第26条，不得将吊椅和随身携带的物体触及管、线等任何物体；严禁乘坐时打瞌睡。

第27条，严禁坐在吊椅上绕过驱动轮和尾轮。

第28条，每个吊椅限乘一人，严禁超员乘坐。

第29条，严禁携带易燃、易爆、腐蚀性物品乘坐。

第30条，上、下乘猴车人员相遇时，不得嬉闹、握手等。

第31条，下车时，先双足触地，站立保持平衡后，双手松开吊杆离开。

第32条，携带物品长度超过1.5 m时其重量不得超过10 kg；重量超过30 kg时长度不得超过1 m。携带小于规定的工具物品时，每人只准携带一件，并必须沿运行方向放置、拿牢，严禁出现转动和晃动。携带斧头等利刃工具物品时，必须将利刃部分包好。

第33条，必须在指定的上下车区域上下，上下车时按照先后顺序上下车，不得抢车、抢座。

第34条，乘车时，如发现有绳卡损坏、钢丝绳脱落、吊椅刮扯其他物品时，必须立即离开座椅，就近拉下急停开关，并通知维修工或现场的工作人员。严禁无故拉动急停开关。

（五）机械电器设备安全注意事项

第35条，起吊或拉移重物时，不得在重物下方或可能倒向的位置工作或逗留。

第36条，严禁带电检修、搬迁电气设备，非专职人员不得操作电气设备。

第37条，设备运行时，严禁接触设备的机械转动和传动部位或带电体。

第38条，严禁用水冲洗电气、通信设备。

第39条，油料有明确标示，现场要按规定放置、使用。

（六）液压管路安全注意事项

第40条，严禁带压拆卸管路。严禁使用液压支柱挤压管线检修液压枪或液压元件。

第41条，液压管路连接使用U型卡，不得用铁丝代替，不得使用单边卡。

（七）其他安全注意事项

第42条，必须熟悉避灾路线，熟悉规定的各种信号、巷道标志。

第43条，佩戴防尘口罩。

第44条，现场存在隐患被悬挂"停工"牌的，不得继续作业或私自摘掉"停工"牌。

第45条，严禁睡岗，不得串岗、脱岗、空岗，不得打架斗殴，对"三违"处罚不得无理取闹或辱骂安全生产监督管理员、管理人员。

（八）薄弱人物排查标准

有下列情形之一者，定为一般薄弱人物，进行谈心帮教，并做记录：

①精神不振、情绪异常的；

②家庭发生重大变故、事宜（婚、丧、灾祸等）回矿的；

③长期出勤即将休班、连续休班返回上班的；

④马虎、草率、凑合、固执、盲目蛮干的；

⑤正在办理工作调动的；

⑥新上岗、转岗的；

⑦操作技能、业务工作能力差，安全意识薄弱者；

⑧新入矿职工不足三个月的；

⑨现场一般违章者。

有下列情形之一者，定为严重薄弱人物，严禁上岗，并做记录：

①班前喝酒者；

②长期不上班、出勤不正常者；

③违章指挥、习惯违章、严重违章及月度内个人多次违章者；

④身体虚弱、带病工作（感冒、发烧等）或伤病痊愈刚上岗者；

⑤经常通宵上网、打牌，休息不好的；

⑥农忙季节或家庭原因休息不好、身体劳累的。

二、打眼前检查

第46条，工具：要备齐注液枪、锹、镐、钻杆、钻头等工具。检查钻杆有无弯曲、老化，钻头是否锋利无破损。

煤电钻、电缆、综保：检查煤电钻是否完好，外壳有无裂纹、硬伤，螺丝、螺帽有无松动。

煤电钻、综保是否灵敏可靠，电缆是否有破皮漏电或"鸡爪子""羊尾巴""明接头"。出现问题，立即联系电工处理。

拉钻时将电缆套在手把内，手提电钻手把或肩背电钻电缆送至工作地点。

防尘管路：检查管路是否破损漏液，连接是否使用专用U型卡固定牢固。

第47条，刮板输送机停电闭锁：打眼前必须使用集控信号联系输送机司机，确认输送机已停机闭锁。

第48条，顶帮支护：必须事先对工作地点的顶板、煤帮、支护等进行全面检查，由班（组）长指定人员补全空缺支柱、更换失效支柱，及时处理各种安全隐患，严禁空顶打眼。

敲帮问顶：在进行打眼前，必须在已有的完好支护掩护下，用长把工具（长度不小于0.8 m）敲帮问顶，摘除悬矸危岩和松动的煤帮。摘不掉时支设带帽点柱或一梁两柱加强支护。敲帮问顶时一人操作，一人监护。

（一）敲帮问顶的方法

1.敲击声音法

即用钢钎或手镐敲击顶板，声音清脆响亮的，表明顶板完好；发出"空空"或"嗡嗡"声的，表明顶板岩石已离层，有冒落的危险，应将脱离的岩块找下来。

2.震动观察法

即一手扶顶板，一手持镐头等工具敲击顶板，若感到顶板震动，即使听不到破裂声也说明已有顶板岩石离层，应立即支设带帽点柱或一梁两柱加强支护。

第49条，瓦斯：工作面风流中瓦斯浓度达到1%时，严禁打眼。检测方法：检测时将瓦斯便携仪距离顶板不大于0.3 m，距煤帮不小于0.2 m。

第50条，炮道内浮煤、杂物：必须清除炮道内的浮煤和杂物。

第51条，拒爆、残爆：打眼前必须注意仔细检查工作面有无拒爆、残爆现象，如遇拒爆、残爆时，待全部处理后方可打眼。

3.处理规定

①要在班（组）长直接指导和爆破工的配合下进行打眼。

②用木签或竹签挖出部分炮泥，插入炮棍确定拒爆炮眼方向。

③在距拒爆炮眼0.3 m以外，平行新打炮眼，其深度可稍大于拒爆炮眼深度。

④拒爆炮眼处必须设置显著标志。

⑤严禁在旧眼、残眼内打眼。

第52条，"三紧、两不要"：打眼前检查是否做到"三紧""两不要"，即袖口紧、领口紧、衣角紧，不要戴布、线手套，不要把毛巾露在外面。

第53条，个体防护：打眼工必须佩戴防尘口罩。

第54条，人员站位：严禁骑跨在输送机上或支护不全、不牢固的地点打眼。注水时，人员严禁正对注水孔操作，应在注水孔侧面3 m以外操作。

第55条，后路畅通：打眼前必须清除后路杂物，保证后退路畅通。

（二）打眼过程中正规操作

1. 操作顺序

送电→试运转→标定眼位→调整角度、钻进→停钻。

2. 正规操作

①送电：使用信号联系人员将煤电钻送电。

②试运转：开启手柄试运转，观察电钻钻向是否正确，钻嘴钻速、钻体有无异响、过热等情况。

③标定眼位：先用手镐刨点定位，定位后，使钻头顶紧定位点，间断地送电2~3次，使钻头钻进煤体。

④调整角度、钻进：钻头钻进煤体约5 cm后，调整炮眼水平角为80°～85°，顶眼仰角、底眼俯角各为5°。打眼时要均匀用力，顺势推进。

⑤停钻：钻到要求深度后，停止推进，来回拉动钻杆2~3次，以便排清煤粉再停钻。底眼打完后，要用木楔或大块煤矸盖好眼口，以防煤粉堵塞。

（三）打眼过程中注意事项

1. 重要注意事项

①敲帮问顶：经常敲帮问顶，随时检查加固支护情况。

②管线悬挂：电缆、管路过溜子时，悬挂不低于0.5 m。

③电钻检修：严禁随意拆卸、检修电钻。

④打眼：两人协同，严禁在裂缝中打眼；严禁用手扶托钻杆。

⑤运送：严禁用输送机运送电钻、钻杆和电缆及其他支护材料。

⑥五种异常：出现卡钻、声音异常、烫手、钻杆严重震动、外壳带电时，停钻处理后再打眼。

2. 全部注意事项

打眼过程中要随时检查工作面支护情况，防止片帮、掉顶、倒柱伤人，随时进行敲帮问顶工作，及时找到松动的煤帮、活矸，处理安全隐患后再继续打眼。

典型案例：2011年10月12日，某矿采煤工区中班19：40，17702上面溜头上13节溜子，面前煤壁位置，打眼工郝某和柴某正在施工底眼，郝某左手领钎，此时煤壁突然发生煤炮，煤壁片帮，打眼工郝某躲闪不及，被片帮煤砸在左手手背上，导致其左手手背破皮、手掌被钻杆划伤，经附属医院检查鉴定为破皮伤。

（四）操作后确认

第56条，洒水降尘：打眼后必须使用液压枪对已打眼完毕的煤帮进行洒水降尘。

第57条，拔下钻杆、卸下钻头：打眼工作结束后，来回拉动钻杆2或3次，以便排清煤粉再停钻，然后拔下钻杆，卸下钻头。

第58条，切断电源：使用集控箱联系，将煤电钻综保停电、闭锁。

第59条，电缆、机具摆放：将电钻、电缆等工具撤到安全出口距煤壁10 m外安全地点，盘放悬挂好以防放炮崩坏。搬运和移动电钻时，用手提手柄或绳栓肩背，严禁用电缆直接拖拽。

第60条，煤层注水：进行煤层注水的方法及要求：注水孔为顶眼，间距6 m一个。在注水时，利用工作面的液压管路与注液器相连，管路各连接处必须连接紧密，防止漏水导致水压下降。注水后煤壁有轻微炸裂现象，为防止片帮伤人，注水器5 m范围内严禁有人，以防注水器爆裂伤人。顶板破碎、泥岩二合顶、裂隙发育段严禁注水，使用注液枪喷洒降尘，防止破坏顶板。注水完毕后，盘好管路，取出注水器放在顶板完好的指定地点，防止丢失或损坏。

第61条，向爆破工交代打眼情况：向爆破工交代打眼的数量及特殊构造处的打眼深度、角度等情况。

三、工种事故案例教育

案例：处理瞎炮违章操作，造成的人员伤亡事故。

（一）事故经过

X年X月X日夜班，XX工作面下面出煤时，溜尾以下31节溜子处发现两个瞎炮，班长任某安排放炮员金某处理。金某重新连线起爆，但未起爆成功。于是，打眼工宋某、郭某二人在瞎炮处重新打眼，准备装药起爆处理。但因宋某、郭某现场未按规定在距瞎炮0.3 m处平行打眼，致使新打炮眼与瞎炮炮眼相交，煤电钻钻头钻爆电雷管，引发爆炸。将宋某、郭某崩倒，造成郭某重伤，宋某经抢救无效死亡。

1. 直接原因

打眼工宋某、郭某安全意识薄弱，处理瞎炮时违章作业，违反了《煤矿安全规程》第三百四十二条关于"在距拒爆炮眼0.3米以外另打与拒爆炮眼平行的新炮眼，重新装药起爆"的规定。

班长任某未在现场指导处理瞎炮，违反了《煤矿安全规程》第三百四十二条关于"处理拒爆时，必须在班组长指导下进行"的规定。

2. 间接原因

①工区安全教育责任落实不到位，作业人员安全意识淡薄，自主保安意识差；

②班组长未严格落实岗位责任制，工作责任心不强，现场安全管理不到位；

③工区现场管理人员重点隐患盯靠处理不到位，职工作业时未明确安全注意事项，现场正规操作监督检查不到位。

3. 防范措施

①各单位加强放炮火工品安全教育，认真组织学习《煤矿安全规程》及《工作面放炮安全管理规定》，强化职工安全意识，提高正规操作能力。

②现场处理拒爆、残爆时，必须在班组长指导下进行，并应在当班处理完毕；如果当班未能处理完毕，当班爆破工必须在现场向下一班爆破工交接清楚；由于连线不良造成的拒爆，可重新连线起爆；重新连线起爆不成功时，可在距拒爆炮眼0.3 m以外另打与拒爆炮眼平行的新炮眼，重新装药起爆。

③加强班组建设，严格落实班组长安全生产责任制，不断提高班组长安全

管理素质和能力，强化班组长安全管理职能。

④严格现场管理，现场管理人员、安全生产监督管理员加强对职工正规操作的监督检查，发现问题及时落实整改，确保实现安全生产。

（二）本工种常见"三违"

私自进入空顶区或空顶作业的。

站、坐、跨运行中的溜子上。

作业范围内伞檐、危矸不及时处理的。

不按爆破图表要求布置打眼的。

不按规定洒水降尘的。

不执行敲帮问顶制度作业的。

在残眼内继续打眼的。

装药与打眼距离不符合规程规定的。

空顶、空帮作业的。

采煤工作面未按规定进行煤层注水的。

工作面干打眼或干打眼未采取捕尘措施的。

未按规定处理瞎炮的。

瞎炮未查出或查出造假，继续打眼的。

第二节　薄弱人物排查管控

一、薄弱人物排查范围

井下生产、辅助及地面生产单位所有在册职工。

二、薄弱人物分类及认定标准

薄弱人物排查重点放在职工的身体状况、性格、心理、行为、作业技能、劳动纪律、思想观念、安全意识等方面。薄弱人物按危害程度划分为A、B、C三类：A类重点薄弱人物由矿薄弱人物排查管理小组具体负责帮教；B类一般薄弱人物由区队薄弱人物排查管理小组具体负责帮教；C类薄弱人物由区队薄弱人物排查管理小组具体负责重点管理，不需帮教。

（一）A类重点薄弱人物

有下列情况的职工排查为A类重点薄弱人物：

A_1：带病工作：有高血压、冠心病、癫痫等易突发疾病的职工。

A_2：习惯性违章：个人一周之内发生$_2$次及以上违章或发生典型严重违章的职工。

A_3：精神萎靡：生活极不规律，存在赌博、酗酒、沉迷网络等不良嗜好的职工或忙于家庭事务，不能处理好家庭与工作的关系，有体力不支、精神不振的职工。

A_4：纪律性差素质低：经常性违反劳动纪律，旷班、脱岗，打架滋事、不服从管理，谩骂威胁安全生产管理人员的职工。

A_5：家庭重大变故：家庭出现婚姻破裂、亲人亡故等其他重大变故，工作中精神恍惚、分心走神的职工。

A_6：其他可能造成严重危害的情况：未列出，而在排查过程中或工作中发现的，可能造成严重危害的情况。

（二）B类一般薄弱人物

有下列情况的职工排查为B类一般薄弱人物：

B_1：技能不熟的新工人：对安全知识掌握不牢固，现场危险源辨认不清。对设备原理、性能了解不足。

B_2：转岗调换工作：工作现场环境不熟，设备操作技能生疏，专业知识掌握不足。

B_3：情绪不稳：情绪反常，工作中心烦意乱，精力不集中或遇事不冷静，情绪波动大，易冲动。

B_4：逞强蛮干：工作中盲目攀比，不顾现场实际情况，对自身能力认识不足，心存侥幸，冒险蛮干。

B_5：马虎大意：工作态度不认真，急于求成，马虎莽撞，经常性操作失误，学习中马马虎虎，敷衍应付。

B_6：其他可能造成危害的情况：未列出，而在排查过程或工作中发现的，可能造成其他危害的情况。

（三）休班返岗的职工排查为C类薄弱人物

C：休班返岗的职工：休班放假，思想长期处于放松状态，返岗后都不同程度存在安全意识淡薄、思想不集中的现象，不能迅速进入工作状态、容易走神等问题。

（四）薄弱人物排查方式

建立个人、班组、区队、矿四级排查管理体系，组织开展对A、B、C三类危害程度、13种薄弱类型的薄弱人物的排查工作，并采取针对性的帮教措施，落实帮教责任人，审查薄弱人物帮教效果，形成薄弱人物排查治理闭环管理。

1. 个人每班自查

班前会上个人对照13种薄弱人物类型，对个人身体状况、精神情绪状况进行排查，如自感状态不适于当前工作安排的可向工区反映，工区根据情况做出下一步安排。

2. 班组每班排查

①班组成员互查：班前会上同一班组成员相邻就座，相邻成员间负互保联保责任，发现符合薄弱人物类型的成员，立即对其进行询问并向班组长汇报。

②班组长排查：班组长每班班前会之前询问本班组成员的情况，排查班组内的薄弱人物，向工区汇报；班中对观察职工工作状态，发现有薄弱表现的，班组长可采取帮教措施，必要时向工区汇报，升井后补填《薄弱人物管控档案》。

3. 区队每班、每日、每月排查

①各工区区长负责做好日常排查。建立排查记录，包括时间、姓名、排查人、处理方式等，存档备查。

②值班人员负责做好班前排查。每班班前会上排查薄弱人物。通过望、闻、测、听、问等方式进行排查。

③带班区（队）长负责做好现场排查、治理。对现场工作人员逐一排查，对发现的薄弱人物，视具体情况调整岗位或安排升井，并对现场薄弱人物进行重点管理、帮教。

④区队对排查出的薄弱人物及时报安全生产监督管理处。

⑤区队每月月底前两天的班前、班后会，对区队存在的薄弱人物进行集中的全面排查。

4. 矿重点排查

区队每月25日将上月薄弱人物排查治理情况汇总后报安全生产监督管理处。矿区对各工区上报的薄弱人物排查治理情况进行分析，并根据实际情况确定下一步工作重点。

（五）薄弱人物帮教

1. 建立薄弱人物管理档案，进行跟踪管理

区队薄弱人物排查管理小组排查出的各类薄弱人物，针对不同薄弱类型，根据《薄弱人物分类帮教措施》采取相应帮教措施，落实帮教责任人、帮教时间，及时建立《薄弱人物帮教档案》进行跟踪管理。

工区对个人、班组、区队排查出的所有薄弱人物，及时填写《区队薄弱人物管控档案》。安全生产监督管理处根据汇报表对各工区薄弱人物情况进行汇总和走访，对重点薄弱人物实施帮教，并不定期抽查工区《薄弱人物安全管理档案》和帮教措施落实情况。

工区对排查出的薄弱人物建立帮教档案后，制作《班组薄弱人物现场监督帮教卡》，帮教卡由班组长或互保人随身携带，根据帮教卡中帮教措施对薄弱人物进行动态监督帮教。帮教完成后由跟班区长、安全生产监督管理员、互保人及薄弱人物本人进行确认，确认是否需要继续帮教，有一方人物需要继续帮教则进行继续帮教。

2. 进行帮教效果审查，实现帮教管理闭合

被帮教薄弱人物帮教结束后，写出帮教心得，帮教责任人写出帮教意见填入《薄弱人物帮教档案》，报排查管理小组审核。排查管理小组经审核认为该薄弱人物通过帮教已消除薄弱状态，可签署解除帮教意见，实现帮教管理闭合。

（六）考核

安全生产监督管理处负责监督检查区队薄弱人物排查治理各项工作的开展情况，及时纠正工作中出现的问题，并落实责任、严格考核。

不认真细致组织薄弱人物排查、排查流于形式的，罚工区主管区长200元，小组其他相关责任人100元。

应排查出的薄弱人物未排查明确，且工作中造成严重后果的，安全生产监督管理处对事故进行分析，并追究相关责任人责任，视情节给予相关责任人500～1 000元的处罚。

薄弱人物帮教上岗后，当月如再出现违章或导致事故的，严格按规定加倍处罚，同时追究帮教人员及工区区长的责任，连带处罚50%。

各工区各种记录建立不规范、不及时、管理不善的，罚工区主管区长200元，小组其他相关责任人100元。

帮教措施落实不到位的，对相关责任人在矿调度会上进行通报批评，并视情节给予100～500元的处罚。

第三节　大系统分析

一、指导思想和工作目标

通过开展"大系统安全状况分析"活动，全面提高煤矿安全生产管理水平，坚持"安全第一，预防为主，综合治理"的安全生产方针，进一步落实各职能部门及安全生产管理人员的安全监管责任，督促施工单位、管理部门加大对本区域整改力度，全面排查治理安全生产隐患，建立健全大系统排查治理机制，对隐患进行排查、登记、整改、验收，形成闭合管理；认真解决矿井安全生产中存在的突出问题，提升矿区防灾抗灾能力，进一步夯实矿区安全工作基础。

二、大系统排查分析专业分工

矿井开拓系统与采掘布置。责任科室：技术科。

通风系统、防尘系统、紧急避险系统。责任科室：通防科。

防治水系统。责任科室：地测科。

供电系统、运输系统、主提升系统、压风系统、供水系统、排水系统。责任科室：机电科。

人员定位系统、通信联络系统、监测监控系统。责任科室：安全生产调度指挥中心。

三、具体要求

矿区分专业每月开展一次系统排查，对系统存在的问题进行分析并制定措施，并登记在系统排查记录上，参加排查的分析人员签字确认。问题整改完成后组织人员验收销号。

系统改造期间，指定安全技术管理人员重点盯靠、加强监督管理，确保措施落实到位。系统改造完成后组织验收，验收合格后方可投入运行。

每月26日前，各专业将系统安全状况的分析情况经排查分析人员及单位负责人签字后报安全生产监督管理处存档，安全生产监督管理处汇总形成书面材料，经矿领导审核后报集团公司。

专业未正常开展月度系统分析、材料报送不及时的，对分管专业副总、单位负责人各考核200元/次；因分析不到位，被集团公司检查中发现重大问题的，对分管专业副总、单位负责人各考核500元/次。

各专业要高度重视，每个系统指定专门的负责人，于5月19日前将人员名单报安全生产监督管理处。

其他要求参考《临矿集团安全生产监督管理局大系统分析考核表》。

四、组织实施

（一）加强领导、精心组织

各大系统排查、分析工作每月组织一次，各项排查分析内容由各专业副总牵头组织，排查时间由各专业组自行安排，矿长、生产矿长、机电矿长、总工程师、安全副矿长定期对相关工作组织情况进行抽查。各专业小组要根据有关要求加强领导、高度重视，把大系统排查分析工作当作一项重要任务，抓紧抓实，建立健全本专业"大系统"排查分析的各项制度，做好现场管理和资料管理工作，同时要注意协调解决排查分析治理中的有关问题，加强治理工作的监督检查，针对上述各系统检查出来的隐患进行逐条登记整改，严格按照"五落实"要求落实责任整改到位。

（二）狠抓落实、注意实效

要把"大系统排查分析"活动的落实实施作为一项重点工作来抓。大系统排查工作作为矿井安全生产的重中之重，各专业要狠抓落实，从规章制度、现场管理和落实治理三方面，全面排查各大系统，在分析治理上狠下功夫，排查分析出的所有问题都要进行排查、登记、整改、验收，闭合管理，及时进行"回头看"。

第四节　安全生产管理系统

一、访问地址

该系统为B、S架构，客户端不需要安装任何插件。

二、用户的注册

第一次使用的用户首先需要进行注册（如果采用导入职工信息的方式，职工编号就是账号，不需要再注册）。注册包括12项必填内容（用*标注，不填无法提交）和1项可选内容。

账号为用户的职工编号（该账号为安全生产监督管理处或工资处统一编制）；密码不低于6位；姓名以用户工资档案为主。

其他根据选项进行有效选择，输入完成后，提交，等待管理员审核。

三、系统模块介绍

利用审核后的账号登录。共六个大模块：信息录入（包括"三违"信息填报、山东煤矿事故、工伤事故填报）；信息查询（包括"三违"查询及山东煤矿安全事故、工伤事故查询管理）；信息统计（包括"三违"章图标统计、"三违"统计报表、工伤事故分析）；编码词典（包括"三违"编码查询）；数据管理（包括数据导入、数据备份）；系统管理（包括"三违"编码管理、处罚部门管理、用户管理等）。

四、各模块的使用

（一）信息录入

1. 信息录入——"三违"信息填报

①选择违章时间；

②输入姓名（支持模糊输入，输入后职工编号、所属部门、工种、具体工种、年龄段信息自动生成）；

③处罚人（支持模糊输入，输入后处罚部门自动生成）；

④"三违"事实（支持模糊查询，输入后"三违"编码、专业类别自动生成）；

⑤时间段；

⑥地点；

⑦具体地点；

⑧处罚金额；

⑨工程类别；

⑩关键事故原因（根据分类对违章情况进行归纳，选择合适选项）；

⑪性质；

⑫确认（标注*的选项如果都填完，可成功提交，否则检查必填选项）。

2. 信息录入——山东煤矿事故

该模块填报权限属于集团公司安全生产监督管理局人员。

①发生时间；

②事故简述；

③直接原因（支持模糊输入，事故编码、专业类别自动填充）；

④主要原因（根据事故简述对号原因）。

3. 信息录入——工伤事故填报

①发生时间；

②工伤/事故简述；

③"三违"现象（支持模糊输入，事故编码、专业类别自动填充）；

④主要原因（根据事故简述对号原因）；

⑤事故过程中是否存在"三违";

⑥新增。

（二）信息查询

该模块主要负责对已输入的"三违"、事故等信息的检索、查询、修改。

1. 信息查询——"三违"信息查询管理

该模块提供对"三违"信息的查询、浏览、修改、删除、打印、导出等功能。为方便管理人员查询方便，该系统提供了15个查询条件，支持单选和多选，姓名和处罚人支持模糊查询。注意：如果要选择时间段，起始日期和结束日期都要选择。查询到的信息只罗列了主要字段，可点击"详细信息"查看详细内容，同时，可对查询的信息进行打印或直接导出为Excel格式，安全管理人员可以点击"修改"进行违章信息的修改，也可以点击"删除"，系统弹出"确认"按钮，点击"确认"对违章信息进行删除（该功能只针对安全管理人员）。

2. 信息查询——山东煤矿安全事故

该模块填报权限属于集团公司安全生产监督管理局人员。该模块实现了对山东煤矿事故的查询、修改、删除、打印操作。查询支持单选和多选，事件关键词、原因关键词支持模糊查询。

3. 信息查询——工伤事故查询管理

该模块实现了对单位已输入的工伤事故进行查询、修改、删除、打印等操作，可根据"三违"编码、专业类别、原因和时间等条件进行查询（支持单选和多选）。每条工伤事故列举了部分信息，可点击"详细信息"查看全部内容。"单位名称"选项内容来自各单位在"系统管理"→"部门管理"中自定义的单位部门。

（三）信息统计

该模块主要对单位输入的"三违"、事故等信息进行统计分析，直观地展示"三违"和事故的关系。根据专业、年龄段、地址等不同维度进行分析。

1. 信息统计——"三违"图表统计

打开该模块后，首先整个公司各单位的"三违"情况以条形图和曲线图（图略）的形式展现给我们，包括各单位违章总数及违章比率（"三违"人数占本单位的职工人数比）。蓝色图例为各单位违章总数，纵坐标为左边坐标；黄色为违章比率（横坐标对应类型的违章总数占该坐标对应的总人数），纵坐标为右边坐标。鼠标指针指向条形图相应项，系统会显示该条目所对应的详细信息。

可以通过统计单元、统计类型、违章类型、起始日期、结束日期来选择统计的单位和类型等，如果选择时间段，要选择起始日期和结束日期，图表类型选择饼状图、条形图、曲线图；统计单元：该选项内容来自各单位在"系统管理"→"部门管理"中自定义的单位部门。

2. 信息统计——"三违"统计报表

该模块主要是为各单位形成"三违"统计报表，对各单位的"三违"信息进行详细统计，并可导出和打印。在使用时，先选择统计的时间段，然后选择统计。

3. 信息统计——工商事故分析

该模块实现了抓"三违"情况与近几年山东煤矿事故及临矿工伤事故的一个对比。通过分析，为各级安全管理人员确立了抓"三违"方向和重点。

进入该模块后，首先展现的是近几年山东煤矿事故按照站位不当、操作不当、空顶作业等12种违章类型的统计（按照递减顺序），以及本单位相应的"三违"总数。我们可以选择单位名称、时间段（起始日期和结束日期）进行分析，还可以选择事故范围（包括山东煤矿事故、临矿工伤事故）进行对比，可以选择统计类型（如原因、专业类别）多角度对比分析。

（四）编码词典

1. 编码词典——"三违"编码查询

该模块将集团公司制定的"三违"查询系统编码索引，进行了电子化，可以通过该模块进行查询。查询选择可按照类型（工程质量、行为）、类别（顶板类、机电类、运输类、通防类、火工品、放炮类、防冲类、地测防治水类、通用类）、物（锚杆、锚索、支柱等）、状态（违章事实）、编码等查询，支持单选和多选，支持模糊查询（如私自进入挂有禁止入内的危险警告牌地点，可以在状态中输入"进入"，即可查询到）。该编码词典按照违章频率进行排序。

各单位如果有新的违章情况，找不到编码的，可以上报集团公司安全生产监督管理局，由安全生产监督管理局管理人员负责编码归类。

（五）数据管理

1. 数据管理——数据导入

该模块包括"三违"信息导入和职工信息导入，是为了职工信息和"三违"信息的初始化录入，为减轻大量职工信息的录入和旧系统的"三违"信息的录入，特制定本模块。建议：该模块只用于开始的职工和"三违"信息录入，常态化后，建议通过"系统管理"→"用户管理"和"信息录入"→"三违信息填报"进行录入。通过系统导入的用户只具有"职工"的权限，可根据具体情况在系统中调整角色。

2. 数据管理——数据备份

该模块主要用于集团公司安全数据的备份和恢复，避免因不可预计因素导致数据丢失，该工作由集团公司安全管理人员负责。

点击"数据管理"→"数据备份"单击"备份"，即可完成安全数据的备份工作。需要进行还原时，点击"还原"找到备份文件，点击"确定"完成还原工作（为防止数据丢失，该步骤谨慎使用）。

（六）系统管理

系统管理模块，主要功能就是管理员对"三违"编码、处罚部门、违章类型、违章地点、专业类别等库的管理，规范用户的使用。对于二级单位可操作的只有"用户管理"和"部门管理"。

1. 系统管理——用户管理

该模块用于职工信息的维护，包括新增用户、查询和修改。

注意：账号即职工编号，可以作为用户登录系统用，和人力资源系统职工编号一致，劳务及其他不在册人员可根据职工编号规则续延；真实姓名和职工档案一致。

①安全管理人员：权限最高，可增加删除"三违"及事故信息，具有部门管理和用户管理权限。

②职工：只具有查询"三违"信息的权力。

③矿领导：具有查询"三违"、事故权限；具有信息统计的权限。红色标

注的为必填项，如果不填系统不予提交。

职工信息要及时维护，制定职工信息管理制度，及时更新职工信息（工种、具体工种等），职工辞职或调离要及时注销，确保职工信息和职工人数的准确性，便于对"三违"信息和事故的精确分析。

2. 系统管理——部门管理

因为各单位部门配置不尽相同，所以把部门管理权限分配给二级单位，各单位在配置时要注意，部门名称尽量简明扼要，如采一、掘一等，这样进行统计的时候图表会更直观。信息统计、信息录入等模块的部门的选择和生成就是调用的该模块信息。

3. 创新"三违"分析平台考核机制

结合"双基"建设考核，研究制定"三违"分析平台使用考核办法，纳入"双基"建设"五项"安全基础管理考核，充分发挥"三违"平台的分析作用，切实从源头上查找引发事故的相关性和规律性，为矿井安全管理工作提供有力保障。同时，各单位要结合集团公司"三违"分析系统，定期统计各级安全管理人员在行为违章和工程质量违章的数量，进一步查找分析违章与事故的相关性和规律性，并制定有效的措施，有针对性地开展职工行为纠偏、帮教。

第五节 安全管理"激励约束"机制建设

一、现状调研

田庄煤矿于1997年10月开工建设，2002年11月正式投入生产，原隶属于山东省煤炭工业局，2004年2月划归山东能源临沂矿业集团有限责任公司。设计生产能力30万吨/年，核定生产能力90万吨/年，采煤方法为走向长壁后退式开采，采煤工艺为高档普采和炮采机装。矿井属低瓦斯、低二氧化碳矿井，煤尘具有爆炸性（16$_上$煤41.00%、17煤44.37%），水文地质类型复杂。矿井连续四年被评为国家一级质量标准化矿井，安全与职业卫生评估达"AAAAA"级，截至2017年3月22日，连续实现安全生产1 812天。

自建矿以来，煤矿安全管理模式以考核为主，而且长久以来没有创新。安全事故时有发生，得不到有效的防范和遏制。田庄煤矿在安全管理的实践中发现，加大生产现场安全监管力度，仅靠严厉的处罚措施和手段，对于降低违章率的作用有限，"三违"现象屡禁不止，事故率还是居高不下。职工思想上对违章缺乏足够的重视，安全意识无法得到有效的提升，不少职工甚至认为违章管理就是罚款，职工在罚款中抵触情绪较强。经过探讨，田庄煤矿总结认为，在监管的过程中，"管"与"被管"的关系形成了矛盾，使职工将安全生产管理工作视为一种约束与禁锢，并产生抵触和逆反心理，缺乏有效的"以人为本"安全管理激励机制，不能从根源上调动职工对抵制和杜绝"不安全行为"的主动性、积极性和责任感。

彰显"教育为主、处罚为辅"的安全管理理念，以正向激励手段促进安全管理，强化职工自我约束、自我管控能力，引导职工养成规范操作的良好习惯，进一步提高广大干部职工自主安全管理能力。

1. 目的与意义

通过矿井安全管理"正向激励"约束机制的建立，提升职工安全意识，缓解在监管的过程中"管"与"被管"的矛盾，使职工正确认识安全生产管理工作，并消除抵触心理和逆反心理，从根源上调动职工对抵制和杜绝"不安全行为"的主动性、积极性和责任感。

（二）预期目标

通过长此以往地践行"正向激励"安全管理模式，在职工中形成良好的安全生产氛围，消除安全管理中出现的矛盾，促使职工真正实现由"要我安全"到"我要安全"的思想转变，强化职工自我约束、自我管控能力，引导职工养成规范操作的良好习惯，进一步提高广大干部职工自主安全管理能力。

一是整理建矿以来安全生产相关数据，分析安全生产的规律，结合矿井实际，找出安全管理中存在的问题；二是组织召开研讨会，讨论分析出现这些问题的深层次的原因；三是制定有针对性的措施，并在个别单位进行试点，考察各项措施的实效；四是归纳总结，找到科学、合理、实用的安全管理举措。五是建立有针对性的安全管理模式，在执行中不断发现问题、解决问题，形成规范、完善、可行、具有推广价值的安全管理模式。

（三）改进措施

一是强化组织领导。建立以安全副矿长为首的安全管理"正向激励"约束机制，赋予各专业科室主要负责人、生产经营单位主要负责人足够权力，高度重视，确保《田庄煤矿违章考核罚款返还》制度落到实处，达到预期目的。

二是建立创新管理模式反馈机制。对制度落实中存在的问题和可能导致不良后果的因素，及时向安全生产监督管理处反馈，组织召开专题会议，讨论研究制定改进措施或补充管理办法，做到问题及时解决，安全管理"正向激励"机制不断健全完善。

二、建立创新管理模式试错机制

因安全管理受现场、人员、管理、设备等各种不可预见因素制约，建立创新管理模式试错机制，确实做到上层领导重视、部门之间协作、生产单位落实。鼓励广大干部职工积极建言献策，倡导试行多种可能，解除广大干部职工的后顾之忧。

安全管理"正向激励"约束机制的构建：

一是建立完善的管理体系，由安全生产监督管理处、劳资科、纪委、工会等部门共同参与管理，避免形成一家独大、缺少监督、路正偏走的现象。四个部门相互协作、互相监督、共同进步。

二是建立完善的制度保障，组织召开专题会议，讨论制度运行细节和执行要求。起草制度后，由矿领导、专业科室、生产经营单位共同会审，形成最终意见，修改后印发执行。在制度执行中发现的问题，及时讨论并修改完善，确保制度科学、合理、适用。

三、取得的效果

（一）社会效益

田庄煤矿通过安全管理"正向激励"约束机制的构建和应用，营造了浓厚的安全生产氛围，提高了职工按章作业的意识，违章率同比下降24.4%，轻伤事故起数同比下降30.3%，杜绝了重伤及以上安全生产事故。为建设平安、幸福、活力的"新田庄、大田庄"提供强有力的安全保障，为矿井稳定发展创造稳定的安全生产环境。

（二）经济效益

自安全管理"正向激励"约束机制构建和应用以来，安全生产事故得到了有效控制，同比下降30.3%，两年来，轻伤事故起数减少约6起，按平均经济顺势计算，共创造经济效益约30万元；杜绝了重伤及死亡事故，间接创造经济效益约180万元；合计约210万元，并在今后的安全管理中持续发挥作用，经济效益显著。

（三）综合评价

1.提高企业社会评价

安全是一切工作的基础和前提，煤矿安全一直是社会广泛关注的社会问题。田庄煤矿通过安全管理"正向激励"约束机制的构建和应用，使职工安全意识得到显著提升，使违章得到有效控制，使轻伤事故得到明显防范，使重伤及以上事故得到有效遏制。矿井的安全生产让职工家属安心、放心，同时得到社会群众的一致好评。

2.提高企业经济效益

安全是最大的节约，事故是最大的浪费。田庄煤矿通过创新安全管理机制，安全生产事故得到有效防范和遏制，一年多来间接创造经济效益约210万元。同时，随着安全管理"正向激励"约束机制的不断健全完善，管理制度不断与实际适应，在今后的安全管理中持续发挥作用，创造更为可观的经济效益，功在当代，利在千秋。

（四）遇到的问题

田庄煤矿在安全管理"正向激励"约束机制构建和应用的过程中发现，安全管理"正向激励"约束机制建设和制度保障已较为完善，在各方面都取得极高的社会、安全和经济效益，但还存在以下几点问题：

1.应用范围有待进一步拓宽

目前安全管理"正向激励"约束机制应用在违章考核返还上，其他安全管理方面还没有跟进执行，在作用发挥上受到限制。

2. 在其他矿业集团兄弟单位推广力度不够

目前仅在临矿集团下属煤矿和其他部分矿井进行了推广应用，范围还很有限，发挥的作用还很有限。

（五）解决方法与改进方案

从保障安全生产的实际出发，针对上述存在的问题，解决方法与改进方案如下：

积极动员广大干部职工集思广益、建言献策，结合前期在安全管理"正向激励"约束机制构建和应用的经验与教训，将"正向激励"约束机制拓宽到其他安全管理活动中去，使好的管理办法效能得到最大程度的释放。

通过集团公司或上级有关部门将"正向激励"约束机制宣传出去，让更多的兄弟单位享受"正向激励"约束机制在安全管理上带来的实惠。同时，各单位在推广应用过程中不断改进、不断完善，将经验再反馈回来，促进矿井更好地提升安全管理水平，激励更多的矿井创新安全管理办法，形成"一家有办法，家家得实惠"的愿景。

（六）下一步打算

田庄煤矿下一步将继续坚持"走创新路子"不变道，积极吸收各方优秀的管理成果，融合到煤矿的安全管理中来，形成具有煤矿特色的安全管理模式。同时将好的管理办法传播出去，让更多的煤矿企业受益，造福更多职工朋友，为煤矿行业的安全管理贡献力量。

参考文献

[1] 赵树基.现代企业管理方法[M].北京：当代中国出版社，2005.

[2] 吴宗之.危险评价方法及其应用[M].北京：冶金工业出版社，2001.

[3] 何学秋.安全工程学[M].北京：中国矿业大学出版社，2001.

[4] 陈宝智.危险源辨识、控制及评价[M].成都：四川科学技术出版社，1996.

[5] 陈宝智，王金波.安全管理[M].天津：天津大学出版社，1999.

[6] 吴宗之.危险评价方法及其应用[M].北京：冶金工业出版社，2001.

[7] 薛刚.浅谈煤矿生产与安全管理[J].城市建设理论研究（电子版），2013
（25）：23.

[8] 刘钢.现代煤矿安全管理分析与对策[J].资源节约与环保，2013（9）：64.

[9] 煤炭经济形势调研组.2008年上半年中国煤炭经济运行分析[J].中国煤炭，
2008（10）：5-11.

[10] 任彦斌，陈文涛.煤矿本质安全风险管理理论研究[J].中国矿业，2008（4）：
41-43.

[11] 郝贵.关于我国煤矿本质安全管理体系的探索与实践[J].管理世界，2008
（1）：2-8.

[12] 吴德建，武爽，邹文杰，等.澳大利弧煤矿安全生产管理与文化的借鉴[J].煤
矿安全，2009（2）：94-97.

[13] 谢振峰.浅谈煤矿安全管理的现状[J].科技创新导报，2008（18）：91.

[14] 顾锦龙.德国煤矿安全管理的经验[J].中国应急救援，2009（1）：13-14.

[15] 戴磊，牛光东，钱建生，等.煤炭企业信息化管理系统的研究[J].工矿自动化，
2009（3）:73.

[16] 井悦.煤矿安全生产信息化现状及发展方向[J].中国煤炭，2008（5）：47.

[17] 李静涛，马莹莹，马彦辉.地测防治水信息化管理系统在煤矿的建立[J].露天采矿技术，2016（3）：53-56.

[18] 张效泉，孔令广，胡殿文，等.加强煤矿生产安全管理的探讨与研究[J].煤矿现代化，2007（4）：32.

[19] 梅国龙.煤矿井下皮带运输系统安全管理问题的探讨[J].中国机械，2015（8）：136-137.

[20] 田星.试析影响煤矿通风安全管理的风险因素[J].黑龙江科技信息，2013（22）：97.

[21] 冯国兴.煤矿通风安全管理存在的问题及解决措施[J].山西煤炭管理干部学院学报，2014（2）：64-65.

[22] 雷鸣.浅析煤矿安全管理存在问题及应对策略[J].中小企业管理与科技，2015（6）：87.

[23] 吉继海.我国煤矿安全管理工作存在的问题及解决策略[J].技术与市场，2014（1）：119-120.

[24] 田水承.第三类危险源辨识与控制研究[D].北京：北京理工大学，2001.

[25] 中华人民共和国国家质量监督检验检疫总局.职业健康安全管理体系规范：GB/T28001-2001[S].北京：中国标准出版社，2001.